Hans Kiesow

Heiße Eisen

Hans Kiesow

Heiße Eisen

Schwierige Mitarbeitergespräche motivierend führen

ECON

Die Deutsche Bibliothek – CIP-Einheitsaufnahme

Kiesow, Hans: Heiße Eisen: Schwierige Mitarbeitergespräche motivierend führen/Hans Kiesow. – Düsseldorf: ECON, 1996. ISBN 3-430-15400-6.

Gesetzt aus der Century und Frutiger, Linotype. Satz: Heinrich Fanslau GmbH, Düsseldorf. Papier: Papierfabrik Schleipen GmbH, Bad Dürkheim. Druck und Bindearbeiten: F. Pustet, Regensburg. Printed in Germany.
ISBN 3-430-15400-6.

Inhalt

Vorbemerkung

Geehrte Leserin, geehrter Leser,

dieses Buch ist Praxis – erlebte Praxis –, und es kann sein, daß Ihnen die eine oder andere Situation vertraut vorkommt. Vielleicht sogar sehr vertraut.
Aber es lag nicht in der Absicht des Autors, konkrete Begebenheiten zu schildern, sondern ihm kam es darauf an, aus der Vielzahl erlebter Situationen so etwas wie ein repräsentatives »Destillat« zu schaffen.
Alle Namen und Charaktere sind frei erfunden. Mögliche Übereinstimmungen oder Ähnlichkeiten sind zufällig und nicht beabsichtigt. Niemand braucht sich also auf den Schlips getreten zu fühlen, wenn er meint, Verhaltensweisen von sich, von seinem Chef oder von »einem lieben Kollegen« entdeckt zu haben. Wenn dem so ist: Zufall, nichts als Zufall.
Noch eine kleine Anmerkung zum Thema Mitarbeiterin/Mitarbeiter und Chefin/Chef: Es sind immer beide gemeint, auch wenn in den verschiedenen Situationen nur von »ihm« oder »ihr« die Rede ist.
Aber es scheint uns nicht besonders lesefreundlich, wenn es hieße:

> *»Bevor die Chefin / der Chef mit ihrem / seinem Mitarbeiter / in ein Kritikgespräch führt, sollte sie / er sich überlegen, was die Mitarbeiterin / der Mitarbeiter…*

Das klingt einfach schaurig: Deshalb – und nur deshalb.

Vorwort

Theoretisch ginge es auch so: »Herr Schulz, wir wissen nicht, wie wir ohne Sie auskommen sollen. Aber ab dem 1. März müssen wir es versuchen«, sagt der Chef zum Angestellten. Oder: »Dieser Auftrag ist wie geschaffen für einen intelligenten, verläßlichen Mitarbeiter. Schicken Sie den Kollegen herein.« Vermutlich erscheint Ihnen diese Führungskraft genausowenig sympathisch und motivationsfördernd wie mir. Hier passen sämtliche gängigen Klischees über »den da oben«. Sie, ich, wir sind da aus ganz anderem Holz geschnitzt, oder? Für mich als politischen Journalisten, der normalerweise beruflich mit ganz anderen »heißen Eisen« konfrontiert ist, war das diesem Buch zugrundeliegende Kiesow-Seminar eines dieser »Aha-Erlebnisse«: Fast peinlich, wie simple Rollenspiele (»Neuer Chef rügt Angestellten«) in kürzester Zeit die Selbsteinschätzung über das persönliche Kommunikationsvermögen über den Haufen werfen. Einfach ausgedrückt: Sie verhalten sich unbewußt genauso blöd, wie Sie sich nie verhalten wollten (eine Erkenntnis, die von fast allen Seminarteilnehmern mehr oder weniger verschämt geteilt wurde). Gottlob waren nicht meine »Führungsqualitäten«, sondern Hans Kiesows *Heiße Eisen* der Maßstab für meine in der *Süddeutschen Zeitung* veröffentlichte Seminarbeurteilung, die – der Sache angemessen – außerordentlich positiv ausfiel.
Es heißt, Führungskräfte verbringen durchschnittlich 75 Prozent ihrer Arbeitszeit damit, andere Menschen zu beeinflussen. »Beeinflussen« heißt, positiv ausgedrückt, »motivieren«. Fatalerweise liegen »Motivation« und »Demotivation« verflixt nah beieinander, weil nämlich die Wahrnehmung des Unter-

gebenen Ihren besten Absichten einen Strich durch die Rechnung machen kann. Genau hier setzen die *Heißen Eisen* an. Wie schnell trifft Chef/Chefin nicht den richtigen Ton, sondern den Nerv – und zwar empfindlich. Das Geflecht aus Selbstwertgefühl, beruflicher Qualifikation und betrieblicher Anforderung ist ein Bermudadreieck, bei dem jede Motivation, jede Kommunikation auf Nimmerwiedersehen verschwinden kann. Schwierige Gesprächssituationen sind trainierbar, und Sie sollten die Kraft des Gesprächs nutzen. Christian Morgenstern protestiert zwar: »Groß betrachtet, ist alles Gespräch nur – Selbstgespräch.« Aber, lieber Großmeister des feinsinnigen Nonsens, schau nach bei Schopenhauer: »Wer klug ist, wird im Gespräch weniger an das denken, worüber er spricht, als an den, mit dem er spricht. Denn sobald er dies tut, ist er sicher, nichts zu sagen, das er nachher bereut, keine Blöße zu geben, keine Unvorsichtigkeit zu begehen.« Sehen Sie den, mit dem Sie heikle Gespräche führen müssen, durch die Brille dieses Buches in einem neuen Licht. Könnte ja sein, daß auch Sie umgekehrt von Ihren Mitarbeitern anders wahrgenommen werden!? Wenn das keine positive Motivation zum Lesen der folgenden Seiten ist!

Gottfried Stein, Autor und Journalist

Das Kritikgespräch
Motivation oder Destruktion?

Das Kritikgespräch als Führungsinstrument

Chefs müssen führen – deshalb sind sie Chefs, und Mitarbeiter brauchen Führung – mit individueller Führungsspanne und unterschiedlichem Zuwendungsgrad.
Während der eine seinen weitgesteckten Kompetenzrahmen als Hauptabteilungsleiter mit Bravour ausfüllt und schon seit geraumer Zeit »an der langen Führungsleine läuft«, braucht der andere (noch?) den kurzen Führungszügel.
Aber unabhängig davon, ob Vorgesetzter von mehreren hundert Mitarbeitern oder Sachbearbeiter in der Warenannahme: Sie alle brauchen »Richtung« und – wenn jemand aus dem Ruder zu laufen droht – »Korrektur«. Beides ist Sache des Vorgesetzten!
Unterbleibt dies, entsteht Wildwuchs mit den bekannten Negativerscheinungen. Die Folgen sind Unzufriedenheit bei den Mitarbeitern, verschlechtertes Abteilungs- oder Betriebsklima, häufigere Konfliktsituationen und ein etwas ratloser Chef. Fragt man ihn nach den Gründen, wird er meist die Hierarchieebenen über sich ins Spiel bringen. Er selbst...? Eher nein... Daß er und sein Führungsstil damit zu tun haben könnten, glaubt er weniger...
Mitarbeiter brauchen und wollen Führung, wollen klar umrissene Aufgaben, wollen wissen, was sie tun sollen und dürfen – und was nicht –, und möchten einen berechenbaren Chef.
Mitarbeiter brauchen Anerkennung. Sie wollen von ihren Chefs hören, daß sie etwas gut gemacht haben. Darüber freu-

en sie sich. Auch, wenn sie es nach außen kaum – oder gar nicht – zeigen. Zu Hause erzählen sie es. Anerkennung ist Wertschätzung. Und Wertschätzung ist die wichtigste Triebfeder für Motivation. Motivierte Mitarbeiter sind eine grundlegende Voraussetzung für jedes erfolgreiche Unternehmen.

Doch ist dies nur eine Seite der Medaille. Nur Loben wäre wie nur Sahnetorte essen. Und wer mag schon auf Dauer nur Sahnetorte?

Stellen Sie sich bitte einmal folgende Utopie vor: Ein Chef würde seine Mitarbeiter nur loben. Das käme anfänglich sicher gut an. »Unser Chef kann motivieren, wir haben ein klasse Abteilungsklima, und bei uns macht die Arbeit Spaß!« wären Äußerungen, die man anfangs sicher zu hören bekäme. Doch schon nach kurzer Zeit würde sich die Meinung ändern: »Also, ich weiß nicht. Unser Chef... Bei uns läuft so viel verkehrt, und er sieht das nicht – oder will es nicht sehen. Der lobt nur.«

Und nach weiteren zwei Wochen hat sich die allgemeine Meinung gebildet: »Wir haben einen schwachen Chef. Mit dem können wir machen, was wir wollen, und ihm auf der Nase rumtanzen!« Eine Utopie...?

Führung bedeutet einerseits, die Leistungen Ihrer Mitarbeiter anzuerkennen und sie damit zu motivieren – und andererseits, ihre Schwachstellen so anzusprechen, daß sie diese Defizite abstellen – ohne ihr Selbstwertgefühl dabei zu beschädigen.

Damit ist es Chefsache, erwünschtes Verhalten und gute Leistung zu bestätigen (Loben) und unerwünschtes Verhalten oder ungenügende Leistungen durch Hinweis oder Gespräch zu korrigieren (Kritisieren).

An Ihnen als Vorgesetztem liegt es, ob Ihr Mitarbeiter ein Kritikgespräch als positiv erlebt und dadurch zu Änderungen in seinem Verhalten oder seiner Leistung motiviert wird, ob er anschließend am Boden zerstört ist oder eine »Moralpredigt« von Ihnen als lästige Nörgelei abtut. Sie haben es in der Hand.

Ein Kritikgespräch ist wie ein Skalpell. Ein »erfahrener Chirurg« kann damit wahre Wunder vollbringen, in der Hand eines Amateurs ist die (seelische) Verletzungsgefahr enorm.

Der »555er«-Effekt

Dieser Effekt hat etwas mit Ihrer persönlichen Presse und Ihrem Image im Unternehmen zu tun. Dazu ein Beispiel: Herr Assfeld ist erst seit einigen Monaten in Ihrem Unternehmen. In leitender Position. Unter Führung versteht er, daß man den Leuten klar und deutlich sagt, wo es langgeht. »Einfühlsamkeit? Na ja, wird wohl manchmal nötig sein. Aber die klare Sprache ist noch immer die beste!« Ein eher zackiger Typ.

Nehmen wir an, Herr Assfeld sei der Meinung, Herr Dellbrück, einer seiner Mitarbeiter, habe Mist gemacht. Er zitiert ihn zu einem Vier-Augen-Gespräch, das er nach seinen Vorstellungen von Führung gestaltet. »So klein mit Hut war er!« erzählt er abends seiner Frau. Die zwei Zentimeter Abstand zwischen Daumen und Zeigefinger sollen andeuten, daß Herr Dellbrück wieder »eingenordet« wurde. Aus Sicht von Herrn Assfeld. So weit, so schlecht.

Aus der Sicht von Herrn Dellbrück ist etwas ganz anderes passiert. Er fühlte sich ungerecht behandelt und war, als er das Büro von Herrn Assfeld verließ, nur Emotion. Adrenalin und Aggression haben sich zu einem ziemlich explosiven Gemisch verbündet. Seinem Kollegen Steinwender, der ihm gerade über den Weg läuft und den er schätzt, erzählt er seine Sichtweise des Gesprächs.

Glauben Sie, daß er seinem emotionalen Überdruck mit wohlgesetzten Worten wie:

> *»Also, Karl, an den Führungsqualitäten von Herrn Assfeld möchte ich doch leichte Zweifel anmelden . . .«*

Ausdruck verleiht? Oder mit blitzenden Augen und gewaltiger Empörung in der Stimme sagt:

»Das muß ich dir erzählen. Der Assfeld ist nicht nur ein Riesenidiot, sondern auch noch ein Schwein. Scheißt der mich doch zusammen, obwohl ...«

Wenn Herr Steinwender noch wenig mit Herrn Assfeld zu tun hatte, dann hat Herr Dellbrück ihm die ziemlich stabile Brille »Assfeld ist ein Idiot« aufgesetzt. Und mit dieser Brille spaziert Herr Steinwender rum, erzählt es weiter und verteilt so neue Brillen. Vielleicht setzt er sie sogar seiner Bettina am Abend zu Hause auf.
Der »555er«-Effekt besagt: Wenn du mit fünf Leuten in einem Vier-Augen-Gespräch Schlitten fährst (»Wieso? Ist doch sonst niemand dabei?«), haben in kürzester Zeit 555 Leute eine negative Meinung über dich. (Diese Zahl ist fiktiv, das heißt, sie wurde nicht empirisch ermittelt, sondern soll nur plastisch vor Augen führen, welche Breitenwirkung ein »Vier-Augen-Schlittenfahrgespräch« hat.)

Die vielzitierte Motivation

Motivation ist – auf das wesentlichste Element reduziert – Beeinflussung. Chefs müssen ihre Mitarbeiter dazu bringen, daß sie in einer von ihnen gewünschten Weise handeln. Das ist ihre wichtigste Führungsaufgabe, und dafür stehen ihnen (theoretisch) vier verschiedene Möglichkeiten zur Verfügung.

Plus-Motivation

Bei dieser Art der Motivation ist es die Absicht des Chefs, durch verschiedene positive Mechanismen wie Überzeugung, Einsicht oder Belohung den Wunsch bei seinen Mitarbeitern zu wecken, in einer von ihm beabsichtigten Art und Weise handeln zu wollen. Das Schlüsselwort heißt »wollen« und ist manipulationsfrei zu verstehen.

Minus-Motivation

Im Gegensatz zur Plus-Motivation läuft die Minus-Motivation auf das Müssen hinaus. Bei ihr lassen sich drei Varianten unterscheiden:

Die freundliche Minus-Motivation

Bei dieser Art von Motivation ordnet der Chef an und erläutert dafür seine Gründe – nach dem Motto: »Du kannst von den Menschen viel verlangen, aber gib ihnen einen Grund für ihr Handeln. Sag ihnen, warum!« Die Anordnung, mit dazugehöriger Begründung und in Form einer Bitte geäußert, ist »sanktionsfrei«. Der Chef droht also keine Konsequenzen an, falls die Aufgabe nicht zu seiner Zufriedenheit erledigt werden sollte.

Die unfreundliche Minus-Motivation

Sie unterscheidet sich von der freundlichen Minus-Motivation dadurch, daß der Chef bereits bei Auftragserteilung (ebenfalls mit Begründung) seinen Mitarbeiter über mögliche Konsequenzen informiert, falls er die Aufgabe nicht seinen Erwartungen entsprechend erledigt.

Die autoritäre Minus-Motivation

ist die unfreundlichste Motivationsart überhaupt. Der Chef ordnet an, gibt keine Begründung und weist massiv auf die Konsequenzen hin, die die nicht hundertprozentige Erfüllung seines Auftrags für den Mitarbeiter hätte. Seine nonverbale »Zwischen-den-Zeilen-Botschaft« lautet dabei: »Ich bin der Chef, und wer nicht will wie ich, hat die Konsequenzen zu tragen!« Wird seinen Erwartungen nicht entsprochen, hat dies meist sehr unerfreuliche Konsequenzen für die Mitarbeiter.

Vom Wollen zum Müssen

Jeder Chef hat seinen persönlichen Führungsstil. Der eine versucht es bei den Mitarbeitern möglicherweise nur mit »Wünsche wecken« – und arbeitet sich damit auf. Der andere meint, mit seinen knappen und autoritären Anweisungen den »Führungsstein« des Weisen gefunden zu haben – und wundert sich über die hohe Mitarbeiterfluktuation.
Wir wissen nicht, welchen Führungsstil Sie bevorzugen, aber

ein sinnvoller und partnerschaftlicher Führungsweg führt »vom Wollen zum Müssen«.
Versuchen Sie es zuerst mit der freundlichen Plus-Motivation. Sie wird von Ihren Mitarbeitern als partnerschaftlich und wertschätzend erlebt.
Kommen Sie damit nicht zum gewünschten Ergebnis, gehen Sie über zur freundlichen Minus-Motivation, der Anordnung mit Begründung.
Haben Sie damit auch keinen Erfolg, bleibt Ihnen als letzter Schritt die unfreundliche Minus-Motivation, die Anordnung mit Begründung und dem Ansprechen möglicher Sanktionen. Bei dieser Motivationsart informieren Sie Ihre Mitarbeiter bereits bei Auftragserteilung darüber, daß Sie im Fall einer unzureichenden Erledigung über mögliche Konsequenzen nachdenken oder – schärfer formuliert – konkrete Maßnahmen wie ... ergreifen werden.
Aber bitte Vorsicht! In dem Moment, in dem Sie einen Drohcharakter ins Spiel bringen, bekommt die Sache eine härtere – und negativ besetzte – Dimension.

Zwei wichtige Hinweise zum Thema »Sanktionen«

① Sprechen Sie mögliche Sanktionen so spät wie möglich an. Versuchen Sie es im Zweifelsfall mit nochmaligem »Brükkenbau«. Das kann zwar enorme Anforderungen an Ihre Geduld stellen, aber im Erfolgsfall haben Sie kein wertvolles »Mitarbeiterporzellan« zerschlagen.

② Angedrohte Sanktionen müssen – auch wenn es schwerfällt – realisiert werden. Sonst verlieren Sie Gesicht und Glaubwürdigkeit.
Vorsicht vor der autoritären Minus-Motivation! Sie sollte tunlichst nicht eingesetzt werden, denn sie besitzt hohes Frustrationspotential und außerordentliche Fluktuationssprengkraft.

Chart 1: Vom Wollen zum Müssen

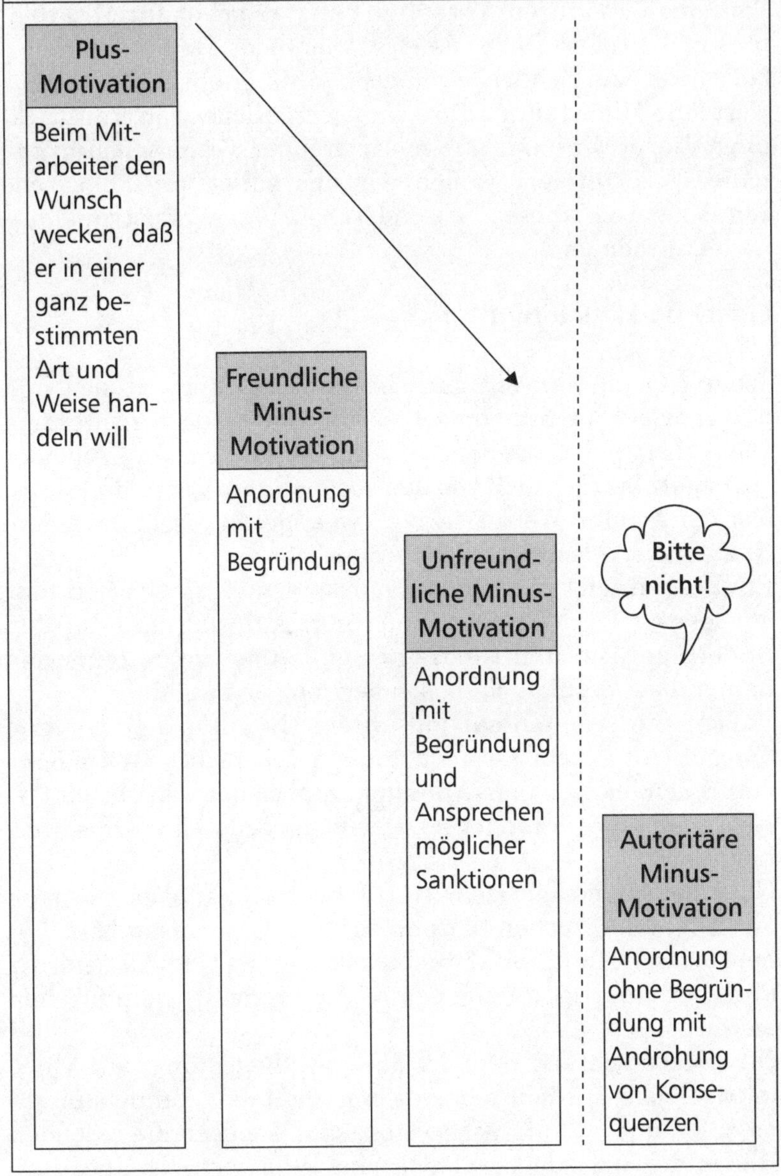

Die psychologische Seite der Kritik

Von Ihnen und Ihrem Verhalten hängt es ab, ob Ihr Mitarbeiter ein Kritikgespräch als »frustrierendes Dampfablassen«, bei dem er »zur Schnecke gemacht wird«, erlebt – oder als eine wertvolle Hilfestellung für seine persönliche Weiterentwicklung. Bevor wir uns mit motivierender Gesprächsführung näher beschäftigen, wollen wir uns einige psychologische Komponenten dieses besonderen Führungsinstrumentes näher anschauen.

Eigen- und Fremdbild

Jeder von uns hat ein ganz bestimmtes Bild von sich und davon, wie er meint, von seiner Umwelt gesehen zu werden. Diese Sichtweise nennen wir »Eigenbild«. Es unterscheidet sich meist beträchtlich von den sogenannten »Fremdbildern«, also der Art und Weise, wie wir von anderen gesehen werden. Einige Beispiele mögen das verdeutlichen:
Ein Freund zeigt Ihnen Fotos von der gemeinsamen Bergtour am letzten Wochenende. Ihnen fällt auf, daß alle auf den Bildern gut getroffen sind, nur Sie... Aber Sie hatten schon immer das Gefühl, nicht besonders fotogen zu sein.
Stellen Sie sich einmal mit Ihrem (Ehe-)Partner vor den Spiegel. An Ihrem Gesicht können Sie nichts Besonderes entdecken, es sieht aus wie immer, aber das von Ihrem Gespons scheint verändert zu sein. Irgendwie etwas verknautscht...
Oder die Sache mit dem Anrufbeantworter: Wer ihn zum erstenmal besprochen hat und sich das Ergebnis anhört, hat meist das Gefühl, dafür besonders untalentiert zu sein. Er klingt fremdartig, unangenehm – und irgendwie ein bißchen peinlich.
Oft noch erschreckender ist die erste Begegnung auf Video mit uns selbst. Nicht gemeint sind die tollen Tennisaufnahmen von uns, auf die wir so stolz sind, sondern die lebenden Bilder, die uns zeigen, wie wir sind: Wie wir reden, gestiku-

lieren, gehen und stehen mit einem Wort: Wie wir uns verhalten.
Das sollen wir sein, dieser fremdartige Mensch mit der eigentümlichen Stimme, dem leicht deformierten Gesicht, der seltsamen Mimik und der hektischen Gestik? Wir hoffen, daß diese »Entgleisungen« von niemandem entdeckt werden, und sind froh, wenn sich die Kamera ein neues Opfer gesucht hat. Erscheint Carla dann auf dem Monitor, sagen wir ganz spontan: »Schau hin, Carla, wie sie leibt und lebt . . .!«
Was sind das alles für Phänomene? Sind wir tatsächlich so unfotogen? Gibt der Spiegel das Gesicht von unserem Partner wirklich verzerrt wieder? Haben Anrufbeantworter und Videorecorder einen technischen Defekt, weil wir so eigentümlich klingen und aussehen?
Natürlich nicht! Das sind wir! Genau so! Auch wenn es uns zu glauben schwerfällt. All diese Geräte, und besonders der Videorecorder, zeigen uns aus der Sicht des anderen. Dies ist für uns ungewohnt, fremd und ein bißchen peinlich, denn wir haben das Gefühl, daß etwas sehr Persönliches und Privates von uns offengelegt wurde. Dabei sind wir nur mit der Sichtweise unserer Umwelt konfrontiert worden, die uns tagtäglich so erlebt. Für uns ist sie unbekannt, fremdartig und meist etwas unangenehm.
Damit sind wir bei unserer ersten wichtigen Erkenntnis »in Sachen Kritikgespräch«: Eigen- und Fremdbilder gibt es natürlich nicht nur im Hinblick auf Äußerlichkeiten wie Stimme, Mimik, Gestik und Erscheinungsbild, sondern auch – und zwar in wesentlich stärkerem Maß – von unseren inneren Qualitäten.
Unsere Mitarbeiter haben ein festumrissenes inneres Selbstbild von sich, das durch ihre ganz persönliche Entwicklung geformt wurde. Der Spiegel dieses Selbstbildes ist ihr Selbstwertgefühl. Bei kritischen Äußerungen entscheidet es intuitiv, ob sie die von uns geäußerte Kritik als motivierend und helfend erleben, ob sie sich tief getroffen und verletzt fühlen oder ob sie ihre Ohren »auf Durchzug stellen«.
Jede kritische Äußerung wird vom Selbstwertgefühl spon-

tan und unbewußt auf den emotionalen Gehalt der Botschaft überprüft. Meint der Mitarbeiter – und das Wort »meinen« spielt hier eine entscheidende Rolle –, einen (vermeintlichen) Angriff auf sein inneres Selbstbild und damit auf sein Selbstwertgefühl herauszuhören, wird sofort sein emotionaler Verteidigungsmechanismus aktiviert, der dem gesamten Körper blitzschnell signalisiert: »Angriff, Angriff! Alle Hormone auf Gefechtsstation! Alles klarmachen zur Verteidigung!«, und nur Sekunden später kann sich der gesamte Organismus in der emotionalen Alarmstufe »Rot« befinden.
Jetzt ist er in eine echte Streßsituation geraten. Durch einen Adrenalin- und Cortisonschub wird seine körperliche Reaktionsfähigkeit erhöht, und es kommt zu den bekannten Streßreaktionen wie Schweißausbruch, trockener Mund, erweiterte Pupillen oder Zittern.
Er konzentriert sich völlig auf seine inneren Alarmglocken, sieht alles durch einen starken »Adrenalinnebel« und kann vor lauter Hormonen keinen klaren Gedanken mehr fassen.
Je nach persönlicher Mentalität wird er uns jetzt mit blitzenden Augen attackieren, sich beleidigt in sich selbst zurückziehen oder mit niedergeschlagenen Augen ganz schuldbewußt Kopf und Schultern hängen lassen. Aber egal, wie er reagiert: Durch den vermeintlichen oder tatsächlichen Angriff auf sein Selbstwertgefühl und die dadurch ausgelöste Streßhormonausschüttung wird seine Aufnahmebereitschaft auf der »rationalen Kopfebene« für unsere sachlichen Argumente stark eingeschränkt oder sogar gegen Null gefahren.
Die Auswirkungen für unser Kritikgespräch liegen auf der Hand: Ist er emotional beeinträchtigt oder blockiert, können wir ihn mit unseren rationalen Argumenten nicht oder nur schwer erreichen.
Dies ist es, was Kritikgespräche – obwohl man es doch so gut mit seinen Mitarbeitern meint – häufig in die falsche Richtung laufen läßt.

Wahrnehmung und ihre »eingeschränkte« Tochter: Die selektive Wahrnehmung

Eng im Zusammenhang mit unserem inneren und äußeren Selbstbild steht das Phänomen der Wahrnehmung. Der bekannte Psychologe Paul Watzlawick erläutert in seinem brillanten Buch *Wie wirklich ist die Wirklichkeit?* auf spannende Weise, daß es *die* Wirklichkeit nicht gibt. Jeder von uns erlebt in jeder Sekunde »seine ganz persönliche und individuelle Wirklichkeit«, die von den unendlich vielen Facetten seiner inneren und äußeren Wahrnehmung geprägt ist.

Die Fahrt auf dem Fünferlooping, einer atemberaubenden Achterbahn, empfindet der eine als »todesgeil« (Wahrnehmung eines Vierjährigen), während der andere sie als kreislaufbelastende Scheußlichkeit erlebt (Wahrnehmung des dazugehörigen Vaters).

Jemand, der gerade einen ihm nahestehenden Menschen durch Tod verloren hat, wird einen strahlenden Frühlingsmorgen überhaupt nicht bemerken, da sein ganzes Denken, Handeln und Fühlen von seiner inneren Wahrnehmung, von Schmerz, Trauer und Verlust überflutet ist. Ein frischverliebtes Paar kann diesen gleichen Morgen mit seinem Vogelgezwitscher und der lauen Frühlingsluft ein Leben lang in strahlender Erinnerung behalten.

Daraus folgt: Die Dinge sind nicht absolut, sondern wir sehen sie durch unsere ganz individuellen und völlig verschiedenen »Wahrnehmungsbrillen«. Ihre Beschaffenheit wird von sehr unterschiedlichen Faktoren wie Erziehung, Elternhaus, persönlichem Wertesystem und Lebenserfahrung geprägt. Zusätzlich wird unsere Sichtweise durch die individuelle Situation mit ihren jeweiligen Umständen beeinflußt, durch unsere momentane körperliche und geistige Verfassung, unsere emotionale Befindlichkeit, unsere Gefühle wie Sympathie und Antipathie und, und, und ... Damit nimmt jeder von uns die Welt durch seine ganz individuell gefärbten Brillengläser aus seinem einzigartigen Blickwinkel und mit der ihm eigenen Sichtweise wahr.

Ein Beispiel: Ihre fast erwachsene Tochter neigt dazu, das Telefon stundenlang mit Privatgesprächen zu blockieren, was Sie ziemlich stört. Sie hatten deswegen gerade eine Auseinandersetzung mit ihr. Als Sie ins Büro kommen, führt eine jüngere Mitarbeiterin (wieder mal) ein privates Telefonat. Durch Ihre vorherige innere Wahrnehmung (Blockierung des Telefons durch die Tochter zu Hause) nehmen Sie den äußeren Sachverhalt (Blockierung des Telefons durch eine Mitarbeiterin) jetzt schärfer wahr.
Es ist wahrscheinlich, daß Ihre Reaktion jetzt anders ausfällt, wenn Sie das negative »Tochter-Telefonerlebnis« vorher nicht gehabt hätten. Ihre innere Wahrnehmung hat Ihre äußere Wahrnehmung beeinflußt, wahrscheinlich sogar dominiert.
Diese Erkenntnis bedeutet für unsere Kritikgespräche, daß wir nicht von *der* Wirklichkeit sprechen können, die es offensichtlich nicht gibt, sondern von unserer jeweiligen individuellen Sichtweise.
Anstatt zu sagen:

»Das haben Sie schon wieder falsch gemacht! Sie haben an dieser Arbeit keinerlei Interesse!«,

sprechen Sie von Ihrer Wahrnehmung:

»Ich habe den Eindruck, Frau Bornemann, als ob Sie diese Arbeit nicht besonders mögen. Sehe ich das richtig?«

Im ersten Fall erfolgt ein massiver Angriff auf das Selbstwertgefühl der Mitarbeiterin in Form eines verletzenden Werturteils (»So bist du!«), der starke emotionale Verteidigungsmechanismen auslösen kann. Von der Verbalattacke bis zur »Gefühls-Einigelung«.
Im zweiten Fall signalisiert der Chef, wie er die Leistung der Mitarbeiterin erlebt und daß er mit ihr darüber in einer offenen, ihr Selbstwertgefühl nicht verletzenden Art und Weise sprechen möchte.
In Kritikgesprächen spielt die selektive Wahrnehmung eine besondere Rolle. Sie ist ein Schutzmechanismus für unser Selbstwertgefühl, der Positives verstärkt und Negatives –

falls es nicht eindeutig und klar formuliert ist – ausblendet. Für uns positive Äußerungen hören wir auch dann noch glokkenhell, wenn unser Gesprächspartner sie nur undeutlich gemurmelt hat. Es kann vorkommen, daß wir bei einer für uns angenehmen Aussage nachfragen, indem wir vorgeben, sie »akustisch nicht verstanden zu haben«. Der Hintergrund für dieses Verhalten liegt darin, daß wir in den Genuß des doppelten Hörens kommen möchten und auch die anderen mitbekommen sollen, »was wir doch für ein toller Hecht sind«. In solchen Situationen blühen wir auf, denn wir haben endlich jemanden vor uns, der unseren wahren Wert erkannt hat.

Um einen völlig anderen Aspekt der selektiven Wahrnehmung handelt es sich bei dem Phänomen: »Man will dem anderen ja nicht weh tun ...«

Viele Führungskräfte sind der Ansicht, daß die klare und eindeutige Äußerung von Kritik gleichbedeutend ist mit der Verletzung des Selbstwertgefühls ihrer Gesprächspartner. Deshalb bringen sie Kritik in wachsweichen und nebulösen Formulierungen an – »sanft verpackt«. Die Gründe hierfür sind:

① Es ist den meisten Menschen unangenehm, ja sogar peinlich, einen anderen Menschen zu kritisieren. Loben ja, das ist einfacher, da verbreitet man ein positives Klima. Aber Kritik ... Auf diesem Terrain ist man unsicher, hat Angst, sich im Ton zu vergreifen, und befürchtet, möglicherweise von seinem Gegenüber etwas Unangenehmes zurückzubekommen. Und da will man doch lieber etwas vorsichtig sein ...

② Man möchte dem anderen auch nicht weh tun oder ihn (noch mehr) verärgern. Deswegen greift man – meist unbewußt – zu dem vermeintlich guten Hilfsmittel der »Verniedlichung« und zu sprachlichen Schnörkeln wie

»Damit Sie mich nicht mißverstehen ...«,
»wir sollten ...«,
»ein bißchen«,

»vielleicht«,
»eventuell könnten wir ...«,
»ein wenig«,
»möglicherweise ...«.

Man äußert seine Wünsche und Erwartungen für die Zukunft nicht klar und deutlich, sondern redet um den Brei herum, vollführt die tollsten Kapriolen im Demutskonjunktiv und ergeht sich in sprachlichen Arabesken.

»Also, Frau Koch, daß Sie mich nicht falsch verstehen, ich bin mit Ihrer Arbeitsleistung durchaus zufrieden, durchaus. Aber wir hätten da ein kleines Problemchen, und das betrifft das Telefon. Kunden schätzen es, wenn man mit ihnen höflich am Telefon spricht.
Und – verstehen Sie mich bitte nicht falsch – Sie sind durchaus höflich, das kann man nicht anders sagen, aber vielleicht könnten wir noch ein bißchen freundlicher am Telefon sein. Vielleicht könnten Sie es mal probieren. Sonst klappt ja alles prima, aber vielleicht ein bißchen ...«

Zugegeben, es ist überzeichnet. Aber nicht realitätsfern. Wenn wir Kommunikation als ein Modell von Sender und Empfänger betrachten, dann ist der Sender dafür verantwortlich, was beim Empfänger ankommt. Der Sender hat dafür zu sorgen, daß genau das, was er sagen will, den Empfänger auch in dieser Form erreicht.
Was wurde in dem Beispiel falsch gemacht?

- Der Vorgesetzte will – aus falsch verstandenem Takt – seiner Mitarbeiterin nicht weh tun und versucht, die für sie und ihn peinliche Kritik so »mitarbeiterfreundlich« und angenehm wie möglich zu verpacken.
- Verniedlichende Formulierungen, Demutskonjunktiv und sprachliche Arabesken aktivieren die selektive Wahrnehmung des Gesprächspartners, die die Sachbotschaft ganz oder teilweise »wegfiltert«. Es kann sein, daß Frau Koch zwar gottergeben zu den Ausführungen ihres Chefs nickt,

es kann sein, daß sie massive Kritik heraushört, aber was der Chef ganz konkret von ihr will, bleibt wahrscheinlich auf der Strecke.

Mit ihrer aktuellen »inneren und äußeren Wahrnehmungsbrille« könnte bei ihr folgendes angekommen sein:

»Was meint er damit: ›Wir sollten am Telefon noch ein bißchen freundlicher sein?‹ Wer ist wir? Wahrscheinlich meint er mich. Aber er scheint ja mit mir ganz zufrieden zu sein. Das habe ich seinen positiven Äußerungen entnommen. Aber was meint er denn damit: ›Ein bißchen freundlicher?‹ Ich bin doch sehr freundlich. Wahrscheinlich meint er es ja gar nicht so. Es freut mich, daß er mit mir zufrieden ist. Ich glaube, das brauche ich nicht so ernst zu nehmen. Ein bißchen freundlicher... Na, wir können es ja mal probieren...«

Hier hat Frau Kochs selektive Wahrnehmung voll zugeschlagen. Für sie nicht eindeutig negativ Formuliertes wird ausgeblendet.
Die Annahme, eine klar und deutlich formulierte Kritik müsse zwangsweise zur Verletzung des Selbstwertgefühls der Mitarbeiterin führen, ist ein Trugschluß. Wie wir noch sehen werden, ist bei richtigem Transport von Kritik genau das Gegenteil der Fall.

Die Rolle der Gefühle

Der Mensch ist ein ziemlich emotionales Wesen. Gefühle spielen in seinem Leben eine zentrale Rolle – ob Mann oder Frau, ob alt oder jung, ob er will oder nicht.
Kritik kann, wenn sie falsch geäußert wird, verheerende Gefühlsstürme auslösen, emotional blockieren und die inneren Sicherungen durchbrennen lassen. Die Folge: Überreaktion mit den bekannten negativen Begleitumständen – vom Tränenausbruch bis zum emotionalen Rundumschlag. Daß wir nach einer Gefühlseruption unser Verhalten meist bedauern, ist uns im Augenblick des Sicherungsdurchbrennens

»Wurscht«! Wir haben in dem Moment einfach »rotgesehen«!

Kehren wir noch einmal zu unserem Telefonbeispiel zurück: Mit seiner inneren »Wahrnehmungsbrille« (»Töchtern im Teenageralter sollte man Telefonate, die länger als fünf Minuten dauern, verbieten!«) wird der Chef mit der privat telefonierenden Mitarbeiterin konfrontiert. Schlagartig ist der ganze Groll, der in ihm gegrummelt hat, wieder da. Seine Reaktion kann jetzt heftiger ausfallen, als er es beabsichtigt hatte, und möglicherweise schnauzt er sie sogar an.

Damit verletzt er – bewußt oder unbewußt – ihre Gefühlsebene und löst damit einiges an Gefühlsbewegungen aus. Je nach Mentalität reagiert sie verschreckt, verängstigt, beleidigt oder aggressiv. Auf beiden Seiten sind negative Emotionen entstanden, die die Beziehung zwischen ihnen jetzt belasten.

Aus Sicht der Mitarbeiterin oder durch ihre »Wahrnehmungsbrille« betrachtet, wurde sie höchst ungerecht behandelt und völlig zu Unrecht angeschnauzt. Sie kann »mindestens hundert Fälle anführen«, in denen andere auch privat telefoniert haben, und »da hat der Chef nichts gesagt«. Erschwerend kommt aus ihrer Sicht hinzu, daß der Chef keine Ahnung hatte, ob sie angerufen wurde und dieser Anruf für sie wichtig – vielleicht sogar lebenswichtig – war oder ob sie nur aus Langeweile telefoniert hat. Damit kann sie zu der subjektiven Erkenntnis kommen: »Ich werde ungerecht behandelt, und der Chef mag mich nicht!«

In Kritikgesprächen spielen Gefühle auf beiden Seiten eine wesentliche Rolle. Sie sind es, die unsere guten Vorsätze ins Wanken bringen, diese Gespräche mitarbeiterorientiert und »gesichtsverträglich« zu führen. Sie sind es, die in kritischen Situationen unsere »emotionale Hauptsicherung« durchbrennen lassen und uns dann zu Handlungen verleiten, die wir hinterher oft bereuen.

Wie kommt es eigentlich, daß unsere »emotionale Hauptsicherung« manchmal durchbrennt, obwohl wir uns doch so fest vorgenommen haben, das Gespräch diesmal richtig zu führen?

Bildlich und stark vereinfacht gesprochen, liegt der Grund darin, daß unser Gehirn so etwas wie einen riesigen Faktenspeicher besitzt, der mit mehr oder weniger nützlichem Wissen vollgestopft ist. Daneben gibt es einen viel kleineren Verhaltensspeicher, der unser Verhaltensrepertoire enthält.

Wenn Sie nach der Lektüre dieses Kapitels den festen Vorsatz fassen: »Ab sofort führe ich Kritikgespräche nur noch in der hier beschriebenen Form!«, haben Sie für sich eine Absichtserklärung formuliert und Ihren Wissensspeicher aktiviert. Vorübergehend mag das eine oder andere auch Ihr Verhaltensrepertoire gestreift haben, aber dauerhaft verankert ist es dort (noch!) nicht.

Werden bei Ihnen nun durch äußere Ereignisse heftige Emotionen ausgelöst, greifen Sie intuitiv auf das alte bekannte Verhaltensmuster (»Roten Kopf kriegen und brüllen!«) zurück. Und schon ist es wieder passiert ...

Wir alle kennen positive und negative Situationen, in denen das Gefühl den Verstand kurzzeitig vor die Tür setzt. Denken Sie nur an das breite Band der Liebe ...

Und damit sind wir bei dem einzig wirklichen Problem, das im Zusammenhang mit Kritikgesprächen existiert: Dem Umgang mit unseren Gefühlen in kritischen Situationen und dem damit verbundenen möglichen Durchbrennen unserer »emotionalen Hauptsicherung«. Sie können sich mit Struktur, Aufbau, Formulierungen, Fragetechniken und all den anderen nützlichen Instrumenten für das richtige Führen von Kritikgesprächen vertraut machen. Sie können dieses Kapitel auswendig lernen. Wenn Ihre emotionale Hauptsicherung durchbrennt, sind die alten Verhaltensmuster schlagartig wieder da – so stark wie eh und je.

Für solche Situationen gibt es kein Patentrezept. Das einzige, was wirklich weiterhilft, ist Selbstbeherrschung, Disziplin und die dauerhafte Verankerung dieser Verhaltensweisen im Verhaltensspeicher. Manche Chefs haben sich gut im Griff, manche haben arg zu kämpfen, und bei manchen knallt die emotionale Sicherung – trotz bester Vorsätze und intensivem

Training – immer wieder aufs neue durch. Die Lösung für dieses Problem heißt: Üben, üben, üben.

Die Rückmeldung (Feedback)

Rückmeldung ist das Instrument, mit dem wir unseren Gesprächspartnern widerspiegeln, wie wir sie mit der eigenen »inneren und äußeren Wahrnehmungsbrille«
- in bezug auf ihr Verhalten oder ihre Leistungen,
- in einer bestimmten Situation,
- zu einem bestimmten Zeitpunkt oder
- generell

erleben oder erlebt haben. Rückmeldung wird für den Transport positiver und negativer Inhalte eingesetzt.
Kritik, in Form von Rückmeldungen geäußert, macht sie automatisch »gesichtsverträglich«, denn der Chef berichtet lediglich von seinen Wahrnehmungen. Er fällt kein negatives Werturteil über seinen Gesprächspartner und startet keinen Angriff auf dessen Selbstwertgefühl – der Weg ist frei für eine konstruktive Auseinandersetzung.
Achten Sie darauf, daß Rückmeldungen in Kritikgesprächen auch positive Elemente enthalten, da für Ihren Mitarbeiter sonst die Gefahr einer »negativen Wahrnehmungsverzerrung« besteht.
Erhält Frau Koch in einem Kritikgespräch nur negative Rückmeldungen, können sich die Gläser ihrer »Wahrnehmungsbrille« ziemlich beschlagen. Gefühle wie

> *»Ich glaube, jetzt bin ich unten durch ...«;*
> *»Jetzt ist es aus!«*
> oder gar
> *»Wahrscheinlich kann ich mir einen neuen Job suchen.«*

und ähnliche negative Gedanken können sich einstellen und sie emotional blockieren (Chart 2). Eine Kurzschlußreaktion ist dann nicht auszuschließen.
Besteht ein ausgewogenes Verhältnis zwischen positiven und

Chart 2: Die negative Wahrnehmungsverzerrung

Frau Koch meint, daß ihr Chef sie so sieht:

In Wirklichkeit sieht er sie so:

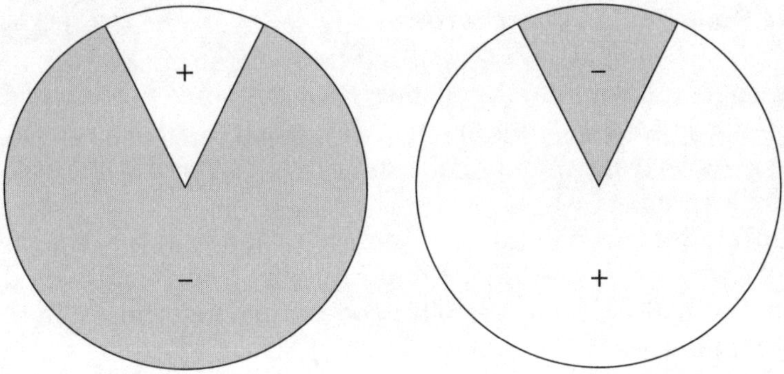

Chart 3: Übereinstimmende Sichtweisen

Die Mitarbeiterin meint, daß sie von ihrem Chef so gesehen wird:

Und ihr Chef sieht sie tatsächlich so:

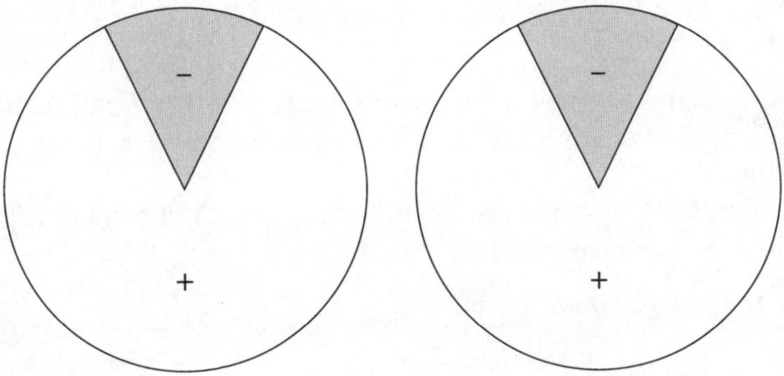

negativen Rückmeldungen – wobei naturgemäß der negative Anteil in einem Kritikgespräch dominiert –, können sich die beiden Sichtweisen angleichen oder sogar übereinstimmen (Chart 3).

Die Rolle der Ich-Botschaften

In engem Zusammenhang mit Rückmeldungen stehen die Ich-Botschaften. Jede Art von mitarbeiterorientierter und gesichtsverträglicher Kritik sollte in dieser Form transportiert werden.
Mit Ich-Botschaften informieren wir unseren Gesprächspartner über unsere Gefühle, Empfindungen und Gedanken, die durch ihn, durch sein Verhalten oder seine Leistungen in uns entstanden sind.
Ich-Botschaften enthalten Aussagen über die eigene Wahrnehmung zu einer bestimmten Situation, zu einem Zeitabschnitt oder sind allgemeiner Art:

»Ich habe Sie in der letzten Besprechung sehr engagiert erlebt, Frau Kellwing, und ich denke, daß Ihre Vorschläge uns in der Sache ein gutes Stück weiterbringen.«

Ich-Botschaften sind »umkehrbar«. Die gewählten Formulierungen können gegenseitig wertschätzend verwendet werden – unabhängig von der hierarchischen Stellung.

»Ich würde Sie gerne einen Moment sprechen. Haben Sie kurz Zeit?«

ist eine umkehrbare Formulierung, die der Chef gegenüber seinem Mitarbeiter genauso verwenden kann wie umgekehrt.
Eine nicht umkehrbare Formulierung des Chefs, bei der das Wertschätzungspotential gleich null ist, wäre:

»Sollfrank, komm' Se ma' her!«

Die Kraft der nonverbalen Aussage

Mit jedem Satz, mit jedem Wort, das wir sprechen, senden wir mit Tonfall, Lautstärke und Stimmlage, durch die emotionale Wärme oder Kälte unserer Stimme und durch Mimik und Gestik – bewußt oder unbewußt – eine Fülle nonverbaler Botschaften.

Diesen Signalen mißt unser Gesprächspartner – meist unbewußt – eine weitaus größere Bedeutung bei als dem gesprochenen Wort. Denn auf dieser Ebene wird die Wertschätzung transportiert, die wir aus seiner Sicht gegenwärtig für ihn empfinden.

Anhand des folgenden Beispiels soll die Komplexität von Kommunikation, Wahrnehmung und Wertschätzung kurz skizziert werden. Nehmen wir an, der Chef sagt zu Frau Bergmeister:

»Der Brief vom 14. ist nicht in den Unterlagen.«

Dieser Satz kann vom Chef mit unterschiedlichem emotionalen Gehalt und unterschiedlicher Wertschätzungsabsicht transportiert werden.

Ist das Wertschätzungspotential gegenüber seiner Mitarbeiterin hoch, wird der Chef in Tonfall, Mimik, Gestik und mit emotionaler Wärme die nonverbale »Zwischen-den-Zeilen-Botschaft« mit leicht fragendem Unterton senden:

»Ich weiß, daß du mir den Brief gegeben hast, aber der Himmel mag wissen, wo ich ihn wieder hingetan habe! Bitte, hilf mir suchen!«

Ist der Chef vorübergehend oder nachhaltig sauer auf Frau Bergmeister und sieht sie durch eine negative Wahrnehmungsbrille, kann die emotionale »Zwischen-den-Zeilen-Botschaft«, transportiert durch den harten Tonfall, nicht wertschätzende Mimik, aggressive oder »wegwerfende« Gestik und emotionale Kälte so lauten:

»Da haben wir es wieder! Du und deine verdammte Schlamperei! Wieso kannst du keine Ordnung halten? Aber was will

Chart 4: Die »Zwischen-den-Zeilen-Botschaft«		
Sender Empfänger	Die nonverbale »Zwischen-den-Zeilen-Botschaft« des Chefs könnte lauten:	
Bei der Mitarbeiterin kann die nonverbale »Zwischen-den-Zeilen-Botschaft« ankommen:	»Bitte hilf mir!«	»Du bist schlampig!«
»Bitte hilf mir!«	**Ergebnis 1** Wahrscheinlich wird sie ihm helfen, den Brief zu suchen.	**Ergebnis 2** Ein gewolltes oder ungewolltes Mißverständnis, Reaktion je nach Mentalität der Mitarbeiterin.
»Du bist schlampig!«	**Ergebnis 3** Die Mitarbeiterin kriegt die Botschaft »in den falschen Hals«, hört einen vermeintlichen Vorwurf heraus (selektive Wahrnehmung) und reagiert entsprechend ihrer Mentalität.	**Ergebnis 4** Die Mitarbeiterin hört den Vorwurf und reagiert entsprechend ihrer Mentalität. Wahrscheinlich leben beide Seiten schon längere Zeit im »Kriegszustand«.
Ergebnis 1 ist konfliktfrei. In den Ergebnissen 2, 3 und 4 spielt die selektive Wahrnehmung eine Rolle. Offene oder verdeckte Konflikte können die Folge sein.		

ich von dir schon verlangen? Ich habe dich immer für unzuverlässig gehalten! Und hier lieferst du wieder mal den besten Beweis dafür!«

Das sind nur zwei Möglichkeiten des Senders. Theoretisch steht dem Chef ein breites Spektrum weiterer nonverbaler »Zwischen-den-Zeilen-Botschaften« zur Verfügung.

Jetzt zur Empfängerseite: Wie Frau Bergmeister die Botschaft aufnimmt und wie sie reagiert, hängt von der Färbung ihrer gegenwärtigen »inneren und äußeren Wahrnehmungsbrille« ab.

Einige mögliche Kombinationen sind in Chart 4 dargestellt.

Die Rolle der Wertschätzung

Wie bereits angesprochen, »klopft« Ihr Mitarbeiter bei jeder kritischen Äußerung die nonverbale Ebene auf wertschätzende Signale ab. Spürt er hier echte Wertschätzung, ist er für Ihre Sachargumente aufgeschlossen und aufnahmebereit.

Meint er jedoch, auch nur kleinste Anzeichen von Geringschätzung zu spüren, wendet er automatisch seine ganze Aufmerksamkeit diesen Signalen zu. Die Folge: Beeinträchtigung oder Blockierung seiner Aufnahmebereitschaft auf der Sachebene.

Wertschätzung ist das »Schmieröl« jedes Gesprächs. Hier einige Möglichkeiten für seinen Transport:

- Die wichtigsten wertschätzenden Signale sind nonverbaler Art (Mimik, Gestik, Tonfall, Stimme und emotionale Wärme oder Kälte). Nutzen Sie das ganze Spektrum von positiv bis sachlich neutral. Aber greifen Sie nicht in das negativ besetzte Repertoire. Hohe (seelische) Verletzungsgefahr!
- Wenn Ihr Mitarbeiter zu dem Gespräch erscheint, lächeln Sie ihn an (aber bitte kein zynisches Grinsen!). Bei Gesprächsbeginn geben Sie Ihrem Gesicht dann einen sachlich-nüchternen Ausdruck. Dies signalisiert ihm, daß Sie etwas Ernstes mit ihm zu besprechen haben, und

schafft damit nonverbal die notwendige Erwartungshaltung.
Wären Sie in dieser Phase betont freundlich, könnte die selektive Wahrnehmung Ihres Mitarbeiters ihm signalisieren:
»Na, so schlimm wird's schon nicht werden, und gar so ernst scheint er's ja auch nicht zu meinen. Dann wollen wir uns mal zu einem gemütlichen Plausch zusammensetzen und ein bißchen über meine Leistungen sprechen. Vielleicht könnten sie sogar noch etwas besser werden ...?«
Je nach Verlauf können Sie in der zweiten Hälfte oder im letzten Drittel des Gesprächs durch positive Signale zu erkennen geben, daß Sie mit den sich abzeichnenden Ergebnissen zufrieden sind. Solche Signale werden von Ihrem Gesprächspartner sehr bewußt und meist sehr erleichtert wahrgenommen.

- Fragen Sie Ihren Mitarbeiter zu Beginn des Gesprächs, ob Sie sich Notizen machen dürfen – und tun Sie es.
- Achten Sie auf die körpersprachlichen Signale Ihres Gegenübers, und handeln Sie entsprechend.
  Wenn Sie spüren, daß sich Ihr Gesprächspartner in einem Adrenalinchaos befindet – erkennbar an hektischen Flekken, Gesichtsröte, stark erweiterten Pupillen, verschränkter Haltung oder verkrampfter Sitzposition –, können Sie davon ausgehen, daß Emotionen wie Angst, Trotz, Beleidigtsein oder Aggressivität durch seinen Körper toben.
  Dies sind für Sie deutliche Zeichen, Ihre wertschätzenden Signale zu verstärken, da die rationale Ebene Ihres Gesprächspartners gegenwärtig nicht – oder nur eingeschränkt, aufnahmebereit ist.
- Wenden Sie sich Ihrem Mitarbeiter auch körpersprachlich zu. Zuwendung kommt von »zuwenden«. Ein dem anderen zugewandter Oberkörper signalisiert: »Ich nehme dich ernst!« Ein dem anderen abgewandter Oberkörper bringt zum Ausdruck: »Du bist es mir nicht wert!«
- Nennen Sie in dem Gespräch ab und zu den Namen Ihres Gesprächspartners. Dies empfindet er als positiv. Zu häufi-

ge Namensnennung wirkt aufdringlich und wird als »Floskelei« wenig wertschätzend empfunden.

- Konzentrieren Sie sich auf das, was Ihr Gegenüber sagt. Mit Büroklammern zu spielen, auf der Schreibtischunterlage zu kritzeln, aus dem Fenster zu starren oder auf die Uhr zu schauen, können Zeichen von Unsicherheit, Langeweile oder Zeitdruck sein. Sie sind sicher keine Zeichen der Wertschätzung.
- Widmen Sie Ihrem Mitarbeiter Ihre ungeteilte Aufmerksamkeit. Versuchen Sie nicht, mehrere Dinge gleichzeitig zu tun. (Man sagt, Napoleon habe das gekonnt. Aber wer von uns ist schon Napoleon?)
- Halten Sie während des Gesprächs Blickkontakt. Dies wird als angenehm empfunden – aber nur, wenn Ihre Mimik stimmt (kein »drohendes Starren«!).
- Zeigen Sie Verständnis für die Argumente Ihres Mitarbeiters.
- Senden Sie nonverbale Bestätigungssignale wie Kopfnikken oder »Mhm«-Sagen. Diese Signale sagen nicht:
  »Ich stimme mit dem überein, was du sagst!«, sondern:
  »Ich bin an dem, was du sagst, interessiert. Bitte sprich weiter!«
- Wenn es angebracht ist, signalisieren Sie auch Zustimmung!
- Formulieren Sie »umkehrbar«.
- Unterbrechen Sie Ihren Gesprächspartner nicht! Dies ist im Kritikgespräch sicher nicht immer einfach, aber für Ihren Mitarbeiter entscheidend. Sonst könnte seine innerliche Reaktion sein:
  »Na gut, wenn der mich dauernd unterbricht, sage ich überhaupt nichts mehr!«
- Vollenden Sie nicht die Sätze Ihres Gegenübers! Er möchte gerne selbst sagen, was er denkt, und nicht von Ihnen zu hören bekommen, was er denken soll!
- Bestärken Sie Ihren Mitarbeiter in seinen Verbesserungsabsichten. Lassen Sie keinen Zweifel an seinem guten Willen aufkommen.

- Bringen Sie am Ende des Gespräches etwas Positives. Was am Schluß gesagt wird, bleibt hängen und klingt nach!

Die Vorstufen zu einem Kritikgespräch

Ein Kritikgespräch gleicht einem Skalpell. Richtig geführt, kann man damit wahre Wunder vollbringen, falsch geführt...

Bevor Sie dieses zentrale Führungsinstrument einsetzen, überlegen Sie sich, ob der zu kritisierende Sachverhalt ein so schweres Geschütz rechtfertigt – oder ob Sie möglicherweise »mit Kanonen auf Spatzen schießen«.

Die Entscheidung ist mitarbeiter- und situationsabhängig. Während bei einem Mitarbeiter schon ein kleiner Hinweis genügt, muß mit dem anderen »Tacheles« geredet werden, um ihn innerlich zu erreichen.

Vielleicht läßt sich Ihr Ziel jedoch schon auf einer der vier Vorstufen zum Kritikgespräch erreichen...

Stufe 1: Kritik durch Mimik

Sie ist die »sanfteste« Form der Kritik und wird nur durch körpersprachliche Signale zum Ausdruck gebracht. Ein Heben der Augenbrauen und eine kurze Drehung des Kopfes zeigen Ihrem Mitarbeiter an, daß Sie zu diesem Punkt eine andere Meinung haben. (Ein Senken der Augenbrauen hat schon eine höhere emotionale Durchschlagskraft!) Sensible Mitarbeiter spüren dies und haben so die Möglichkeit, sich zukünftig anders zu verhalten.

Weniger sensible Mitarbeiter mögen den Eindruck gewinnen: »Jetzt hat er wieder sein eigentümliches Gesichtszucken, aber das hat er in den letzten Wochen öfter.«

Stufe 2: Kritik durch Hinweis – ohne Wertung

Ohne ein mögliches Fehlverhalten anzusprechen, stellt der Chef einen bestimmten Sachverhalt fest:

»Der Brief vom 14. ist nicht in den Unterlagen, Frau Bergmeister.«

Diesen Satz haben wir bereits im Zusammenhang mit der Kraft der nonverbalen Aussage kennengelernt.
Wenn wir hier einen sachlich neutralen Tonfall beim Chef ohne negative Begleitsignale unterstellen, sind folgende Reaktionen möglich: Hat Frau Bergmeister es zu vertreten, daß der Brief nicht in den Unterlagen ist, muß nicht weiter darauf herumgeritten werden. Eine Vertiefung des Sachverhalts würde ihre Gefühlsebene unnötig strapazieren. Sie hat einen Fehler gemacht und weiß, daß der Chef es weiß. Durch diesen einfachen Hinweis läßt er sie das Gesicht wahren und transportiert auf der nonverbalen Ebene Wertschätzung. Das empfindet sie als positiv.
Ist es nicht Frau Bergmeisters Schuld, daß der Brief fehlt, können beide ebenfalls ohne Gesichtsverlust aus der Situation heraus: »Das ist richtig, Chef, den wollten Sie haben. Er liegt auf Ihrem Schreibtisch.« Damit ist die Sache erledigt.

Stufe 3: Kritik durch Aufforderung – ohne Wertung

Bleibt auch nach den beiden ersten Stufen die gewünschte Reaktion aus oder ist sie nicht zu erwarten, äußern Sie Kritik durch Aufforderung ohne Wertung.

»Bitte achten Sie darauf, Frau Kolbeck, daß die Ablage am Monatsende immer auf dem laufenden ist. Das ist für die termingerechte Abrechnung notwendig.«

Diese Art der Kritikäußerung wirkt sich für beide Seiten positiv aus. Der Chef vermeidet negative Wertungen, die in der Wahrnehmung der Mitarbeiterin etwas Absolutes haben und als nicht wertschätzend erlebt werden. Er formuliert nicht vergangenheitsbezogen und gebraucht keine negativen Reizwörter wie

»Das war schlecht...«,
»Das haben Sie falschgemacht...«,
»Das ist aber wieder mal voll danebengegangen...«,

sondern äußert seine Erwartungen zukunftsorientiert – klar, deutlich, ohne jeden Verlegenheitsschnörkel. Damit liefert er so etwas wie eine positive »Gebrauchsanweisung« für die Zukunft. Dies wird von seinen Mitarbeitern als helfend und wertschätzend erlebt.
Der Chef begründet seine Bitte (die freundliche Minus-Motivation läßt grüßen). Begründungen signalisieren Wertschätzung, Kooperationsbereitschaft und das für das Team so wichtige Miteinander.

Stufe 4: Kritik durch Ansprechen des Fehlverhaltens, verbunden mit einer Aufforderung ohne Wertung

Dies ist die letzte Stufe vor dem eigentlichen Kritikgespräch. Das Fehlverhalten wird hier klar und deutlich angesprochen und mit einer Handlungsaufforderung verbunden. Beispiel:

»Ich habe eben Ihr Telefonat mit dem Kunden Berlepsch mit angehört, Herr Kärner. Dabei habe ich Ihr Verhalten als schroff und unfreundlich erlebt. Bitte achten Sie in Zukunft darauf, daß Sie den Kunden das Gefühl vermitteln, bei uns in den besten Händen zu sein.«

Was fällt auf? Der Chef äußert seine Kritik in der bekannten gesichtsverträglichen Ich-Botschaft. Hätte er seine Kritik in einer Du-Botschaft geäußert wie

»Sie waren (schon wieder!) sehr unfreundlich zu dem Kunden!«,

dann hätte Herr Kärner, je nach Beschaffenheit seiner aktuellen inneren und äußeren Wahrnehmung, möglicherweise die »Zwischen-den-Zeilen-Botschaft«

»Sie sind ein sehr unfreundlicher Mensch, und ich überlege mir ernsthaft, ob der Außendienst das richtige für Sie ist«

heraushören können. Der Vorgesetzte berichtet statt dessen von seiner gegenwärtigen (inneren und äußeren) Wahrnehmung:

»Ich habe Ihr Verhalten dabei als schroff und unfreundlich erlebt.«

Er walzt den für Herrn Kärner negativen Umstand also nicht aus, sondern formuliert seine Erwartungen in Form einer »positiven Gebrauchsanweisung« für die Zukunft. Damit kann Herr Kärner etwas anfangen.
Sollten Sie auf diesen vier Stufen mit Ihren Kritikäußerungen nicht den gewünschten Erfolg haben, dann führen Sie mit Ihrem Mitarbeiter ein Kritikgespräch.

Das (eigentliche) Kritikgespräch

Um keine Mißverständnisse aufkommen zu lassen: Ein Kritikgespräch ist keine Moralpredigt oder etwas, das man mal eben »zwischen Tür und Angel« erledigt.
Ein Kritikgespräch ist ein gut vorbereitetes und ohne Zeitdruck geführtes Vier-Augen-Gespräch, mit dem Sie Ihren Mitarbeiter in »Kopf und Bauch« erreichen und zu einer Verhaltensänderung in Ihrem Sinne motivieren wollen.
Zwei entscheidende Fragen sollten Sie sich vor jedem Kritikgespräch stellen:

- Welche Ziele verfolge ich auf der rationalen Kopfebene? und
- Mit welchen Gefühlen soll mein Mitarbeiter – auf der Bauchebene – diesen Raum verlassen? Zur Schnecke gemacht – oder positiv motiviert? Motivation oder Destruktion?

Formulieren Sie Ihre Gesprächsziele am besten schriftlich. Dadurch machen Sie sich klar, was Sie konkret erreichen wollen, und beugen damit gleichzeitig einem möglichen Durchbrennen Ihrer emotionalen Hauptsicherung vor. Sie allein bestimmen durch Ihre Selbstdisziplin und die Art Ihrer Gesprächsführung, wohin die Reise gehen wird – Motivation oder Destruktion?

Das gesprächstechnische Handwerkszeug

Damit Ihr Mitarbeiter das Kritikgespräch als konstruktiv und motivierend erlebt, sollten sie ein paar gesprächstechnische Regeln beachten, die auch im Privatleben sehr hilfreich sind.
Soll er in einer von Ihnen gewünschten Art und Weise handeln, stehen Ihnen die schon erwähnten vier Möglichkeiten zur Verfügung:

① Plus-Motivation: Sie wecken bei ihm den Wunsch, in der von Ihnen beabsichtigten Art und Weise handeln zu wollen.
② Freundliche Minus-Motivation: Anordnung mit Begründung.
③ Unfreundliche Minus-Motivation: Anordnung mit Begründung und Androhung von Sanktionen bei Nichterfüllung.
④ Autoritäre Minus-Motivation: Anordnung ohne Begründung mit Androhung von Sanktionen (Bitte nicht!).

Wenn es Ihnen mit der mitarbeiterorientierten Gesprächsführung ernst ist, beginnen Sie immer mit der Plus-Motivation. Sie ist zugegebenermaßen der schwierigere Weg – aber auch der lohnendere. Einsicht bei Ihrem Gegenüber zu wekken und ihn zu überzeugen bedeutet, daß er nach dem Gespräch die Dinge aus Ihrem Blickwinkel sieht und entsprechend handelt. Was hat für Sie persönlich die stärkere Überzeugungskraft? Wenn jemand auf Sie wie auf einen lahmen Gaul einredet – oder wenn Sie sich vom Sinngehalt der Argumente Ihres Gesprächspartners selbst überzeugen?
Im ersten Fall kann Trotz, im zweiten Fall eine geänderte Sichtweise die Folge sein. Gleiches gilt für Ihre Mitarbeiter.

Am stärksten sind sie dann überzeugt, wenn Sie ihnen dabei helfen, sich von etwas selbst zu überzeugen.
Menschen gegen ihren Willen zu überzeugen ist unmöglich. Probieren Sie es aus: »So, und jetzt haben Sie gefälligst überzeugt zu sein!« Geht nicht.
Wenn unser Mitarbeiter sich durch unsere Gesprächsführung selber von etwas überzeugen soll, müssen wir wissen, wie er denkt und fühlt, und die Beweggründe für sein Handeln kennenlernen. Nur so lassen sich die richtigen Ansatzpunkte für echte Überzeugungsarbeit finden.
Hier hilft uns eine wichtige Erkenntnis weiter: Durch sogenannte »Selbstoffenbarungen« sagen Menschen mit und ohne Worte weit mehr über sich aus, als es in ihrer Absicht liegt. Sind wir in der Lage, diese verbalen und nonverbalen Signale richtig zu »decodieren«, verfügen wir über ein erhebliches Informationsplus.
Mit unseren derzeitigen Kommunikationsqualitäten sind wir auf einer der drei Stufen der »mitarbeiterorientierten Kommunikationstreppe« angesiedelt.

Chart 5: Mitarbeiterorientierte Kommunikationstreppe

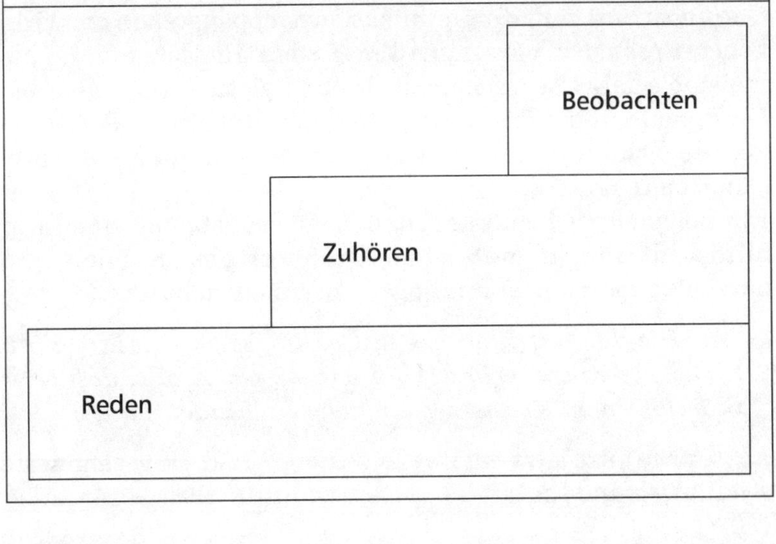

Auf der unteren Stufe dieser Treppe bewegen sich die Kommunikationsamateure. Ihnen hat man gesagt: »Wenn du Leute überzeugen willst, mußt du reden!« Also reden sie, lang, heftig und meist ununterbrochen.
Wohlmeinende und meist ungeschulte Verkäufer sind in dieser Gruppe genauso anzutreffen wie wohlmeinende Chefs oder Elternteile. Sie halten Gardinenpredigten, beten ihre Litanei herunter und reden und reden und reden.
Die Folge: Die Gesprächspartner betätigen einen der geistigen Schalter im Gehirn:

- Regression: In sich zurückziehen.
- Desinteresse: Die Wahrnehmung auf »Durchzug« stellen oder den Gesprächspartner »abwürgen«.
- Aggression: Sich wehren und verbal zurückschlagen.

Auf der mittleren Stufe sind die »Semi-Professionals« zu Hause. Sie haben ein deutlich besseres Kommunikationsverhalten als die Amateure. Ihnen hat man beigebracht, daß sie erst einmal zuhören müssen, wenn sie Menschen motivieren (beeinflussen) wollen. Nur so lassen sich die Ansatzpunkte für die Überzeugungsarbeit finden, die in der Wahrnehmung ihrer Gesprächspartner Gewicht haben.
Ganz oben auf der »Kommunikationstreppe« stehen die wirklichen Profis. Sie wissen, daß man über Menschen dann am meisten erfährt, wenn man die breite Palette ihrer nonverbalen Signale in die Kommunikation mit einbezieht. Sie hören zu, beobachten und deuten die Signale – um dann entsprechend zu reagieren.
Ein Beispiel: Sie bemerken, daß Frau Neugebauer, eine Ihrer Mitarbeiterinnen, mit einem schwierigen Kunden gut zurechtgekommen ist und sagen anschließend zu ihr:

> *»Wie Sie das mit Blaschke & Co. hingekriegt haben, Frau Neugebauer, war prima. Und wir wissen ja alle, daß Herr Blaschke nicht zu unseren einfachsten Kunden zählt.«*

Achten Sie bitte jetzt auf ihre Reaktion. Winkt sie verlegen ab, schaut weg und sagt:

»Na ja, es ging so ...«,

dann sagt das etwas über das gegenwärtige Selbstwertgefühl von Frau Neugebauer aus und über eine gewisse Hemmung, die durch dieses Kompliment ausgelöste Freude zu zeigen. Mit dieser Aussage bringt sie unbewußt zum Ausdruck:

»Ich freue mich über das, was du sagst. Aber ich weiß nicht so richtig, wie ich damit umgehen soll, denn es macht mich unsicher. Es wäre schön, wenn du mir helfen könntest, mein Selbstwertgefühl zu stärken!«

Würden wir Frau Neugebauer sagen, daß sie mit diesen fünf Wörtern eine Menge über sich selbst ausgesagt hat, würde sie wahrscheinlich nicht verstehen, wovon wir sprechen.
Ganz anders sähe die sogenannte »Selbstoffenbarung« von ihr aus, wenn sie auf unser Lob gesagt hätte:

»Danke, das ist nett, daß Sie das sagen. Ich habe mir auch besondere Mühe mit ihm gegeben.«

Die unbewußte Aussage, die sie damit über sich, ihr Selbstwertgefühl und ihr Eigenbild vermittelt, ist völlig anderer Natur!
Würde sie auf dieses Kompliment keine erkennbare Reaktion zeigen, könnte das etwas über die Wertschätzung aussagen, die Frau Neugebauer ihrem Chef entgegenbringt.
Dieses Beispiel zeigt, wie wichtig es ist, zuzuhören, das Verhalten anderer zu beobachten, die richtigen Schlüsse zu ziehen, um so noch mitarbeiterorientierter zu reagieren.
Um auf der mittleren Stufe unserer Kommunikationstreppe erfolgreich zu sein, müssen wir Fragen stellen und zuhören. Die Fragetechnik hat in jedem mitarbeiterorientierten Gespräch einen herausragenden Platz. Nicht umsonst heißt es: »Wer fragt – führt!«
Durch die richtigen Fragen lenken wir das Gespräch in die von uns gewünschte Richtung. Sind wir mit den Antworten einverstanden, stimmen wir zu. Sind wir es nicht, fragen wir weiter.

Also stellen wir Fragen. Aber welche? Es gibt eine Menge verschiedener Fragearten. Die zwei wesentlichen wollen wir Ihnen hier vorstellen:

Die offene Frage

Die offene Frage gehört zu den wichtigsten Fragetypen im gesamten Fragenrepertoire. Durch sie erfahren wir etwas über die Beweggründe des Mitarbeiters, über die Art, wie er denkt und fühlt, und über seine jeweilige innere und äußere Wahrnehmung.
Offene Fragen lassen sich nicht mit »Ja« oder »Nein« beantworten, sondern machen ein Statement erforderlich.
Alle »W-Fragen« (wer, wie, was, wann, wo, weshalb) sind offene Fragen und lassen dem Mitarbeiter große Freiräume bezüglich der Formulierung und des Inhalts, beispielsweise:

»Was halten Sie davon?«
»Wie haben Sie die Sache gesehen?«
»Was hat Sie dazu gebracht, so zu handeln?«
»Wie beurteilen Sie es jetzt – rückwirkend?«
»Wie würden Sie jetzt handeln?«
»Welche Bedeutung hat dieser Punkt für Sie?«

Diese Fragen bringen viel an Information, haben ein geringes Lenkungspotential und werden dann als wertschätzend erlebt, wenn die Signale auf der nonverbalen Ebene stimmen.
Achten Sie aber bitte darauf, daß ein solches Gespräch nicht als inquisitorisches Verhör erlebt wird. Tonfall, Stimme und emotionale Wärme sind entscheidend.
Immer wenn Sie von Ihrem Gegenüber Informationen erhalten wollen, sollten Sie offene Fragen stellen.
Beobachten Sie sich einmal selbst, ob es Ihnen leichtfällt, offene Fragen zu stellen. Wenn ja, gehören Sie zu einer kleinen und wahrscheinlich trainierten Minderheit. Die meisten Menschen neigen mehr zum Gegenstück. Dann hilft nur eines: Üben, üben, üben …

Die geschlossene Frage

Es gibt nur drei Möglichkeiten, eine geschlossene Frage zu beantworten: »Ja«, »Nein« oder »Jein«.
Geschlossene Fragen beginnen mit einem Verb. Sie lassen dem Gesprächspartner wenig Freiräume in bezug auf Formulierung und Inhalt und besitzen nur geringen Informationswert. Sie zwingen zu eindeutiger Stellungnahme, werden meist als stark lenkend und damit als wenig wertschätzend erlebt.
Achten Sie beim Einsatz dieses Fragetyps besonders darauf, Wertschätzung auf der nonverbalen Ebene zu transportieren. Sonst könnte es bei Ihrem Mitarbeiter zu mehr oder weniger heftigen Streßreaktionen kommen.

»Haben Sie das getan?«
»Waren Sie sich über die Tragweite im klaren?«
»Sind Sie dort gewesen?«
»Haben Sie das dem Kunden gesagt?«

Man spürt förmlich, wie Ihren Mitarbeitern das Blut in den Adern gefriert.
Wertschätzend setzen Sie die geschlossene Frage dann ein, wenn Sie herausfinden wollen, ob Ihr Gesprächspartner mit Ihnen übereinstimmt.

»Sind Sie damit einverstanden?«
»Sehen Sie diesen Punkt auch so?«
»Ist die Sache damit erledigt?«
»Können wir es dann so machen?»

Übrigens: Die häßliche Zwillingsschwester der geschlossenen Frage ist die Suggestivfrage. Sie liefert die gewünschte Antwort gleich mit. Wehe, jemand durchschaut das Spiel und antwortet nicht so wie vorgegeben:

»Sie sind doch sicher auch der Meinung, daß ...«
»Nein, da bin ich anderer Meinung!«

Jetzt kann der Fragesteller elegant auf die Bauchebene abtauchen und mit verwundertem Tonfall einen hinterhältigen Angriff auf das Selbstwertgefühl seines Gesprächspartners starten:

»Sie sehen das nicht so? Das erstaunt mich aber! Eine Frau von Ihrer Intelligenz ...«

Batsch! Und schon ist der unfaire Angriff auf das Selbstwertgefühl perfekt. Die Botschaft zwischen den Zeilen lautet:

»Wie kann ein leidlich intelligenter Mensch nur so blöd sein wie du?«

Suggestive Fragen und Formulierungen haben einen stark manipulativen Charakter. Es gibt nur wenige Menschen, die sich gerne manipulieren lassen. Sie nicht – und gehen Sie davon aus, daß Ihre Mitarbeiter auch nicht dazugehören.
Wenn Sie Ihr Image als mitarbeiterorientiert handelnder Chef fördern wollen, vermeiden Sie suggestive Fragen und Formulierungen. Ihnen haftet der Geruch unfairer Dialektik an. Auch wenn sie nicht sofort als solche erkannt werden, hinterlassen sie doch einen schalen Nachgeschmack.
Die häßliche Stiefschwester der Frage ist die Behauptung:

»Das haben Sie doch nur getan, weil ...«

Auch die mögen Ihre Mitarbeiter nicht! Vermeiden Sie sie! Jede Behauptung läßt sich ganz einfach in eine »gesichtsverträgliche« und nach Möglichkeit offene Frage umverpakken.

Zuhören

Zuhören ist eine hohe Kunst. In einigen Berufssparten gehört es zum elementaren Handwerkszeug. Und Führungskräfte sollten damit besonders vertraut sein.
Richtiges Zuhören ist weit schwieriger als reden. Nicht umsonst hat uns der liebe Gott zwei Ohren mitgegeben, aber nur einen Mund.
Hier eine kleine Auswahl von Gründen, weshalb wir uns mit dem Zuhören so oft schwertun:

- Wir werden von etwas abgelenkt.

- Während der andere spricht, überlegen wir, wie wir ihn argumentativ aus dem Sattel heben können.
- Wir sind gedanklich mit etwas anderem beschäftigt.
- Wir haben es mit einem Lang-, Viel- oder Wiederholungsredner zu tun.
- Wir stehen unter Zeitdruck.
- Wir haben eine vorgefaßte Meinung zu dem Thema.
- Wir sind mit uns selbst beschäftigt.
- Wir sind gesundheitlich angeschlagen.
- Wir sind überheblich: »Was kann von dem schon kommen?«
- Wir haben unsere selektive Wahrnehmung eingeschaltet.
- Wir glauben, man könne es sich ja ein zweites Mal anhören.

Aktives Zuhören

Es ist eine besonders wirkungsvolle Technik, mit der wir unserem Gesprächspartner signalisieren, was von seiner verbalen und/oder nonverbalen Botschaft bei uns angekommen ist.
Aktives Zuhören läßt sich auf der rationalen Kopf- und auf der emotionalen Bauchebene durchführen.
Das »aktive Zuhören auf der Kopfebene« besteht aus folgenden Elementen:

① Offene Fragen – eventuell mit Namensnennung:
»Wie kam es eigentlich zu dem Vorfall, Herr Zollner?«

② Konzentriertes Zuhören auf der rationalen Kopfebene und der emotionalen Bauchebene ohne ablenkende Handlungen.

③ Blickkontakt halten und körpersprachliche Signale beachten!

④ Unabhängig von der eigenen Meinung verbale und nonverbale Bestätigungssignale senden wie Kopfnicken, »Mhm« oder »Ja«, mit denen wir zum Ausdruck bringen:
»Es interessiert mich, was du sagst, und ich höre dir zu. Bitte sprich weiter!«
Diese Bestätigungssignale sagen nicht:
»Ich bin mit dem, was du sagst, einverstanden!«

⑤ Das Gehörte mit einer Formulierung wie:
»Wenn ich Sie richtig verstanden habe...«
in leicht veränderter Form der Worte an den Gesprächspartner zurückgeben.

⑥ Anschließend eine geschlossene Frage stellen wie:
»Ist das der Punkt?«
»Habe ich Ihre Aussage damit richtig erfaßt?«
»Ist das richtig so?«
mit dem Ziel, ein »Ja« zu bekommen.

⑦ Dieses »Ja«
- stellt sicher, daß beide vom gleichen reden,
- transportiert Wertschätzung (Sie haben wirklich zugehört!) und
- trägt zur Entspannung der Atmosphäre bei. Jedes »Ja« entkrampft die Atmosphäre, jedes »Nein« belastet sie.

Mit dem »aktiven Zuhörern auf der Bauchebene« spricht der Chef die von ihm wahrgenommene Gefühls- und Stimmungslage seines Mitarbeiters an, um ihn auf der emotionalen Ebene zu erreichen. Diese Technik ist noch wirkungsvoller und besteht aus folgenden Elementen:
Die Punkte ① bis ④ sind identisch mit dem »aktiven Zuhören auf der Kopfebene«.

⑤ Ansprechen der emotionalen Ebene, also dessen, was man zwischen den Zeilen spürt:
»Ich habe das Gefühl, als ob Sie die Sache belastet.«
»Ich spüre bei Ihnen in diesem Punkt eine gewisse Zurückhaltung.«
»Ich habe den Eindruck, als ob es dabei für Sie Schwierigkeiten gäbe.«

⑥ Stimmt Ihr Gesprächspartner Ihrem »Bauchstatement« zu, dann signalisiert er damit die Bereitschaft, über seine Empfindungen zu sprechen. Gehen Sie jetzt behutsam vor, denn das Öffnen der emotionalen Ebene ist ein Zeichen von Vertrauen. Mißbrauchen Sie es nicht.
Stimmt er Ihnen nicht zu, haben Sie sich vielleicht ge-

täuscht. Oder er ist emotional noch nicht soweit, mit Ihnen über seine Gefühlslage zu sprechen.
Lassen Sie Empfindungen und Gefühle bei sich und Ihrem Gesprächspartner zu! Gefühle zu zeigen, verringert Distanz und läßt Mitarbeiter ihre Chefs als echt erleben. Mitarbeiter wollen echte Vorgesetzte und kein aufgesetztes Fassadenverhalten.

Die Rahmenbedingungen für ein Kritikgespräch

Der Anlaß

Ein Kritikgespräch sollten Sie dann in Erwägung ziehen, wenn

- bei Ihrem Mitarbeiter ein grundsätzliches Leistungsproblem vorliegt,
- er sich wiederholt negativ verhalten hat,
- ein einmaliges massives negatives Verhalten zu beanstanden ist,
- Kritikäußerungen auf einer oder mehrerer der vier Stufen im Vorfeld zum Kritikgespräch nicht zum gewünschten Ergebnis geführt haben.

Der Zeitpunkt

Wann sollte ein Kritikgespräch geführt werden? Sie haben verschiedene Möglichkeiten.
Die brisanteste Variante für alle Beteiligten ist die, wenn Ihnen gerade »der Kragen geplatzt ist« und Sie nur noch aus Emotionen bestehen. Ihre Selbstdisziplin hat sich in Luft aufgelöst, und nichts kann Sie mehr aufhalten. Gefährlich, äußerst gefährlich!
Variante zwei: Sie laufen auf 180, haben sich aber noch im Griff. Sie würgen Ihre negativen Emotionen runter und knurren unmittelbar nach dem Vorfall mit zusammengebissenen Zähnen:

»Herr Sollfrank, bitte kommen Sie in mein Zimmer, nach Möglichkeit sofort!«

Kaum ist die Tür zu, geht es los, aber richtig. Die ganzen angestauten Emotionen brechen hervor. Ebenfalls ziemlich gefährlich!
Variante drei: Ihre Selbstdisziplin ist top und schützt Sie vor unbedachten, hinterher kaum wiedergutzumachenden Fehlern. Sie tun – nichts. Zumindest im Moment. Damit sind Sie gut beraten. Halten Sie es mit der preußischen Beschwerdeordnung: »Mindestens eine Nacht darüber schlafen!« Schadensbegrenzung immer sofort, aber das Kritikgespräch niemals in negativer Emotion!
Am nächsten Tag bitten Sie Ihren Mitarbeiter zu einem Gespräch unter vier Augen:

»Herr Sollfrank, ich würde gerne noch einmal mit Ihnen über den Vorfall von gestern nachmittag sprechen. Wann paßt es Ihnen?«

Oder wenn es ein grundsätzliches Gespräch werden sollte:

»Herr Sollfrank, ich würde gerne einmal mit Ihnen über Ihre Leistungen sprechen. Wann wäre es Ihnen recht?«

Ihren Mitarbeiter zu fragen, wann es ihm paßt, ist ein Zeichen von Wertschätzung, ihn zu »zitieren« ist ein Zeichen von Macht!
Wenn Herr Sollfrank hört, daß sein Chef mit ihm über seine Leistungen sprechen möchte, kommen für ihn nur zwei emotionale Reaktionen in Betracht: Gehaltserhöhung oder Probleme! Und sein Gefühl sagt ihm untrüglich, um was es gehen wird.
Auf die höfliche Frage seines Chefs wird er kaum antworten: » So etwa in drei Wochen.«, sondern wird wahrscheinlich ganz spontan sagen: »Am besten gleich!«, denn das Reizwort »Leistungen« hat etwas in ihm zum Gurgeln gebracht.
Wählen Sie für dieses Gespräch einen Zeitpunkt, der es Ihnen ermöglicht, die Dinge auszudiskutieren und den Problemen auf den Grund zu gehen. Dieses Gespräch unter Zeitdruck zu führen kann bei Herrn Sollfrank zu erheblichen Frustrationen führen.

Der Ort

Wo sollte ein Kritikgespräch geführt werden? Eiserne Regel: Nur unter vier Augen, störungsfrei und möglichst im eigenen Büro!
Nichts ist störender als ständige Unterbrechungen. Wenn Sie die zulassen, sagt das eine ganze Menge über die Wertschätzung aus, die Sie Ihrem Mitarbeiter entgegenbringen.
Die Durchführung in »den eigenen vier Bürowänden« unterstreicht die Bedeutung, die Sie diesem Gespräch beimessen.
Wenn es Ihnen darum geht, in diesem Gespräch Macht zu demonstrieren und das Gefälle zwischen »oben und unten« auch optisch zu betonen, dann führen Sie es vom Schreibtisch aus.
Ist es Ihnen wichtig, auf der nonverbalen Ebene Wertschätzung zu transportieren, dann bitten Sie Ihren Mitarbeiter, an einem separaten Besprechungstisch Platz zu nehmen – mit Sitzordnung über Eck. Dies signalisiert ihm das wichtige »Miteinander«.
Setzen Sie sich gegenüber, bringen Sie damit – bewußt oder unbewußt – zum Ausdruck, daß es Ihnen um »Auseinandersetzung« geht. So wie bei Arbeitgeberverbänden und Gewerkschaften, die sich bei Tarifverhandlungen gegenübersitzen.

Die Vorbereitung

Ein »Zur-Schnecke-Machen« kann jederzeit aus der Hüfte geschossen werden, ein mitarbeiterorientiertes Kritikgespräch erfordert dagegen eine gründliche Vorbereitung.

Ihre innere Einstellung

Sie ist entscheidend für das Gesprächsergebnis: Motivation oder Destruktion.
Wenn Sie bei diesem Gespräch »mal so richtig Dampf ablassen« und Ihren Mitarbeiter »niedermachen« wollen, dann sollten Sie sich vorher ordentlich in Rage bringen.
Wenn Sie aber bei Ihrem Gesprächspartner Einsicht wecken und ihn zu einer Leistungsverbesserung oder Verhaltensän-

derung motivieren wollen, dann stellen Sie sich auf dieses Gespräch entsprechend ein. Betrachten Sie die Dinge einmal aus seinem Blickwinkel.

Die unterschiedlichen Gesprächsziele

Ziele des Vorgesetzten

Schauen wir uns den zu kritisierenden Sachverhalt aus der Sicht des Chefs an: Er ist mit Herrn Sollfranks Verhalten oder seinen Leistungen unzufrieden und hat sich entschlossen, darüber zu sprechen. Welche Ziele wird er in diesem Gespräch verfolgen? Die Antwort liegt auf der Hand: Leistungsverbesserung beziehungsweise geändertes Verhalten.
Sein Ziel wird es sein, ihn in diesem Gespräch »wieder auf Linie« zu bringen. Damit verfolgt er ein rationales »Kopfziel«.
Mögliche »Kopfziele« können sein:

- festzulegen, welche Informationen gegeben werden sollen – und welche nicht,
- festzulegen, wie das Gesprächsergebnis aussehen soll (was ist das Maximalziel – und was sollte mindestens erreicht werden?),
- festzulegen, was der Mitarbeiter zukünftig wissen, können und ausführen soll,
- herauszufinden, was genau vorgefallen ist,
- aufzuzeigen, welche Auswirkungen der Fehler gehabt hat (und vielleicht noch haben wird),
- klarmachen, was in Zukunft von dem Mitarbeiter erwartet wird.

Ziele des Mitarbeiters

Wie sieht nun der Sachverhalt durch die »Wahrnehmungsbrille« von Peter Sollfrank aus? Der Chef hat ihm – mit sachlich-nüchternen Begleitsignalen – signalisiert, daß er mit seinen Leistungen nicht zufrieden ist und deshalb mit ihm sprechen möchte.
Wenn wir uns Herrn Sollfranks Ziele anschauen, stellen wir

fest, daß sie ganz anderer Natur sind. Er möchte in diesem Gespräch nämlich

- persönliche Wertschätzung erfahren und als Person akzeptiert werden,
- gerecht, fair und im Rahmen des allgemein üblichen Takts behandelt werden,
- sich nicht wie ein »Schulbub abkanzeln« lassen müssen,
- am Gespräch beteiligt werden,
- seine Argumente ungestört darlegen können,
- daß sein Chef gut begründete Aussagen akzeptiert,
- wissen, wie er sich zukünftig in ähnlichen Fällen verhalten soll,
- wissen, wie er jetzt – nach dem Fehler – von seinem Chef gesehen wird und
- auf der emotionalen Ebene spüren, daß er nach wie vor für das Unternehmen wichtig ist. Dies ist für ihn der wichtigste Punkt.

Verfolgt Herr Sollfrank in diesem Gespräch rationale »Kopfziele« oder emotionale »Bauchziele«? Auch hier liegt die Antwort auf der Hand: Letzteres! Damit wird klar, daß sich Chef und Mitarbeiter in Kritikgesprächen auf völlig unterschiedlichen Zielebenen bewegen.
Soll es für Peter Sollfrank ein motivierendes Kritikgespräch werden, muß der Chef auf dessen emotionale Kommunikationsebene eingehen. Sonst sind Frustrationen auf beiden Seiten vorprogrammiert.
Spürt Peter Sollfrank, daß die ihm wichtigen Bedürfnisse nach Wertschätzung auf der nonverbalen Ebene befriedigt werden, ist er bereit, eine Änderung seiner Einstellung, seines Verhaltens oder seiner Leistung auf rationaler Ebene in Erwägung zu ziehen.
Dies bedeutet für Peter Sollfranks Chef, daß er

- Wertschätzung transportieren muß (oberste Prämisse),
- das Selbstwertgefühl des Mitarbeiters nicht beschädigen darf,
- ihn überzeugen – und nicht überreden – sollte,

- ihn zu Änderungen in Verhalten und Leistung motivieren sollte (»Vom Wollen zum Müssen«),
- ihm das Gefühl vermitteln muß: »Das war ein gutes und faires Gespräch!«,
- Motivation statt Destruktion erreichen muß.

Peter Sollfrank mißt die Qualität des Gesprächs und die Führungseigenschaften seines Chefs an dem Gefühl, mit dem er dessen Büro verläßt.

Informationen zum Sachverhalt

Verschaffen Sie sich vor dem Gespräch über folgende Punkte Klarheit:

① Ist die Kritik gerechtfertigt?
- Trifft den Mitarbeiter die alleinige Schuld?
- Hatte er die nötigen Voraussetzungen in bezug auf Kenntnisse, Informationen und Fähigkeiten?
- Hatte er alle erforderlichen Hilfsmittel zur Verfügung?
- Hätte er ausreichend Zeit gehabt, anders zu handeln?
- Was spricht zu seinen Gunsten?

② Was genau ist der zu kritisierende Tatbestand?«
- Geht es um Verhalten, um Leistung oder um beides?
- Was ist der konkrete Sachverhalt?
- Wann hat das zu kritisierende Ereignis stattgefunden?
- War noch jemand beteiligt?
- Welche Auswirkungen hat oder hatte der zu kritisierende Tatbestand?

③ Welches Wissen und welche Unterlagen werden benötigt?
- Welche Unterlagen sind für das Gespräch erforderlich?
- Ist in dem Gespräch gedanklich etwas zu entwickeln?
- Welche Beweise und Belege liegen vor? (Behauptungen vermeiden!)

Die Durchführung des Gesprächs

Die Gesprächseröffnung

Die ersten Weichen werden gestellt: Motivation oder Destruktion? Bereits jetzt entscheidet sich, in welchem Klima das Gespräch stattfinden wird. Sie bestimmen, wohin die Reise geht...

Nachdem Sie Wertschätzung auf der nonverbalen Ebene transportiert und einen positiven emotionalen Kontakt hergestellt haben, kommen Sie bitte sofort zur Sache. Früher wurden Seminarteilnehmer darauf getrimmt: »Wenn du kritisieren willst, dann mußt du erst etwas Positives sagen!« So nach dem Motto: »Eine schöne Krawatte haben Sie da, Herr Sollfrank, und jetzt wollen wir über den Vorfall von gestern nachmittag reden!« Floskeln, nichts als Floskeln!

Wenn Sie Ihren »positiven Vorspann« ausdehnen, erlebt dies Ihr Mitarbeiter als »Grillen« auf kleiner Flamme. Aus seiner Sicht redet der Chef um den heißen Brei herum, bringt vielleicht sogar noch irgendwelche Lobhudeleien, um dann mit der großen Keule zuzuschlagen.

Kommen Sie deshalb nach positiver emotionaler Kontaktherstellung sofort zum Kern des Gesprächs:

> *»Ich möchte mit Ihnen noch einmal über den Vorfall von gestern nachmittag sprechen, Herr Sollfrank.«*

Der Gesprächsverlauf

Jetzt kommt die zweite entscheidende Weichenstellung. Moralisieren Sie und halten Herrn Sollfrank eine »Gardinenpredigt über sein unmögliches Verhalten von gestern«, dann haben Sie eine Einbahnkommunikation, die – außer negativen Emotionen – wenig bringt.

Bei einer klassischen »Moralpredigt« werden die Antennen eingefahren, die Argumentationskiste zugemacht und, je nach Mentalität, Schuldbewußtsein, Ablehnung, Trotz oder offene Aggression hervorgerufen. Oder es wird »auf Durchzug gestellt«. Denken Sie doch einmal an Ihre Jugendzeit zurück, was in Ihnen vorgegangen ist, als man Ihnen zehn Minuten lang eine »Standpauke« gehalten hat...

Also machen wir es anders – machen wir es besser. Und dabei hilft uns die Führungsphilosophie »Vom Wollen zum Müssen« weiter.

Hier einige Empfehlungen, wie Sie Ihr Gespräch mitarbeiterorientiert führen können:

- Erläutern Sie den Sachverhalt aus Ihrem Blickwinkel. Und zwar vorwurfsfrei, knapp (»Getretener Quark wird breit – nicht stark.« – Goethe) und in »gesichtsverträglichen Ich-Botschaften«.
- Leiten Sie dann mit einer weiten offenen Frage über: *»So stellt sich die Sache für mich dar, Herr Sollfrank. Wie sehen Sie das?«*
- Halten Sie es mit der »30-70-Regel«. 30 Prozent des Gesprächs sollten Sie reden, 70 Prozent Ihr Mitarbeiter. Das erlebt er als wertschätzend. In traurigen Fällen ist die Relation umgekehrt. In ganz traurigen ist sie 100 zu 0.
- Wenn Ihr Mitarbeiter eher schweigsamer Natur ist, dann »öffnen« Sie ihn. Möglichkeiten dazu sind:
  - zustimmende Signale zu senden,
  - ihn zu Vorschlägen anzuregen,
  - ihn um seine Meinung zu bitten,
  - echtes Interesse und Anteilnahme an seinen Ausführungen zu zeigen (besonders körpersprachlich!),
  - Verständnis für seine Handlungsweise zu signalisieren (»So, wie Sie es mir schildern, kann es sein, daß ich ähnlich gehandelt hätte«),
  - weite offene Fragen zu stellen,
  - durch körperliche Aktivität die psychischen Spannungen Ihres Mitarbeiters abzubauen und ihn aktiv in das Geschehen mit einbeziehen (Sie können ihm beispielsweise etwas zeigen, ihn etwas tun lassen oder ihm etwas in die Hand geben),
  - ihn auf seine Gefühlslage anzusprechen (»Aktives Zuhören auf der Bauchebene«),
  - seine Beiträge aufwertend zu kommentieren:

»Das ist ein wichtiger Gesichtspunkt.«
»Das ist eine gute Idee.«
»Das habe ich noch nicht so gesehen.«

- Führen Sie das Gespräch weitgehend über die Fragetechnik, und stellen Sie überwiegend offene Fragen wie:
  »Wie sehen Sie den Sachverhalt jetzt?«
  »Wie, denken Sie, sehe ich den Sachverhalt?«
  »Wie, denken Sie, sehen Ihre Kolleginnen die Sache?«
  »Was schlagen Sie für die Zukunft vor?«
  »Wie werden Sie sich in ähnlichen Fällen zukünftig verhalten?«
  »Was werden Sie in diesem Punkt an Ihrer Leistung ändern?«
- Je mehr Ihr Gesprächspartner erzählt, desto mehr Ansatzpunkte erhalten Sie für Ihre spätere Überzeugungsarbeit. Aber seien Sie keine »Fragemaschine«. »Fragemaschinen« stellen Fragen, ohne die Antwort abzuwarten, weil sie die Antwort nicht erwarten können oder weil sie ihre Gesprächspartner in die Enge treiben wollen (Kreuzverhör) oder weil ihnen die entstehende Pause und das damit verbundene Schweigen unangenehm ist.
  Stellen Sie immer nur eine Frage auf einmal – und warten Sie auf die Antwort, auch wenn es schwerfällt. Lernen Sie, Pausen zu ertragen!
- Stimmen die Vorschläge Ihres Mitarbeiters mit Ihren Vorstellungen überein, bestätigen Sie ihn darin:
  »Gut, Herr Sollfrank, das halte ich für die richtige Vorgehensweise, das sollten wir so machen.«
  Schließen Sie jetzt mit ihm einen sogenannten moralischen Vertrag durch eine geschlossene Frage wie:
  »Heißt das, daß ich mich in Zukunft darauf verlassen kann?«
  Wenn er jetzt »Ja« sagt, hat das für ihn eine wesentlich höhere moralische Bindung, als wenn Sie es ihm zum x-ten Male erklären.
- Stimmen die von Ihrem Mitarbeiter geäußerten Vorstellungen nicht mit Ihren überein, versuchen Sie dies, durch Fragen zu korrigieren.

»Gut, Herr Sollfrank, mit dem Punkt bin ich einverstanden. Aber was meinen Sie mit Ihrer Äußerung: ›Das hat bei uns keinen Sinn‹?«
Dadurch erfahren Sie Genaueres über seine Sichtweise und finden eventuell neue Ansatzpunkte für Ihre Überzeugungsarbeit.

- Kommen Sie mit der Plus-Motivation nicht weiter, gehen Sie zur freundlichen Minus-Motivation, der Anordnung mit Begründung, über:
  »Gut, Herr Sollfrank, nachdem Sie es mir erklärt haben, kann ich Ihren Standpunkt sogar in gewisser Weise verstehen. Aber ich sehe die Sache (völlig) anders und möchte Ihnen gerne meinen Standpunkt erläutern... Und ich bitte Sie, sich in Zukunft danach zu richten.«
- Heben Sie Übereinstimmendes hervor:
  »Ich freue mich, daß wir zu einem tragfähigen Ergebnis gekommen sind. Wir sind uns einig, daß...«
  und beenden Sie das Gespräch mit dem positiven Abschluß, den Sie sich vor dem Gespräch bereits überlegt haben.
- Denken Sie während des gesamten Gesprächs immer an den Transport der für Ihren Mitarbeiter so wichtigen wertschätzenden Signale.

Kritik – ohne Schnörkel und sprachliche Arabesken

Wie bereits bekannt, ist der Sender dafür verantwortlich, was beim Empfänger ankommt. Das bedeutet für Sie, daß Ihre Kritik

- klar und unmißverständlich formuliert sein muß,
- keine sprachlichen Verlegenheitsschnörkel enthalten sollte,
- nicht das Selbstwertgefühl Ihres Gesprächspartners beschädigen darf,
- in gesichtsverträglichen »Ich-Botschaften« zu formulieren ist,
- spürbare Wertschätzung enthalten muß,
- zukunftsorientiert formuliert sein sollte (positive Gebrauchsanweisung),

- keine negativen Reizworte enthalten sollte und
- von Ihrem Mitarbeiter als helfend erlebt wird.

Hierzu ein Beispiel:

»Mir ist aufgefallen, Frau Doldinger, daß Sie am Telefon Formulierungen gebrauchen wie: ›Das ist schlecht!‹, ›Diese Woche ganz unmöglich!‹ und: ›Das können wir nicht machen.‹
Dies sind Negativformulierungen, die sich auch negativ auf den Kunden übertragen, besonders am Telefon, denn hier ist die gesamte Kommunikation nur auf die Stimme reduziert.
Bitte verwenden Sie in Zukunft positive Formulierungen wie:

- *›Wir werden sicher einen Weg finden, dieses Problem zu lösen ...‹*
- *›Wir können Ihnen ... anbieten.‹*
- *›Da können wir Ihnen sicher helfen. Ich schlage vor, daß ...‹*

Wenn Sie so mit den Kunden sprechen, werden Sie sehen, daß das Gespräch auf beiden Seiten freundlicher wird und Sie leichter zum Ziel kommen.«

Die Negativ-Version dieses Gesprächs haben wir schon kennengelernt.
Bitte überprüfen Sie selbst, inwieweit der oben angeführte Kriterienkatalog bei dieser Kritik richtig eingesetzt wurde.

Einige Modellgespräche

Modellgespräch 1

Frau Irrgang, die Abteilungsleiterin, hat festgestellt, daß Frau Bergmeister in den letzten Tagen mehrfach fünf bis fünfzehn Minuten zu spät zum Dienst gekommen ist. Würde Sie nichts sagen, könnte die Mitarbeiterin den Eindruck gewinnen, daß es ihrer Chefin egal sei oder daß sie damit sogar einverstanden sei.
Da das nicht der Fall ist, hat Frau Irrgang sie deswegen zu einem Gespräch in ihr Büro gebeten.

Dialog	Kommentar
»Frau Bergmeister, sehe ich das richtig, daß Sie in den letzten Tagen öfter nach Beginn der Kernzeit gekommen sind?«	Die Vorgesetzte berichtet von ihrer Wahrnehmung und fragt, ob sie den Sachverhalt richtig sieht. Damit stellt sie sicher, daß beide vom gleichen reden. Ein Mißverständnis mit möglicherweise unangenehmen Folgen wird dadurch ausgeschlossen.
»Ja, ein bißchen zu spät bin ich wohl schon mal gekommen . . .«	Frau Bergmeister signalisiert so etwas wie ein schlechtes Gewissen. Das könnte ein Indikator dafür sein, daß das Gespräch mit einer Plus-Motivation zum gewünschten Ergebnis führen kann.
»Was sind denn die Gründe dafür?«	Die Chefin fragt nach Gründen, was sehr wichtig ist. Es macht nämlich einen großen Unterschied, ob Frau Bergmeister morgens nicht aus dem Bett kommt oder vor Dienstantritt noch die Kinder ihrer im Krankenhaus liegenden Schwester versorgen muß.
»Hm, tja, was soll ich sagen . . .«	Es scheint sich eher um ein Aufstehproblem zu handeln.
»Wie sehen Sie das?«	Diese offene Frage ermöglicht es Frau Bergmeister, Stellung zu nehmen. Und wenn sie kein so besonders gutes Gewissen hat, wird sie das auch – verbal oder nonverbal – zum Ausdruck bringen.
»Tja, nicht so toll . . .«	Auch aus dieser Verlegenheitsgeste kann die Vorgesetzte ableiten, daß sie in diesem Gespräch wohl keine »härteren Bandagen« benötigen wird.

Dialog	Kommentar
»Das sehe ich ähnlich.«	Signalisierung von Übereinstimmung, ohne daß man sich deswegen böse ist (kein negativer »Touch«).
»Es freut mich, daß wir gleicher Meinung sind. Was werden Sie denn jetzt anders machen?«	Eine konstruktive Frage nach Änderungen ohne Vorwurf. Alles, was Frau Bergmeister vorschlägt und was mit der Ansicht ihrer Chefin vereinbar ist, wird ohne großes Brimborium und ohne Gardinenpredigt akzeptiert und bestätigt.
»Zehn Minuten früher aufstehen, denke ich!«	Akzeptabler Vorschlag?
»Damit bin ich einverstanden, Frau Bergmeister. Ob zehn Minuten reichen, müssen Sie wissen . . .«	Die Vorgesetzte gibt durch diesen indirekten Hinweis zu verstehen: »Ob das wohl reicht . . .?« Wenn sie Frau Bergmeister hierbei freundlich ansieht, hat sie nonverbal zu verstehen gegeben, daß sie die Entwicklung des Gesprächs als positiv erlebt.
»Na, vielleicht auch 'ne Viertelstunde . . .«	Die Mitarbeiterin gibt zu verstehen, daß sie das Signal verstanden hat.
»Prima, heißt das, daß Sie ab morgen wieder pünktlich kommen?«	Eine positive Bestätigung des Vorschlags und die Frage nach der Ernsthaftigkeit ihrer Absicht. Die Chefin bietet einen moralischen Vertrag an.
»Ja, ich denke schon!«	Wachsweiche Antwort.
»Der Ansatz ist positiv, Frau Bergmeister. Aber mir ist wichtig zu wissen, ob ich mich auch darauf verlassen kann?«	Klärung! Sonst kann Frau Bergmeisters selektive Wahrnehmung zuschlagen.

Dialog	Kommentar
»Ja, Sie können sich darauf verlassen.«	Eine eindeutige Antwort. Die selektive Wahrnehmung wurde definitiv ausgeschaltet. Diese von ihr selbst gegebene Zusage hat für sie eine hohe moralische Bindungskraft.
»Dann ist die Sache erledigt! Wie klappt es mit der Einarbeitung von Frau Kornbiegler?«	Eingehen eines moralischen Vertrags und Überleitung zu etwas Positivem. Die Chefin hat nämlich von Frau Kornbiegler gehört, daß sie mit ihrer Patin Frau Bergmeister sehr zufrieden ist.
»Gut, wir kommen prima voran und sind im Plan!«	Frau Bergmeister erkennt, daß der unangenehme Teil abgeschlossen ist.
»Das freut mich, sie ist ja bei Ihnen auch in guten Händen. Bitte bringen Sie mir dann den Vertragsakt von Bauer & Co.«	Positive Bestätigung und positiver Gesprächsabschluß mit Übergehen zum Alltag.

So könnte ein kurzes Kritikgespräch in Sachen »Zuspätkommen« aussehen, das die wesentlichen Elemente eines mitarbeiterorientierten Kritikgesprächs enthält.
Na gut, werden Sie vielleicht sagen, wenn eine Mitarbeiterin so einsichtig ist, dann ist es keine Kunst, das Gespräch so zu führen.
Einverstanden: Schauen wir uns deshalb den gleichen Sachverhalt mit einem etwas »härteren Brocken« an.

Modellgespräch 2

Der Sachverhalt ist der gleiche wie im Modellgespräch 1. Gesprächspartner ist diesmal Herr Buchlechner.

Dialog	Kommentar
»Habe ich das richtig gesehen, Herr Buchlechner, daß Sie in den letzten Tagen öfter nach Beginn der Kernzeit gekommen sind?«	Wie im Modellgespräch 1 berichtet die Vorgesetzte von ihrer Wahrnehmung und fragt, ob sie den Sachverhalt richtig sieht. Sie stellt sicher, daß beide vom gleichen reden, um Mißverständnisse auszuschließen.
»Na ja, ein-, zweimal vielleicht, und dann waren es auch nur ein paar Minuten ...«	Der Mitarbeiter sendet »härtere« Signale wie » ... ein-, zweimal vielleicht ...« Dies könnte ein Indiz dafür sein, daß dieses Gespräch nicht so glattlaufen wird wie das erste. »Die Musik spielt immer zwischen den Zeilen!«
»Was sind denn die Gründe dafür?«	Wie im ersten Modellgespräch versucht die Chefin herauszufinden, ob ein akzeptabler Grund für die Verspätung vorliegt.
»Also, am Dienstag mußte ich in der Früh meinen Bruder zum Bahnhof fahren, am Mittwoch war mein Auto in der Inspektion, und gestern mußte ich noch schnell was beim Landratsamt abgeben.«	**Achtung: Gesprächsfallen!** 1. Er spricht mehr Tage an, als er eingangs zugibt. Die Chefin könnte jetzt sofort einhaken und in spitzem Ton bemerken: »Ach, doch dreimal! Sagten Sie nicht gerade eben ein- bis zweimal?« Dies unterläßt sie. Und das zeugt von Weitblick. 2. Hier kommt das, was wir die »Story vom Pferd« nennen – Ausreden! Wenn sie sich darauf einläßt, dann wird ihr argumentatorisches Eis

Dialog	Kommentar
	äußerst dünn. Zum einen kann sie es nicht nachprüfen, und zum anderen fordert sie geradezu die Reaktion heraus: »Ich weiß gar nicht, was Sie wollen. Überstunden machen dürfen wir bis tief in die Nacht, aber wenn man mal fünf Minuten zu spät kommt, wird gleich ein Riesentrara gemacht.« Originalton! Also: Unter gar keinen Umständen auf die »Story vom Pferd« eingehen. Sie kann nur verlieren. Deshalb tut sie so, als wenn sie ihm glauben würde – auch wenn die »Gründe« noch so fadenscheinig sind.
»Mmh, wie sehen Sie das?«	Mit dieser offenen Frage und der Tatsache, daß sie die »Story vom Pferd« nicht in Zweifel zieht, baut sie ihm die erste Brücke. In schwierigen Gesprächen Mitarbeitern »Brücken zu bauen« und sie das Gesicht wahren zu lassen ist eine sehr zu empfehlende Vorgehensweise.
»Tja, wie soll ich das sehen? Es hat sich halt so ergeben . . . !«	Die Chefin geht nicht auf den aggressiven Ton und die verdeckte Kampfansage ein.
»Wie denken Sie, daß ich dieses mehrmalige Zuspätkommen sehe?«	Der zweite Brückenbau. Wenn Herr Buchlechner sagen würde: »Wahrscheinlich nicht so besonders!«, würde er damit zwischen den Zeilen zu verstehen geben, daß er zum Einlenken bereit ist. Damit käme das

Dialog	Kommentar
	Gespräch in ein ruhigeres und freundlicheres Fahrwasser.
»Keine Ahnung.«	Das klingt ziemlich aggressiv. Wir kennen die Gründe nicht, aber vielleicht ist es eine etwas schiefe Ausprägung von schlechtem Gewissen.
»Denken Sie, daß ich das gut finde?«	Hier kommt es sehr auf den Tonfall an. Wenn die Frage in einem sachlich nüchternen, ruhig fragenden Ton vorgebracht wird, dann handelt es sich um Brückenbau Nummer drei. Ist der Ton allerdings aggressiv – mit leicht zusammengekniffenen Augen –, dann kann das von Herrn Buchlechner eher als eine Kampfansage denn als ein Bürckenbau wahrgenommen werden. Unterstellen wir hier zugunsten der Chefin einen sachlichen, fragenden Ton.
»Weiß ich nicht!«	Von diesem Angebot wird offensichtlich auch kein Gebrauch gemacht.
»Wie, denken Sie, sehen das Ihre Kollegen?«	Brückenbau Nummer vier – wie Brükkenbau Nummer drei.
»Denen ist das Wurscht . . .«	Wieder eine ziemlich aggressive Reaktion.
»Was, denken Sie, sollte ich tun?«	Diese Frage mutet etwas seltsam an, hat aber insofern ihre Bedeutung, als sie die fruchtlosen Brückenbauversuche beendet und die Überleitung zur Anordnung ist.

Dialog	Kommentar
»Weiß ich doch nicht, ich bin ja nicht die Chefin.«	Bei einem solchen Mitarbeiter muß man sich emotional ganz schön in der Gewalt haben, um die Sache nicht eskalieren zu lassen. Wir unterstellen zu ihren Gunsten, daß sie sich im Griff hat!
»Gut, Herr Buchlechner, dann sag' ich es Ihnen. Ich schätze Sie als einen guten und engagierten Mitarbeiter, aber Ihr Zuspätkommen stört mich.	Jetzt kommt die Anordnung. Als erstes wird Wertschätzung transportiert. Dann wird in Ich-Botschaften klar und unmißverständlich ausgesprochen, daß sie dieses Verhalten stört. Damit gibt sie auch unmißverständlich zu verstehen, daß sie die Chefin ist. Würde sie sich hinter Formulierungen verschanzen wie: »Wissen Sie, mir wäre es ja egal, aber von oben wird es nicht gerne gesehen, daß . . .«, würde sie durch diese unbewußte Selbstoffenbarung eine ganze Menge über ihre Führungsqualitäten sagen. Das tut sie nicht. Sie bringt klar und deutlich zum Ausdruck, daß sie die Chefin ist. Das zeugt von Führungsstärke.
Es bringt unseren internen Ablauf durcheinander, verursacht Spannungen in der Abteilung und belastet das Arbeitsklima.	Dann liefert sie eine Begründung dafür.

Dialog	Kommentar
Ich möchte Sie bitten, morgens Ihre Zeit so zu disponieren, daß Sie – wie Ihre Kollegen – pünktlich Ihren Dienst beginnen. Dies, Herr Buchlechner, ist für mich ein wichtiger Punkt, und ich bitte Sie, Sich danach zu richten!	Es folgt die Anordnung in Form einer freundlichen Minus-Motivation, als Bitte geäußert, ohne Androhung möglicher Sanktionen. Dies ist in diesem Stadium wichtig! Würden bereits jetzt Sanktionen angedroht, könnte sich die Situation unnötigerweise verhärten. Das Ziel der Chefin muß es jetzt sein, daß der Mitarbeiter sich ohne »Gesichtsverlust« wieder in das Team eingliedern kann.
Ist es mir gelungen, Ihnen klarzumachen, wie wichtig dieser Punkt für mich ist?«	Sie stellt hier die Frage, ob er sie verstanden hat, auf eine etwas elegantere Art, anstatt plump zu fragen: »Haben Sie mich verstanden?«
»Ja.«	Was bleibt ihm anderes übrig, als ja zu sagen? Würde er nein sagen, würde er selbst seine Intelligenz in Zweifel ziehen. Und das macht selten jemand!
»Dann, denke ich, ist die Sache erledigt. Wie ist der aktuelle Stand bei Ihrem Projekt K.B 14?«	Ein neuer Brückenbau. Jetzt tut sie etwa Entscheidendes: Sie nagelt Herrn Buchlechner nicht fest mit der Frage: »Kann ich mich wirklich darauf verlassen?«, sondern läßt ihn das Gesicht wahren. Im anderen Fall könnte der Mitarbeiter das als Zwang empfinden. Und dieser Zwang könnte eventuell eine Trotzreaktion hervorrufen.
»Wir sind jetzt in Abschnitt drei und ...«	Wir wissen es nicht, aber vielleicht hat dieser letzte Brückenbau geklappt.

Würde Herr Buchlechner in den nächsten Tagen wieder zu spät kommen, könnte Frau Irrgang deutlicher werden und das nachfolgende Gespräch – auf dem ersten aufbauend – mit härteren Bandagen führen. Sie könnte, wenn sie wollte, jetzt von der freundlichen zur unfreundlichen Minus-Motivation übergehen.

Modellgespräch 3

Im folgenden ist ein Kritikgespräch dargestellt, bei dem es um unzureichende Leistungen geht. Um die Struktur transparenter zu machen, beschränken wir uns auf die Aussagen des Vorgesetzten.
Der Chef hat dem Mitarbeiter signalisiert, daß er mit ihm über dessen Leistungen sprechen möchte, und ihn um einen Terminvorschlag gebeten. Das Gespräch wurde für den frühen Nachmittag vereinbart. Der Mitarbeiter, Herr Dr. Katsch, und sein Chef sitzen am Besprechungstisch über Eck.

Dialog	Kommentar
»Herr Dr. Katsch, wie ich heute vormittag schon sagte, möchte ich mit Ihnen über Ihre Leistungen sprechen.	Kurzer sachlicher Hinweis, um was es geht.
Sie sind für mich ein Mitarbeiter, den ich schätze, besonders Ihr Engagement und Ihre Zuverlässigkeit.	Verbaler Transport von Wertschätzung. Der Chef bringt zum Ausdruck, daß er den Mitarbeiter persönlich wertschätzt.
Aber seit rund vier Wochen zeichnet sich für mich eine Entwicklung ab, die ich mit Sorge betrachte.	Er macht sich Sorgen um seinen Mitarbeiter.

Dialog	Kommentar
Ich möchte Ihnen das einmal anhand von einigen Beispielen aus jüngster Vergangenheit aufzeigen.	Und zeigt diese Entwicklung anhand von Beispielen aus jüngster Vergangenheit auf. Wichtig hierbei ist, daß es sich wirklich um aktuelle Beispiele handelt – und nicht um alte Kamellen. Der Chef betont hierbei, daß es um seine Sichtweise geht und nicht um die sogenannte Wahrheit.
...	Kritik muß immer spezifisch sein und ist an konkreten Beispielen (möglichst nicht mehr als drei) festzumachen. Der Vorgesetzte sollte den Mitarbeiter darauf hinweisen, daß die Beispiele für eine sich aus seiner Sicht abzeichnende Entwicklung stehen.
Wie sehen Sie das, Herr Dr. Katsch?«	Stellen einer weiteren offenen Frage, die es Dr. Katsch ermöglicht, seinen Standpunkt darzulegen. Der erfahrene Chef wird auf die körpersprachlichen Signale, die sein Gesprächspartner jetzt sendet, besonders achten.
»...«	Während der Ausführungen des Mitarbeiters wird ein mitarbeiterorientierter Chef nonverbale Bestätigungssignale senden. Sie signalisieren dem Mitarbeiter, daß sein Chef bereit ist, zuzuhören, ihn ernst zu nehmen und auf ihn einzugehen. Diese Signale helfen, Vertrauen zu fassen und sich zu öffnen.
»Gut, das kann man so sehen ...«	Der Chef signalisiert Verständnis, was für das weitere Gespräch von grund-

Dialog	Kommentar
	sätzlicher Bedeutung ist, und er transportiert damit auch Wertschätzung.
»Was, denken Sie, sind die Gründe dafür?«	Eine offene Frage, mit der der Chef signalisiert, daß er dem Mitarbeiter gedanklich folgt und mehr über seine Sichtweise und seine Wahrnehmung erfahren möchte.
». . .«	Dr. Katsch tut jetzt das, was die meisten in einer solchen Situation tun würden. Er bringt Entschuldigungsgründe und erläutert, daß es nicht nur an ihm, sondern hauptsächlich an den Umständen und an anderen liegt. Dieses Verhalten ist absolut menschlich! »Schuldabwälzung« und »Schuldzuweisung« sind hier die Schlüsselworte.
»Das kann man so sehen, und ich denke, daß da auch etwas dran ist. Aber das, was Sie angeführt haben, sind Punkte, die weitgehend andere betreffen. Gibt es aus Ihrer Sicht Dinge, die in Ihrem Bereich liegen und die Sie ändern könnten?«	Der Chef läßt das gelten, um jetzt dazu überzuleiten, was der Mitarbeiter daran ändern könnte.

Dialog	Kommentar
». . .«	Unterstellen wir ein zögerliches »Ja«.
»Und was könnte das sein?«	Bei allem, was Dr. Katsch jetzt sagt, sendet der Chef nonverbale Bestätigungssignale.
»Denken Sie, daß Sie daran etwas ändern sollten?«	Eine geschlossene Frage, um die Weichen in dem Gespräch zu stellen. Antwortet Dr. Katsch mit »Ja«, schließt sich die nächste Frage – was er daran ändern würde – von selbst an. Antwortet er mit »Nein«, schließt sich ebenfalls die nächste offene Frage: »Weshalb nicht?« an, um so noch mehr von Dr. Katschs Sichtweise und seinen Beweggründen zu erfahren.
». . .«	
»Das denke ich auch.«	Eine positive Aufwertung, mit der dem Mitarbeiter signalisiert wird, daß der Chef ähnlicher Meinung ist. Das nimmt mögliche Spannungen aus dem Gespräch.
»Was ließe sich denn Ihrer Meinung nach daran ändern?«	Eine offene Frage, um die Vorstellungen des Mitarbeiters kennenzulernen. Stimmen sie mit denen des Chefs überein, braucht er Dr. Katsch nur noch zu bestätigen. Stimmen sie nicht mit seinen Vorstellungen überein, kann er versuchen, Dr. Katsch durch weitere Fragen entsprechend zu korrigieren. Führt dieser Weg nicht zum Ziel, bleibt ihm immer noch die freundliche Minus-Motivation, die Anordnung mit Begründung.

Dialog	Kommentar
»...«	
»Das scheint mir ein guter Vorschlag, Herr Dr. Katsch. Kann ich Ihnen dabei irgendwie helfen?«	Die Gesprächsführung des Chefs scheint zu funktionieren. Er gibt wieder eine positive Bestätigung und bietet eine Hilfestellung an. Dies signalisiert ein echtes Interesse des Chefs an den Verbesserungsbemühungen seines Mitarbeiters.
»...«	
»Gut, dann schlage ich folgendes vor: Sie setzen die von Ihnen vorgeschlagenen (alternativ: die gemeinsam besprochenen) Maßnahmen in die Tat um, und wir setzen uns in etwa vier Wochen wieder zusammen und schauen uns an, welche Fortschritte Sie dabei gemacht haben. Was halten Sie davon?	Zustimmung zu den vom Mitarbeiter vorgeschlagenen Maßnahmen. Dies signalisiert ein hohes Maß an Wertschätzung. Schließlich hat der Mitarbeiter diese Maßnahmen vorgeschlagen. Auch das Angebot, sich in vier Wochen erneut zusammenzusetzen, um die Fortschritte gemeinsam zu betrachten, signalisiert Wertschätzung. Hier wird das Wort »Fortschritt« bewußt als Motivationsinstrument eingesetzt. Der Chef läßt keinen Zweifel daran, daß es zu diesem Fortschritt kommen wird. Das vermittelt dem Mitarbeiter das Gefühl, daß der Chef an ihn glaubt.

Dialog	Kommentar
Und ich bin sicher, Herr Dr. Katsch, daß Sie in kurzer Zeit wieder Ihren früheren hohen Leistungsstandard erreichen werden, und freue mich, daß wir zu diesem positiven Ergebnis gekommen sind.«	Die positiven Signale werden hier noch einmal ganz bewußt verstärkt. Es gibt einen positiven Abschluß, damit Dr. Katsch aus diesem Gespräch motiviert und mit dem festen Willen zu einer Leistungsverbesserung rausgeht.

Würde sich Herr Dr. Katsch in dem Gespräch widerborstiger zeigen, würde es der Chef über Fragetechnik führen und weiterhin versuchen, aktiven »Brückenbau zu betreiben«. Er entscheidet, je nach Gesprächsentwicklung und »Geduldspotential«, wann er von der Plus-Motivation zur freundlichen Minus-Motivation umschaltet.
Sollte er seinen Mitarbeiter auch auf dieser Motivationsebene nicht erreichen, kann er immer noch zu härteren Bandagen greifen und die unfreundliche Minus-Motivation einsetzen. Aber in seinem eigenen Interesse sollte sich der Vorgesetzte diesen Schritt gut überlegen und diesen Schwenk nach Möglichkeit nicht im selben Gespräch vollziehen. Denn Fronten sind schnell verhärtet, und etwas Zeit verstreichen lassen, das hat schon bei manchem die Bereitschaft zur Einsicht erhöht.

Wie Sie mit den Reaktionen Ihrer Mitarbeiter richtig umgehen

Im folgenden wollen wir uns einige unterschiedliche Reaktionen von Mitarbeitern in Kritikgesprächen anschauen und versuchen, darauf richtig zu reagieren.

Der einsichtige Mitarbeiter

Der Ideal- und Glücksfall. Kommt vor, aber leider viel zu selten.

Sein Verhalten ist dadurch gekennzeichnet, daß er

- Dinge einsieht, auf die man ihn hinweist,
- sich für gemachte Fehler entschuldigt,
- konstruktiv an zukünftiger Vermeidung mitarbeitet und
- sich insgesamt kooperativ zeigt.

Wie wir ein solches Gespräch richtig führen, haben wir kennengelernt: Mit Plus-Motivation und sanfter Lenkung über Fragetechnik.

Es macht direkt Spaß, mit einem solchen Mitarbeiter ein mitarbeiterorientiertes Kritikgespräch zu führen. Es dürfte auch nicht besonders schwierig sein, ihn mit leuchtenden Augen und hochmotiviert aus diesem Gespräch gehen zu lassen.

Wir wollen diesen Mitarbeitertypus nicht weiter strapazieren.

Der aggressive Mitarbeiter

Wenn Sie mit einem aggressiven Mitarbeiter ein Kritikgespräch führen müssen – Ihr »Wollen« wird sich dabei eher in Grenzen halten –, sollten Sie ein paar wichtige Punkte beachten, damit das Gespräch nicht in einem emotionalen Chaos endet.

- Im Umgang mit diesem Mitarbeitertypus spielen Wahrnehmungen eine wichtige Rolle. Es kann durchaus sein, daß wir Verhaltensweisen an ihm als aggressiv und sogar als Angriff auf unsere Person erleben, die in seiner Wahrnehmung überhaupt nicht erkennbar und folglich auch nicht beabsichtigt sind. Das ist seine Persönlichkeitsstruktur. So ist er eben.
- Sein Verhalten wird stark davon beeinflußt, welches Bild er von seinem Vorgesetzten hat. Erlebt er seinen Chef als einen ebenbürtigen oder überlegenen Gesprächspartner, wird er sich anders verhalten, als wenn er das Gefühl hat, einen schwachen Chef zu haben und ihm deutlich überlegen zu sein.

- Signalisiert ihm der Chef ein Kritikgespräch, wird er sich gut darauf vorbereiten und eine Strategie für dieses Gespräch entwickeln.
- Sein Ziel ist es, Schwachstellen in der Argumentation des Chefs zu finden, aufzudecken und sie gehörig auszuschlachten, um dann das Ganze überhaupt in Frage zu stellen. Gelingt ihm das – und muß der Vorgesetzte in diesem Gespräch eine Niederlage einstecken –, dann vergrößert sich sein Handlungsspielraum, und sein Vorgesetzter wird in Zukunft noch vorsichtiger mit ihm umgehen.
- Seine Taktik ist es, zu überrumpeln, einzuschüchtern und die Schuld auf andere abzuwälzen. Der Einsatz von Lautstärke gehört zu seinem bevorzugten Verhaltensrepertoire. Und weil er weiß, daß die meisten Menschen lautes Verhalten nicht besonders mögen, kann er es im Bedarfsfall als zusätzlichen »Druckmechanismus« einsetzen.
- Sein Ziel wird sein, das Gespräch nach seinen Spielregeln zu führen. Er will den Gesprächspartner auf seine »Spielwiese« holen und ihn zu lautem, vehementem und aggressivem Verhalten provozieren. Da ihm diese »Spielwiese« meist wesentlich besser vertraut ist als seinem Chef, kann er sich damit einen ziemlichen Gesprächsvorteil verschaffen.
- Spürt er, daß es dem Vorgesetzten nicht besonders angenehm ist, »mit so einem harten Brocken« ein Kritikgespräch zu führen, macht ihn das emotional stärker. (Unbehagen und Angst spürt man!)

Der aggressive Mitarbeiter wird versuchen, seine Dominanz ins Spiel zu bringen und mit seinen Argumenten, seiner Rhetorik, seiner Lautstärke, dem gezielten Herumreiten auf vermeintlichen oder realen argumentativen Schwachstellen des Vorgesetzten und dem Aufsuchen von Nebenschauplätzen das Gespräch zu seinen Gunsten zu entscheiden.
Was bedeutet dies nun für Sie als Vorgesetzten? Wenn Sie mit einem solchen Mitarbeiter ein ergebnisorientiertes Kritikgespräch führen wollen oder müssen, sollten Sie dabei folgende Punkte beachten:

- Oberstes Gebot: Gründlichste Vorbereitung! Recherchieren Sie die zu kritisierenden Fehler sehr genau, denn Schwachpunkte in Ihrer Argumentation werden von ihm gnadenlos ausgewalzt! Besorgen Sie sich dafür alle erforderlichen Unterlagen, und seien Sie in Ihrer Argumentation »sattelfest«!
- Überlegen Sie sich gut die Reihenfolge Ihrer Argumente. Bringen Sie immer nur eines auf einmal! Wer seine Munition in einer Breitseite verschießt, hat nichts mehr, wenn es »drauf ankommt«.
- Lassen Sie sich nicht auf seine »Spielwiese« locken. Widerstehen Sie möglichen Provokations- und Einschüchterungsversuchen!
- Versuchen Sie nie, Ihren Gesprächspartner zu besänftigen. Diese Art von Unterwerfungsgesten ist in seiner Wahrnehmung ein Zeichen dafür, »daß er jetzt Oberwasser hat«!
- Selbstdisziplin ist in diesem Gespräch besonders wichtig. Wenn Ihre emotionale Sicherung durchbrennt, hat das nur für ihn Vorteile, denn jetzt hat er wieder etwas zum Ausschlachten. Lassen Sie ihn unbedingt ausreden! Ansonsten kann es Ihnen passieren, daß Sie sich plötzlich auf seiner »Spielweise« wiederfinden. Und da ist er besser!
- Führen Sie dieses Gespräch weitgehend über Fragetechnik, und vermeiden Sie Behauptungen, die häßlichen Stiefschwestern der Frage. Sie können Ihnen gesprächstechnisch das Genick brechen.
- Sollte Ihr Blick – trotz aller guten Vorsätze – »adrenalintrüb« werden, versuchen Sie, das Durchbrennen Ihrer emotionalen Hauptsicherung zu verhindern. Gute Möglichkeiten hierzu bietet das breite Spektrum der isometrischen Übungen. Das ist eine Art Minigymnastik, bei der einzelne Muskelpartien jeweils sechs Sekunden kräftig angespannt und dann wieder gelockert werden. Dazu gehört beispielsweise das Pumpen mit den Oberschenkeln oder das Drükken der Stuhllehne.
- Verhalten Sie sich »reziprok« zu Ihrem Mitarbeiter. Spiegeln Sie sein Verhalten »umgekehrt«. Wird er laut, werden

Sie leise, wenn er sich vorbeugt, lehnen Sie sich zurück. Und vermeiden Sie alles, was zum Besuch seiner »Spielwiese« führen könnte.

- Als schwerstes Geschütz führen Sie im Bedarfsfall einen Wechsel in der Kommunikationsebene durch und wechseln von der Sach- auf die Meta-Ebene. Meta-Kommunikation ist die Kommunikation darüber, wie wir miteinander kommunizieren.
  Sie werden in Ihrer Gesprächsführung deutlich distanzierter, lehnen sich in Ihrem Sessel zurück, schauen Ihren Mitarbeiter (Blickkontakt signalisiert Stärke!) mit ausdruckslosem Gesicht an und sagen mit leiser Stimme:
  »Ich möchte Ihnen einmal Rückmeldung geben, Herr Peller, wie Sie in diesem Gespräch auf mich wirken. Ich habe Sie in der letzten halben Stunde in Ihrem Verhalten als laut, dominant und aggressiv erlebt. Mir ist wichtig, daß Sie das wissen, und ich möchte Sie bitten, dieses Gespräch in einem anderen Ton weiterzuführen.«
  Hat diese relativ sanfte Version nicht die gewünschte Wirkung, treffen Sie eine härtere Aussage – ebenfalls in leisem Tonfall und mit Blickkontakt:
  »Ich möchte Ihnen einmal Rückmeldung geben, Herr Peller, wie Sie in diesem Gespräch auf mich wirken. Ich erlebe Sie als laut, dominant und aggressiv. Ich bin nicht bereit, dieses Gespräch mit Ihnen in diesem Ton fortzusetzen. Entweder Sie ändern Ihren Ton, oder wir beenden jetzt das Gespräch. Die Entscheidung liegt bei Ihnen.«

Dieser Schuß vor den Bug – in leiser Tonart »abgefeuert« – wird die meisten Mitarbeiter dieses Typs zu einer ruhigeren Gangart bewegen und damit das Gespräch in ein weniger turbulentes Fahrwasser gleiten lassen.
Waren Sie mit dieser Vorgehensweise erfolgreich, setzen Sie Ihr Gespräch ruhig und sachlich fort. Kommen Sie mit der Plus-Motivation nicht weiter, gehen Sie zu der Motivationsstufe über, auf der Sie Ihren Mitarbeiter wirklich erreichen:

»Gut, Herr Mayer, das ist Ihre Meinung dazu. Ich habe zu diesem Thema einen völlig anderen Standpunkt, den ich Ihnen jetzt erläutern möchte:...
Und aus diesen Gründen möchte ich Sie bitten, in Zukunft folgendes zu tun:...«

Oder härter formuliert:

»... ordne ich hiermit für die Zukunft folgendes an:...«

Und jetzt fragen Sie nicht nach seinem Einverständnis, sondern stellen sinngemäß die schon bekannte Frage:

»Ist es mir gelungen, Ihnen die Wichtigkeit dieser Punkte klarzumachen?«

Gehen Sie davon aus, daß Sie jetzt von Ihrem Mitarbeiter ein »Ja« bekommen, und versuchen Sie – trotz allem – das Gespräch positiv zu beenden.
Sollte Ihr Gesprächspartner in hochgradiger Erregung von Ihrem Angebot, das Gespräch jetzt zu beenden, wider Erwarten Gebrauch machen, lassen Sie ihn gehen, und tun Sie die nächsten 24 Stunden nichts.
Wenn er mit sich alleine ist, kommt ihm langsam zu Bewußtsein, in welch schwierige Situation er sich manövriert hat. Erzählt er zu Hause, was ihm widerfahren ist, wird Cornelia ihn darin bestärken, daß wohl ziemlich massive Probleme vor ihm liegen.
Jetzt haben Sie zwei Möglichkeiten: Schmoren lassen oder Brücken bauen. Entscheiden Sie sich je nach Situation, Vorfall und eigener Mentalität...
Eine generöse Möglichkeit des Brückenbauens ist es, im Laufe des nächsten Tages zu ihm ins Büro zu gehen und zu signalisieren, daß sie gestern beide wohl nicht besonders »gut drauf waren«. Was er davon hielte, wenn Sie das Gespräch mit ihm heute fortsetzen würden...
Dies ist wirklich ein Brückenbau par excellence (aber bitte nicht zu oft!). Sollte er dieses Angebot nicht annehmen – was ziemlich unwahrscheinlich ist, denn er hatte eine Menge Zeit

zum Nachdenken und im eigenen Saft schmoren –, stehen Ihnen noch alle weiteren Möglichkeiten offen (Vom Wollen zum Müssen!).
Soll die ganze Sache einen disziplinarischen Charakter erhalten, dann können Sie dem Mitarbeiter im Rahmen der unfreundlichen Minus-Motivation eine kurze schriftliche Gesprächsnotiz schicken, in der Sie das Wesentliche des Gesprächs festhalten und ihn gegebenenfalls auf mögliche Konsequenzen hinweisen.

Der alles sofort zugebende Mitarbeiter (Wiederholungstäter)

Vorsicht: Hier lauern die echten Gesprächsfallen!
Das Ziel des alles sofort zugebenden Wiederholungstäters ist es, möglichst schnell und ungeschoren aus dieser für ihn unangenehmen Situation herauszukommen.
Seine Strategie ist es, den Kopf einzuziehen, (fast) alles zuzugeben, Demutsgesten zu zeigen und mit treuem Hundeblick (wieder mal) Besserung zu geloben. So geht es schneller vorbei, und er kommt zumindest im Moment nicht in größere Bedrängnis.
Was ist nun zu tun? Führen Sie Ihr Kritikgespräch wie gewohnt über die Fragetechnik. Zeigen Sie vorerst keine Änderungen in Ihrem Gesprächsverhalten. Lassen Sie Ihren Mitarbeiter Vorschläge machen, hören Sie mehr oder weniger aktiv zu, senden Bestätigungssignale und transportieren Wertschätzung. Setzen Sie Ihr gesamtes klassisches Gesprächsrepertoire ein.
Ihr Mitarbeiter denkt: »Läuft ja wie geschmiert, keine Vorwürfe, keine Gardinenpredigt, freundliche Signale im Gespräch. Ist doch nicht so schlimm geworden, wie ich dachte...« und richtet sich innerlich wieder auf.
Kurz vor Schluß des Gesprächs kommt dann die entscheidende Änderung. Sie lehnen sich wieder in Ihrem Sessel zurück, schauen Ihren Mitarbeiter nachdenklich an und sagen mit sachlich-nüchterner Stimme:

»Herr Poschinger, ich möchte Ihnen einmal Rückmeldung geben, wie ich unser Gespräch erlebt habe. Aus meiner Sicht sind Sie jemand, Herr Poschinger, der den Weg des geringsten Widerstandes geht, und das möchte ich Ihnen einmal anhand des heutigen und der letzten beiden Gespräche in dieser Sache aufzeigen ...«

Mit diesem Wechsel der Kommunikationsebene (von der Sachebene auf die Meta-Ebene) erreichen Sie Ihren Mitarbeiter emotional. Er wird von Ihrer Äußerung betroffen sein. Und genau das ist es, was Sie erreichen wollen – Betroffenheit.
Das Ganze läßt sich auf der Gefühlsebene noch durch die Formulierung

»Und deshalb bin ich von Ihnen persönlich enttäuscht!«

verstärken. Die emotionale Sprengkraft liegt in dem Wort »persönlich«. Wenn es etwas weniger emotionell ausfallen soll, verzichten Sie auf das starke Reizwort und formulieren »etwas sanfter«:

»Ich fühle mich von Ihnen enttäuscht!«
»Ich habe in dieser Sache mehr von Ihnen erwartet!«

Jetzt haben Sie Ihren Mitarbeiter wachgerüttelt und eine starke emotionale Spannung bei ihm erzeugt. Nutzen Sie das für die Initiierung einer wirklichen Verhaltensänderung, und stellen Sie Fragen wie:

»Was soll ich davon halten?«
»Was würden Sie an meiner Stelle davon halten?«
»Ich will versuchen, Ihr Verhalten zu verstehen. Was sind die Gründe dafür?«

Nachdem Ihr Mitarbeiter auf der emotionalen Talsohle angelangt ist, helfen Sie ihm, aus dieser schwierigen Situation herauszukommen. Zeigen Sie ihm jetzt »das Licht am Ende des Tunnels«.

»Was können wir tun, damit dies wirklich das letzte Mal war?«

»Kann ich Sie dabei unterstützen – und wenn ja, wie?«

Wenn Sie Ihren Mitarbeiter emotional wirklich erreicht haben und er echte Kooperationsbereitschaft signalisiert, schließen Sie mit ihm einen moralischen Vertrag mit starker emotionaler Bindung:

»Heißt das, Herr Poschinger, daß es diesmal wirklich das letzte Mal war . . .?«

Antwort: . . .

». . . und daß ich mich wirklich darauf verlassen kann?«

Antwort: . . .

»Gut, dann bin ich damit einverstanden und gehe davon aus, daß wir uns in dieser Angelegenheit nicht mehr zusammensetzen müssen. Damit ist die Sache für mich erledigt. Ich freue mich, daß wir zu einer guten und hoffentlich dauerhaften Lösung gekommen sind.«

Dieser positive Abschluß reicht. Mehr ist bei diesem Mitarbeitertyp und in einer solchen Situation nicht erforderlich.
Wenn sich dieser Mitarbeiter in die von Ihnen gewünschte Richtung entwickelt, geben Sie ihm positive Bestätigungssignale. Belohntes Verhalten neigt dazu, sich zu verstärken, bestraftes (oder etwas weniger hart formuliert: negativ rückgemeldetes Verhalten) neigt dazu, sich zu verflachen.
Sollte diese Entwicklung nicht eintreten, wird der Vorgesetzte das folgende Gespräch – auch emotional – auf der nächsten Stufe, der unfreundlichen Minus-Motivation, führen.

Das Beschwerdegespräch

Emotion pur?
Die stark getrübten Gläser
der Wahrnehmungsbrille

Beschwerdetypen

Da steht sie plötzlich in Ihrem Büro und verkündet mit blitzenden Augen: »So geht das nicht weiter, Herr Conrady, so nicht! Das lasse ich mir nicht länger gefallen!« Und dann macht sie mit rotem Kopf und lauter Stimme ihrem Herzen Luft...

Eine – hoffentlich – nicht alltägliche Situation: Eine Mitarbeiterin (oder ein Mitarbeiter) beschwert sich bei Ihnen. Über einen Kollegen, über die Einkaufsabteilung, die wieder mal (!) die Angebote nicht rechtzeitig eingeholt hat, über Frau Kolowitz, bei der ja – aber das ist ja bekannt – überhaupt nichts klappt, über das ständige Krankfeiern von Herrn Pellwinkel, über die neue Arbeitsaufteilung, bei der Frau Bronfeld wieder mal (!) klar bevorzugt wird, über...

Bei Beschwerden werden Sie als Chef mit Emotionen konfrontiert – und zwar nicht mit den zarten, pastellfarbenen, lichten und filigranen, sondern mit den lodernden, wallenden, aggressiven und oft überschwappenden.

Beschwerdeführer handeln häufig spontan und befinden sich meist in einer explosiven Gemütsverfassung – einer Mischung aus Wut, Aggression, Demütigung, Ärger und stark eingeschränkter Wahrnehmungsfähigkeit.

Beschwerden sind Emotionen – und der richtige Umgang damit stellt hohe Anforderungen an Sie. Bei kaum einem der schwierigen Mitarbeitergespräche steht Ihr persönliches Renommee so auf dem Prüfstand wie im Umgang mit ihnen. Natürlich werden Sie sachliche Argumente brauchen – aber

in erster Linie kommt es darauf an, wie gut Sie mit den Emotionen Ihrer Mitarbeiter umgehen können.
Beschwerden haben oft längere Vorgeschichten, die meist im verborgenen blühen, um dann unvermutet und »wie aus heiterem Himmel« mit hoher emotionaler Sprengkraft zu detonieren. Manch einer in der Abteilung mag sich dann ganz verwundert fragen: »Was ist denn plötzlich in Frau Kernwinkel gefahren?«
Beschwerden sind häufig die Spitze eines »Unzufriedenheits-Eisbergs« oder der berühmte Tropfen, der das Faß zum Überlaufen bringt. Wenn Ihnen an der Lösung von Konflikten gelegen ist, schauen Sie sich die Begleitumstände und die wirklichen Gründe an – sozusagen »the story behind the story«. Sie liefern meist die richtigen Ansatzpunkte für konstruktive Konfliktlösungen.
Das herausragende Kennzeichen unserer Beschwerdeführerin sind die stark getrübten Gläser ihrer Wahrnehmungsbrille und die geradezu grandiose Einseitigkeit ihrer Sichtweise. Auch den kleinsten Rest von Objektivität hat sie zum Zeitpunkt ihrer Beschwerde über Bord geworfen. Sie sieht die Dinge gegenwärtig in einem harten Schwarzweißkontrast. Sie ist weiß, da kann überhaupt kein Zweifel bestehen, der oder die andere ist schwarz. Tiefschwarz! Grautöne werden von ihrer Wahrnehmungsbrille zur Gänze verschluckt.
Ob sie sich im Recht fühlt? Nein, sie fühlt sich nicht im Recht – »sie ist im Recht«, und zwar zu 100 Prozent! Das beeindruckendste ist: Der Sachverhalt sieht durch ihre Wahrnehmungsbrille tatsächlich so aus. Sie glaubt in dem Moment, was sie sagt. Ihre selektive Wahrnehmung hat voll zugeschlagen.
Mit dieser emotionalen »Schwarzweißbrille« auf der Nase kommt sie zu Ihnen und will Sie manipulieren – oder etwas freundlicher ausgedrückt: Sie will Sie in Ihrer Sichtweise so beeinflussen, daß Sie die Dinge durch ihre Wahrnehmungsbrille sehen und nach ihrer einseitigen Darlegung empört ausrufen: »Waaasss??? Das hat man Ihnen angetan? Das ist ja

wirklich eine Ungeheuerlichkeit. Also, da werden wir doch sofort...«
Erreicht sie dieses Ziel, ist das Wasser auf ihre Mühlen: Nun geht es richtig los...
Sie als Chef haben es in der Hand, was nach einer emotional vorgebrachten Beschwerde passiert: Ein Hinübergleiten in ein ruhiges und konstruktives Gespräch mit klärendem Charakter oder eine Aufschaukelung von Emotionen mit beträchtlichem abteilungs- oder betriebsklimatischem Zerstörungspotential. Nur an Ihnen liegt es, wie und wohin sich das Gespräch entwickelt. Möchten Sie, daß sich die emotionalen Wogen rasch glätten, dann sollten Sie die folgenden vier ehernen Gesetze im Umgang mit Konflikten zum Leitstern Ihres Verhaltens machen:

1. Ehernes Gesetz: Ruhe bewahren!
2. Ehernes Gesetz: Nicht provozieren lassen!
3. Ehernes Gesetz: Im Vier-Augen-Gespräch keine Wertung abgeben!
4. Ehernes Gesetz: Keine Partei ergreifen!

Leicht ist es nicht, dies in emotionalen Spannungssituationen erfolgreich umzusetzen, aber wenn Sie es schaffen, hat es eine ziemlich beruhigende Wirkung – auf alle!
Jetzt mag der eine oder andere einwenden: »Ja, aber nur ruhig sein und schlucken, das kann doch auch nicht richtig sein. Mal richtig laut werden und brüllen, hat doch eine befreiende und reinigende Wirkung. Denken Sie nur an das berühmte reinigende Gewitter. Wenn ich mit meiner Frau streite, dann fliegen die Fetzen. Wenn sich die Wolken dann verzogen haben, scheint die Sonne hinterher um so wärmer!«
Gut gebrüllt, Löwe! Aber ein kleiner, doch wichtiger Unterschied wurde hierbei übersehen.
Zwischen Chef und Mitarbeiter besteht ein unausgesprochen permanentes Machtverhältnis, auch wenn der Mitarbeiter es nicht immer spürt. Es äußert sich darin, daß der Chef ihm im Extremfall kündigen kann. Umgekehrt selten...
Wenn der Chef brüllt, brüllt die Macht. Das ist für die Mitar-

beiter wie Brüllen mit Megaphon. Bei ihnen kommt es, bildlich gesprochen, mindestens dreimal so laut an. Und plötzlich schimmern all die unausgesprochenen und teilweise unbewußten Befürchtungen und Ängste durch ihre Wahrnehmungsbrillen.
Ein Ehestreit läuft nach anderen Ritualen ab, denn Macht spielt in der Ehe – oder ähnlich gestalteten Beziehungen – eine andere Rolle. Eine untergeordnete? Die Frage möge jeder gefälligst für sich selbst beantworten...
Beschwerdeführer lassen sich vereinfacht in drei Gruppen einteilen:

① Die »Bauchgesteuerten«

Das sind die mit den blitzenden Augen, die in einem Adrenalinsee schwimmen und emotional ziemlich aufgeladen sind. Sie sind in dem Moment bereit, Mauern einzureißen, was sie manchmal auch tun. Hinterher tut es ihnen meist leid. Aber in der Situation sind sie nur Emotion. Sie können gefühlsmäßig andalusischen Kampfstieren gleichen, und ihre Waffe ist der schwere Säbel. Sie hauen drauf – ohne Rücksicht auf Verluste. Die Augen haben einen eigentümlichen Glanz, ihre Pupillen sind riesig, und ihre Stimme ist nicht gerade auf Zimmerlautstärke gestellt. Der Adrenalinstoß läßt grüßen.
Dieses Verhalten läßt sich häufig dann beobachten, wenn sich jemand unmittelbar nach dem Vorfall beschwert, der ihn auf 180 gebracht hat. In diesem Moment ist er Emotion pur, fühlt sich zu 150 Prozent im Recht und will seinem Groll Luft machen.
Aber es müssen nicht immer flammende Blicke sein, die Sie als Vorgesetzten treffen. Tränenverhangene Augen können auch für die nötige Emotionalität sorgen – aus einem Gefühl der Unterlegenheit, des Selbstmitleids, der Wut oder aus dem Empfinden heraus, ungerecht behandelt worden zu sein.
Das Ziel ist immer das gleiche: Sie für ihre Sache einzunehmen.

② Die »Kopfgesteuerten«

Zu den »kopfgesteuerten« Pendants zählen jene, die versuchen, uns mit intellektueller Brillanz zu überzeugen. Auch ihnen geht es darum, uns zur Zustimmung ihrer Ausführungen zu bewegen. Nur sind ihre Mittel subtiler.
Die »Kopfgesteuerten« geben sich ruhig und sachlich, bringen in wohlgesetzten Worten und mit durchdachter Argumentation ihr Anliegen vor, können mit »sezierenden« Fragen gut umgehen und geben sich in ihrer Beweisführung »streng logisch«.
Statt des schweren Säbels ist ihre Waffe das elegant geführte Florett. Zynismus ist ihnen nicht fremd, und ihr Lächeln zeugt nicht unbedingt von Freundlichkeit. Sich von diesem Mitarbeitertypus aufs Glatteis führen zu lassen, kann Sie in ernsthafte Schwierigkeiten bringen.

③ Der dritte Typ

ist so wie Sie und ich – irgendwo dazwischen. Mit dem festen Vorsatz, die Dinge sachlich vorzubringen, kommen wir irgendwann doch auf die emotionale Schiene und sagen mit blitzenden Augen: »Das war aber auch wirklich unverschämt, was Herr Berlinger sich da geleistet hat!« Bums – und schon sind die emotionalen Verhaltensmuster wieder da, obwohl wir uns doch so fest vorgenommen hatten ...
Wie verhalten wir uns in solchen Situationen als Chef »richtig«?

Beschwerden richtig entgegennehmen

Wie wir Beschwerden entgegennehmen, verrät schon eine Menge darüber, wie wir den Beschwerdeführer erleben, welchen Stellenwert er als Mensch bei uns hat und welches Wertschätzungspotential wir ihm entgegenbringen. Er spürt sehr schnell, ob er ernst genommen wird oder ob wir nur so tun als ob.

Ein Chef, dem eine Beschwerde lästig ist oder der sie nicht ernst nimmt, wird eine gewisse Abwehrhaltung einnehmen und dies auch durch körpersprachliche Signale deutlich zum Ausdruck bringen. Er gibt dem Beschwerdeführer auf der nonverbalen Ebene zu verstehen, daß er nicht bereit ist, sich sonderlich zu engagieren.
Ein so strukturierter Chef

- wird am Schreibtisch sitzen bleiben,
- kann den Mitarbeiter vor dem Schreibtisch stehen lassen,
- wird während der Schilderung möglicherweise weiterarbeiten,
- sendet keine verbalen oder nonverbalen Bestätigungssignale,
- kann »sezierende« Fragen stellen,
- wird kaum emotionale Anteilnahme zeigen,
- wird sich die Schilderung mit undurchdringlicher oder abweisender Miene anhören,
- wird körpersprachlich Distanz ausdrücken,
- hält keinen oder »bohrenden« Blickkontakt,
- kann negativ wertende Bemerkungen über das Verhalten des Beschwerdeführers machen.

Durch dieses Verhalten des Chefs wird sich die Emotionslage des Beschwerdeführers automatisch verändern.
Der Beschwerdeführer

- wird »klein«, und seine Emotionen kühlen rasch ab,
- hat das unbehagliche Gefühl, daß ihn irgendwie eine Mitschuld trifft,
- fühlt sich nicht wohl in seiner Haut und
- bedauert es fast, sich beschwert zu haben.

Nach dem Gespräch kann er mit dem Gefühl rausgehen: »Ich hab's immer gewußt. Er ist parteiisch und hat halt seine Lieblinge. Ich gehöre nun mal nicht dazu. Hoffentlich habe ich jetzt keinen Fehler gemacht!«
Dieses Vorgesetztenverhalten kann bei »chronischen Beschwerern« vielleicht sogar eine gewisse Berechtigung haben,

also bei dem Typ von Mitarbeitern, der meint, seine negativen Emotionen auf Kosten anderer ausleben zu können.
Setzt der Vorgesetzte das oben beschriebene Verhalten bewußt als »Technik« ein, muß er wissen, daß es »seine Presse« in der Abteilung und im Unternehmen direkt und indirekt beeinflußt. Welchen Stellenwert er diesem Umstand beimißt, muß er für sich selbst entscheiden.
Eine andere Art der Abwehrhaltung ist das Bagatellisieren. Formulierungen wie

»Mein Gott, stellen Sie sich doch nicht so an.«
»Damit müssen Sie schon selber klarkommen!«
»Das ist Ihr Problem!«
»Lehrjahre sind nun mal keine Herrenjahre.«
»Als ob ich nicht schon genügend Probleme um die Ohren hätte!«
»Können Sie denn überhaupt nichts alleine machen?«
»Und wegen dem bißchen kommen Sie zu mir?«

signalisieren dem Mitarbeiter unmißverständlich, daß er vom Chef keine Hilfe zu erwarten hat. Er interpretiert dessen Verhalten als mangelnde Wertschätzung. Auch hier stellt sich ein Gefühl des Alleingelassenseins und der Unterlegenheit ein: »Er ist halt gegen mich!«
Der mitarbeiterorientierte Chef verhält sich anders. Er nimmt die Beschwerde und damit den Mitarbeiter ernst. Sein Ziel ist es, herauszufinden, was wirklich passiert ist (möglichst einschließlich der »Vorgeschichte«). Er wird sich um Klärung und um eine dauerhafte Verbesserung der Situation bemühen.
Schon sein körpersprachliches Verhalten bei der Entgegennahme der Beschwerde unterscheidet sich deutlich vom vorhergehenden Cheftypus.
Der mitarbeiterorientierte Chef

- unterbricht, wenn er am Schreibtisch sitzt, seine Arbeit,
- bietet einen Platz am Besuchertisch an,
- setzt sich über Eck,
- holt Block und Bleistift,

- vermittelt das Gefühl, das Mitarbeiteranliegen ernst zu nehmen,
- ermuntert den Mitarbeiter, von dem Vorfall und den damit entstandenen Emotionen zu sprechen,
- sendet verbale und nonverbale Bestätigungssignale.

Wir erinnern uns an das aktive Zuhören. Bestätigungssignale bringen zum Ausdruck:

- *»Ich höre dir zu!«*
- *»Ich verstehe, was du sagst, bitte sprich weiter!«*
- *»Bis zu einem gewissen Grad kann ich deinen Standpunkt sogar verstehen!«*

Sie besagen *nicht*:

- *»Ich teile deinen Standpunkt und bin der gleichen Meinung wie du!«*

Die Emotionslage des Beschwerdeführers verändert sich bereits während seiner Schilderung.

- Obwohl sein anfängliches emotionales »Sprudeln« nicht frei von logischen Brüchen und Widersprüchen ist, »hackt« der Chef nicht darauf herum.
- Dadurch, daß er sich alles von der Seele reden kann, beruhigt er sich allmählich.
- Durch richtigen Einsatz der Fragetechnik kristallisiert sich für den Chef langsam der Sachverhalt aus der Sicht des Mitarbeiters heraus.
- Der Beschwerdeführer fühlt sich bei dieser Art des Vorgehens verstanden und akzeptiert. Er hat das Gefühl, fair behandelt worden zu sein und von seinem Chef ernst genommen zu werden.

Der Chef weiß, daß er den Sachverhalt durch die Wahrnehmungsbrille des Beschwerdeführers präsentiert bekommt. Die Darstellung ist daher (bewußt oder unbewußt!) stark einseitig und emotional gefärbt. Er weiß auch, daß der Mitarbeiter seine Handlungen als völlig korrekt und über jeden Zwei-

fel erhaben sieht. Das Verhalten der Beschuldigten ist dagegen... »Also, wie kann man nur?«
Eine besondere Gefahr bei der Entgegennahme von Beschwerden liegt für den Chef darin, in die »Mitarbeiterfalle« zu tappen. Sie wird vorzugsweise bei emotionalen Vorgesetzten angewendet und dient ausschließlich zur »Chefmanipulation«. Der Chef wird hier zum Opfer der eigenen Emotionalität. Die aufgestellte Mitarbeiterfalle ist so etwas wie eine Variante des beliebten Kinderspiels »Verkehrte Welt«.
Mit wohlüberlegter Wortwahl und gezielt eingesetztem Negativ-Reizwort-Repertoire versucht der manipulierende Mitarbeiter, seinen Chef unter vier Augen »durch das unmögliche Verhalten des anderen« auf 180 zu bringen.

»Also, Herr Kellermann, durch das saublöde Verhalten von Stiepenbrock wären wir fast bei Huppka & Co. rausgeflogen. Also der benimmt sich manchmal wie ein Idiot! Mit dem müssen Sie unbedingt reden. Was der für Mist erzählt, das geht auf keine Kuhhaut...«
»Waass??! Bei Huppka & Co. rausgeflogen?! Das ist ja unerhört! Stiepenbrock soll sofort herkommen. Frau Pentrieder, Stiepenbrock soll sofort herkommen!!!«

Anzeichen dafür, daß es klappen könnte und der Chef in die ausgelegte Falle hineinläuft, liegen vor, wenn er auf das negative und bewußt eingesetzte Reizwortrepertoire des Beschwerdeführers (*»saublödes Verhalten«, »rausgeflogen«, »Idiot«, »Mist erzählt«*) so oder ähnlich reagiert:
- Er unterbricht sofort seine Arbeit.
- Er verändert seine Gesichtsfarbe.
- Der Ausdruck seiner Augen verändert sich (sein Adrenalinspiegel ist schnell und heftig gestiegen).
- Er wird laut.
- Er springt auf.
- Er fängt an, im Zimmer herumzulaufen.
- Er steigert sich in weitere Emotionen hinein und agiert voll aus den Gefühlen heraus.

- Er greift spontan zum Telefon.
- Er ist in der Situation auch bereit, Porzellan zu zerschlagen (was er auch öfter tut!).

Dieses Vorgesetztenverhalten ist immer schädlich! Aber so strukturierte Chefs haben die größten Schwierigkeiten, dieses Verhalten – auch bei bester Absicht – abzulegen. Sind sie erst einmal in Rage, brennt die emotionale Hauptsicherung durch, mit all den negativen Auswirkungen, die wir schon kennengelernt haben.

Der Vorgesetzte hat hierbei doppelten Schaden. Einerseits macht er den vermeintlichen Schuldigen nieder – wodurch er ihn in die innere oder äußere Kündigung treiben kann. Andererseits läßt er sich zum Werkzeug des Beschwerdeführers machen. Er wird für andere leicht durchschau- und manipulierbar. Also: Vorsicht vor sich selbst!

Beschwerden von Mitarbeitern lassen sich in zwei große Gruppen einteilen: Beschwerden über alles, was mit der Arbeit und ihrer Organisation zusammenhängt – wir wollen sie Beschwerden über Arbeitsbedingungen nennen –, und Beschwerden über Kollegen und Kolleginnen. Letztere sind die heikleren.

Der Umgang mit Beschwerden über Arbeitsbedingungen

Wie gehen wir damit um, wenn sich ein Mitarbeiter über Arbeitsbedingungen wie Arbeitszeit, Arbeitsverteilung, Überstundenregelung, das Rauchen einer (neuen) Kollegin, die Urlaubsplanung oder ähnliches beschwert?

Patentrezepte gibt es dafür keine, denn jede Reklamation hängt von der Person des Beschwerdeführers, von dem Gewicht und den Auswirkungen der vorgebrachten Beschwerde, der jeweiligen Situation und – last, but not least – von der Mentalität des Vorgesetzten ab. Einige hilfreiche Ansatzpunkte, wie sich mit Beschwerden unterschiedlichster Art sinnvoll umgehen läßt, liefert uns auch hier die Führungsphilosophie »Vom Wollen zum Müssen«.

Nehmen wir an, Ihre Mitarbeiterin, Frau Schulze-Kienreith,

beschwert sich bei Ihnen in einem Vier-Augen-Gespräch über irgend etwas in ihrem Arbeitsbereich. Sie als Chef können jetzt aus einer breiten Palette potentieller Reaktionen wählen, die von konstruktiver Diskussion –

»Das ist ein interessanter Gesichtspunkt, Frau Schulze-Kienreith. Den sollten wir uns etwas genauer anschauen!« –

bis hin zur schroffsten Ablehnung reichen kann:

»Sie schon wieder! So was kann ja nur von Ihnen kommen! Merken Sie sich eines: Sie sind hier zum Arbeiten, meckern können Sie zu Hause!«

Die Weichen stellen Sie. Die freundlichste und mitarbeiterorientierteste Art, mit Beschwerden umzugehen, ist ein Verhalten auf der Grundlage der Plus-Motivation.
Sie ist immer dann sinnvoll, wenn der Chef das Gefühl hat, daß die Ausführungen der Beschwerdeführerin – bei aller Einseitigkeit und Emotionalität in der Darstellung – Ansätze zur Verbesserung des Arbeitsablaufs oder des Abteilungsklimas enthalten könnten.
Das richtige körpersprachliche Verhalten des mitarbeiterorientierten Chefs bei der Entgegennahme einer Beschwerde haben wir bereits kennengelernt: Er wird aufmerksam zuhören, Wertschätzung und Bestätigungssignale transportieren und der Mitarbeiterin so das Gefühl geben, sie und ihr Anliegen ernst zu nehmen.
Nachdem Frau Schulze-Kienreith ihrem Herzen, mehr oder weniger emotional, Luft gemacht hat, tut der Chef etwas Entscheidendes:
Er bezieht keine Stellung, verteidigt nicht den gegenwärtigen Zustand, nimmt niemanden in Schutz und ergreift für niemanden Partei. Er ist unvoreingenommen, hört aufmerksam zu und hinterfragt das Gehörte. Dadurch vermittelt er der Mitarbeiterin das Gefühl, daß sie einen für ihn zumindest nachdenkenswerten Beitrag geleistet hat. Er transportiert Wertschätzung und erfährt Näheres über ihre Denk- und Sichtweise (Wir wissen ja: »Wer fragt – führt!«).

Erkennt der Chef positive Ansätze in den Ausführungen seiner Mitarbeiterin und will diesen Weg weiterverfolgen, kann er

- sie bitten, sich gemeinsam mit den betroffenen Kollegen Gedanken über eine mögliche Lösung des Problems zu machen, und sie ihm dann vorzuschlagen;
- ihren Vorschlägen ganz oder in Teilen zustimmen, falls sie in dem Gespräch eine akzeptable Lösung präsentiert; Voraussetzung hierfür ist allerdings, daß nur sie von dem Problem betroffen ist, anderenfalls würde der Chef einen gravierenden Führungsfehler begehen;
- sie fragen, wie ihrer Meinung nach ein möglicher nächster Schritt aussehen könnte. Arbeitet sie konstruktiv an einer Lösung mit oder neigt sie zum »Meckern«?

Der Unterschied zwischen »Meckern« und konstruktiver Kritik liegt darin, daß der Mitarbeiter beim »Meckern« emotional Dampf abläßt und Ihnen mehr oder weniger vehement erläutert, was denn so alles in der Abteilung schiefläuft. Natürlich trägt er daran nicht ein Quentchen Schuld. Auf Ihre Frage, welche konstruktiven Gegenmaßnahmen er zur Lösung der von ihm angesprochenen Probleme vorschlage, kommt dann meistens nur heiße Luft.
Völlig anders verhält es sich mit konstruktiver Kritik: Auch hier schildert der Mitarbeiter Mißstände aus seiner Sicht, aber im Gegensatz zum »Meckern« liefert er unaufgefordert praktikable Lösungsvorschläge mit. Wenn er den Chef von seinen Änderungsvorschlägen überzeugen will, argumentiert er über die Nutzenschiene:

»Die Vorteile, die wir davon hätten, Herr Kolling, wären ...«

Besonders gerne hören Chefs Argumente zur Kostenreduzierung. Deshalb: Kommt ein Mitarbeiter zu Ihnen und »mekkert«, dann stellen Sie ihm die einfache Frage: »Was schlagen Sie vor?« Zuckt er hilflos mit den Schultern und sagt sinngemäß: »Das müssen Sie doch wissen, Sie sind der Chef«, dann nicken Sie ihm freundlich zu und sagen: »Das ist richtig, aber ich bitte Sie um konstruktive Lösungsvorschläge, da das, was Sie da vorbringen, uns nicht weiterhilft.« Und dann lassen Sie ihn gehen.

Macht der Mitarbeiter dagegen konstruktive Verbesserungsvorschläge, könnte die Reaktion des Chefs so oder ähnlich aussehen:

»Mhm, das ist interessant, was Sie sagen. So, wie Sie es schildern, habe ich es noch nicht gesehen. Was könnten die Auswirkungen Ihres Vorschlags sein?«
»Wissen Sie, wie Ihre Kollegen darüber denken?«
»Welche Vorteile hätte diese Lösung Ihrer Meinung nach für uns alle?«
»Welche möglichen Nachteile könnte diese Lösung haben?«
»Wo sehen Sie persönlich den entscheidenden Vorteil?«
»Wie könnte aus Ihrer Sicht der nächste Schritt aussehen?«
»Was wäre Ihrer Meinung nach jetzt eine weitere sinnvolle Vorgehensweise?«

Ist der Chef mit dem, was sein Gesprächspartner vorschlägt, einverstanden, kann er den Vorschlag bestätigen und die nächsten Schritte einleiten.

»Ja, Frau Schulze-Kienreith, Sie haben recht. Das ist ein Punkt, der uns alle betrifft. Was halten Sie davon, wenn wir ihn in der nächsten Abteilungsbesprechung zur Sprache bringen und mal gemeinsam diskutieren?«

Ist der Vorgesetzte mit den Vorschlägen nicht einverstanden, kann er eigene vorbringen:

»Das wäre ein möglicher Weg. Was halten Sie davon, wenn wir…«

Reagiert der Mitarbeiter zustimmend, können beide diesen Weg weiterverfolgen. Ist er mit dem Vorschlag des Chefs nicht einverstanden, kann der Vorgesetzte seine Ablehnung hinterfragen.

Will der Chef die Plus-Motivation – aus welchen Gründen auch immer – nicht einsetzen, geht er zur nächst niedri-

gen Motivationsstufe über, zur freundlichen Minus-Motivation.
Sein Verhalten bei der Entgegennahme der Beschwerde unterscheidet sich nicht von der mitarbeiterorientierten Reaktion. Der Vorgesetzte wird auch hier aufmerksam zuhören, verbale und nonverbale Bestätigungssignale senden und die breite Palette wertschätzender Elemente einsetzen.
Nachdem die Beschwerdeführerin ihre Argumente ungestört dargelegt hat, kann der Chef die Beschwerde hinterfragen, um mehr über die Beweggründe und Motive seiner Mitarbeiterin zu erfahren. Dann wird er seine Sichtweise darlegen:

»Ich verstehe, Frau Treptow, daß Sie mit der jetzigen Arbeitszeitregelung zu Hause Probleme haben. Auch ich bin mit ihr nicht glücklich. Aber Sie wissen ja, daß es eine Übergangsregelung ist, bis die Umorganisation im Verkauf abgeschlossen ist.
Bis dahin müssen wir uns so behelfen. Im Moment sehe ich keine andere Möglichkeit, und es bleibt mir nichts anderes übrig, als Sie um Verständnis zu bitten.«

Auf den unfreundlichen Umgang mit Beschwerden, die »unfreundliche« oder gar »autoritäre Minus-Motivation«, soll hier nicht näher eingegangen werden:

»Sie mit Ihrer ewigen Meckerei! Können Sie auch mal was Konstruktives beitragen? Und eines können Sie sich hinter die Ohren schreiben: Wenn Sie mit dem Mist noch mal kommen, können Sie was erleben . . .!«

Das Motivationspotential solch verbaler Kraftmeierei ist ziemlich gering. Sollte wirklich mal der Emotionsgaul mit uns durchgegangen sein, bleibt immer noch ein hilfreicher Ausweg: Sich entschuldigen.

Der Umgang mit Beschwerden über Kollegen

Ein nicht ganz einfaches Kapitel. Wie gehen wir damit um, wenn ein Mitarbeiter sich unter vier Augen über seinen Kollegen beschwert? Folgendes Vorgehen könnte hilfreich sein:

① Bieten Sie dem Mitarbeiter einen Platz an, transportieren Sie Wertschätzung, und versuchen Sie, Ihren Gesprächspartner auf der emotionalen Ebene zu erreichen:
»Sie machen einen ziemlich verärgerten Eindruck, Herr Petermann. Was ist denn passiert?«
Gestalten Sie das eigene Verhalten so, daß sich der Beschwerdeführer allmählich beruhigt. Senden Sie bestätigende verbale (»Mhm«) und nonverbale Signale. Und das wichtigste: Unterbrechen Sie ihn nicht. Er muß erst mal Dampf ablassen, und das kann er nicht, wenn Sie ständig das Ventil blockieren.

② Lassen Sie ihn »sprudeln« – auch wenn Sie den Sachverhalt auf Anhieb nicht richtig verstehen. Lassen Sie ihn sich erst mal leerschießen. Im zweiten Durchgang versuchen Sie, so etwas wie eine Chronologie in die Sache zu bringen. Das führt zu einem besseren Verständnis.

③ Fragen Sie den Mitarbeiter, ob Sie sich Notizen machen dürfen – und tun sie dies dann.

④ Nachdem Ihr Mitarbeiter seine Schilderung beendet hat, hören Sie »aktiv« zu. Sie fassen also das Gehörte zusammen, arbeiten die Kernpunkte heraus, fragen gegebenenfalls noch einmal nach und vergewissern sich, daß Sie den Sachverhalt richtig verstanden haben.
»Wenn ich Sie richtig verstanden habe, Herr Petermann, sind es im wesentlichen drei Punkte, die Sie Herrn Bscheid vorwerfen:
1. ...
2. ...
3. ...
Hab' ich das so richtig verstanden?«

⑤ Und jetzt das Wichtigste: Geben Sie keinerlei Wertungen ab – weder positive noch negative. Und achten Sie bitte streng darauf, daß Ihr Verhalten von Ihrem Gesprächspartner auch nicht als interpretierbar wahrgenommen wird. Alle »zweideutig« gesendeten Signale werden durch die eingeschaltete »selektive Wahrnehmungsbrille« des Mitarbeiters zu dessen Gunsten »umgebogen«. Und wie wir wissen, ist sein selektives Wahrnehmungspotential zum Zeitpunkt der Beschwerde ziemlich hoch.

⑥ Wenn Ihr Mitarbeiter alles losgeworden ist, was seine Galle in Wallung brachte, dann stellen Sie ihm folgende Frage:
»Was möchten Sie, daß ich in dieser Sache jetzt tue?«
Diese Frage mag Ihrem Mitarbeiter – und vielleicht auch Ihnen – etwas seltsam vorkommen. Aber sie offenbart, wie der Mitarbeiter denkt, und bietet Ihnen möglicherweise einen hilfreichen Lösungsansatz. Wenn er beispielsweise antwortet:
»Wir sollten einmal gemeinsam darüber reden, um diese Sache zu klären«,
dann wissen Sie, daß auch er an einer konstruktiven Lösung interessiert ist. Wenn er aber sagt:
»Das weiß ich nicht! Das müssen doch Sie wissen, Sie sind der Chef!«
oder:
»Das müssen Sie unterbinden!«,
dann wissen Sie, daß von seiner Seite im Moment kein konstruktiver Vorschlag in Sicht ist. In einem solchen Fall stellen Sie folgende Frage:
»Denken Sie, daß wir in dieser Sache ein Dreiergespräch führen sollten?«

⑦ Jetzt trennt sich die Spreu vom Weizen! Wenn Herr Petermann mit blitzenden Augen und im Brustton der Überzeugung zu Ihnen sagt:
»Selbstverständlich sollten wir darüber ein Dreiergespräch führen, deswegen bin ich zu Ihnen gekommen«,
dann ist für Sie klar, daß es ihm ernst ist und er eine Auseinandersetzung mit seinem Widerpart vor Ihnen nicht scheut.

Wenn Herr Petermann Sie aber mit sorgenzerfurchter Stirn und schrägem Seitenblick anschaut und sagt:
»Ein Dreiergespräch? Mhm... Na ja, wissen Sie, ob ein Dreiergespräch notwendig ist und ob's was bringt, weiß ich nicht. Ich dachte, daß es wichtig wäre, wenn Sie das mal wissen. Drum hab ich's Ihnen gesagt«,
dann signalisiert Herr Petermann, daß er kein Dreiergespräch will. Vielleicht wollte er ein bißchen intrigieren, ein bißchen Stimmung machen, ein bißchen anschwärzen, sich ein bißchen lieb Kind machen – oder einfach nur sein Herz ausschütten. Aber eines will er mit Sicherheit nicht: Die Konfrontation!

⑧ Und jetzt tun Sie etwas Entscheidendes: Sie lassen Herrn Petermann das Gesicht wahren! Natürlich wäre es ein leichtes für Sie, zum Telefon zu greifen, Herrn Bscheid zu »zitieren« und die Konfrontation »sofort hier und jetzt« auszutragen, um so das Signal zu setzen, daß bei Ihnen niemand ungestraft andere »anschwärzt«.

Ein fataler Weg: Sie hätten Herrn Petermann zwar eine deutliche Lektion erteilt, aber das Verhältnis zwischen allen Beteiligten würde wahrscheinlich darunter ziemlich leiden – mit negativen Auswirkungen auf das Klima in Ihrer Abteilung.

Als mitarbeiterorientierter Chef tun Sie etwas anderes: Sie signalisieren Verständnis, wenn Herr Petermann kein Dreiergespräch möchte. Aber Sie geben ihm gleichzeitig unmißverständlich zu verstehen, daß Sie nicht gewillt sind, ein ähnliches Verhalten von ihm ein zweites Mal ohne anschließendes Dreiergespräch hinzunehmen.

»Gut, Herr Petermann, ich sehe ein, daß das Verhalten von Herrn Bscheid Sie geärgert hat, und ich kann auch verstehen, daß Sie gegenwärtig kein Dreiergespräch möchten. Aber ich meine, daß wir, wenn Sie in dieser Sache noch einmal zu mir kämen, dann ein solches Gespräch mit Herrn Bscheid gemeinsam führen sollten. Wie denken Sie darüber?«

Damit haben Sie unmißverständlich zum Ausdruck gebracht, daß Sie ihn jetzt das Gesicht wahren lassen und ihn nicht in irgend etwas hineintreiben. Aber er weiß auch, daß er im Wiederholungsfall »nicht mehr so davonkommt«. Er ist gewarnt und kann entscheiden, wie er sich zukünftig verhalten will.

Wenn der Beschwerdeführer und Sie der Meinung sind, daß in dieser Sache ein Dreiergespräch geführt werden sollte, empfiehlt sich folgendes Vorgehen:

Die mitarbeiterorientierte Gesprächsführung im Sechs-Augen-Gespräch – »Soluting«

1. Schritt: »Beklagter« wird informiert

Der Vorgesetzte informiert den »Beklagten«, daß ein Dreiergespräch geplant ist. Gleichzeitig gibt er die Sachinformationen, die er vom Beschwerdeführer erhalten hat, an den »Beklagten« weiter.
Der Chef sollte dem Beschwerdeführer erläutern, wie er sich das weitere Vorgehen vorstellt, und dessen Einverständnis hierzu erbitten. Zur Anberaumung eines Dreiergesprächs hat der Vorgesetzte zwei Möglichkeiten:
Entweder
der Vorgesetzte »zitiert« den »Beklagten« zu sich, und das Dreiergespräch wird sofort geführt, wenn es die Zeit der Beteiligten zuläßt.
Vorteil: Es »brennt nichts an« und »schwelt« weiter, die Klärung erfolgt sofort.
Nachteil: Jedes »Zitiertwerden« vermittelt dem »Beklagten« ein Unterlegenheitsgefühl. Der Ablauf wird ihm aufgezwungen, und er wird dadurch in eine schwächere, eine Verteidigungsposition gedrängt. Der Beschwerdeführer ist informationsmäßig und emotional im Vorteil. Der »Beklagte« kann diese Situation als »manipulatives Überrumpeltwerden« erleben.
Oder

der Vorgesetzte stimmt sich mit dem Beschwerdeführer ab und informiert den »Beklagten« anschließend in einem Vier-Augen-Gespräch über den Sachverhalt. Dabei sollte er großen Wert darauf legen, lediglich die ihm übermittelten Fakten – und nicht die emotionale Tendenz – zu transportieren. Anschließend wird er zur Klärung ein Dreiergespräch vorschlagen. Der Termin für dieses Gespräch erfolgt in Absprache mit beiden Beteiligten und sollte möglichst kurzzeitig anberaumt werden, da das Klima zwischen den Kontrahenten in der Zwischenzeit wohl unter den Gefrierpunkt fallen dürfte.

2. Schritt: Erläuterung der »Spielregeln«

Beide Parteien stellen in dem Sechs-Augen-Gespräch den Sachverhalt jeweils aus ihrer Sicht dar, ohne von der anderen unterbrochen zu werden.
Nach Möglichkeit sollten die Kontrahenten über Eck sitzen. Dies signalisiert mehr Gemeinsamkeit, als sich gegenüber zu sitzen. Der Vorgesetzte ist in diesem Gespräch der Moderator und hat dafür zu sorgen, daß beide Parteien ihre Sicht der Dinge ohne Unterbrechung durch die Gegenseite schildern können. Persönliche oder verletzende Kritik an dem Kontrahenten ist durch den Moderator sofort im Keim zu ersticken.

3. Schritt: Schilderung des Beschwerdeführers

Der Moderator bittet den Beschwerdeführer, den Sachverhalt aus seiner Sicht und nach Möglichkeit chronologisch zu schildern.
Der Moderator macht sich, wie beim ersten Mal, Notizen, da die jetzige Schilderung des Beschwerdeführers erfahrungsgemäß von der unter vier Augen meist deutlich abweicht und im allgemeinen etwas moderater ausfällt. Der »Beklagte« kann und soll sich ebenfalls zu den Ausführungen des Beschwerdeführers Notizen machen.

4. Schritt: Moderator faßt Beschwerde zusammen

Der Moderator gibt am Ende der Schilderung eine knappe Zusammenfassung dessen, was bei ihm »angekommen ist« (»aktives Zuhören auf der Kopfebene«). Ziel ist es, vom Beschwerdeführer ein »Ja« zu bekommen.
Dadurch wird sichergestellt, daß der Moderator den Sachverhalt des Beschwerdeführers exakt erfaßt hat und beide vom gleichen reden.

5. Schritt: Schilderung des Beklagten

Nun findet eine Art Rollentausch statt: Der Moderator bittet den »Beklagten«, den Sachverhalt aus seiner Sicht zu erläutern. Auch er darf von seinem Kontrahenten bei der Schilderung nicht unterbrochen werden. Wie im vierten Schritt faßt der Moderator das Gehörte zusammen, um sicherzustellen, daß er alles richtig verstanden hat (»aktives Zuhören auf der Kopfebene«).
Die Aufgabe des Moderators besteht darin, sicherzustellen, daß er die Sichtweisen der Kontrahenten exakt verstanden und richtig wiedergegeben hat.
Daß zwischen beiden Aussagen möglicherweise Widersprüche bestehen, interessiert in dieser Phase des Gesprächs nicht. Im Moment ist er nur an der korrekten Wiedergabe der beiden Sichtweisen interessiert.

6. Schritt: Gegenüberstellung der Kernaussagen und Diskussion

Der Moderator vergleicht jetzt seine Aufzeichnungen, stellt Kernaussagen gegenüber und arbeitet Widersprüche heraus, die mit beiden Parteien zu diskutieren sind.
Es liegt weitgehend an der Moderation des Vorgesetzten, ob Vorwürfe und Emotionen eskalieren oder ob man gemeinsam in ein konstruktives Gesprächsklima hinübergleitet, in dem sich alle Beteiligten um eine gemeinsame und tragfähige Lösung bemühen.
Bildlich gesprochen liegt es weitgehend am Vorgesetzten, ob er »Luft in den Luftballon« hineinbläst – oder herausläßt.

7. Schritt: Erarbeitung konfliktvermeidender Strategien

Sind die Vorwürfe aus der Sicht des Vorgesetzten nicht gravierend (gravierende Vorwürfe liegen dann vor, wenn sie Sanktionen erfordern, wie zum Beispiel bei erwiesenem Diebstahl), dann sollte er beide Parteien zu Vorschlägen anregen, wie sich eine Wiederholung des Vorgefallenen vermeiden läßt.
Ein mitarbeiterorientierter Vorgesetzter wird nicht versuchen, einen Schuldigen zu finden und ihn »an die Wand zu nageln«, sondern sein Tenor wird sein:

> *»Es ist geschehen, und wir können das Geschehene nun mal nicht rückgängig machen. Aber wir können uns sehr wohl überlegen, was jeder von uns tun kann, damit eine solche Situation in Zukunft vermieden wird. Was schlagen Sie vor?«*

8. Schritt: Einverständnis herstellen

Nach Möglichkeit sollte in dem Gespräch Einverständnis erzielt und sichergestellt werden, daß durch die gemeinsam beschlossenen Maßnahmen eine Wiederholung des Tatbestandes ausgeschlossen wird. Man zieht einen gemeinsamen Schlußstrich.

> *»Gut, Herr Petermann, ist die Sache dann für Sie wirklich erledigt? Oder gibt es noch irgend etwas, was wir in diesem Zusammenhang besprechen sollten?«*
> *»Nein, die Sache ist erledigt.«*
> *»Und wie sieht's bei Ihnen aus, Herr Bscheid? Ist die Sache für Sie auch geklärt? Und auch zwischen Ihnen beiden? Oder ist noch irgend etwas offen?«*
> *»Erledigt, es ist nichts mehr offen.«*
> *»Gut, dann wissen wir, was wir zukünftig alle zu tun haben, damit dies nicht noch einmal passiert!«*

Und damit ist die Sache, hoffentlich ohne »schlechten Nachgeschmack« für die beiden Kontrahenten, aus der Welt geschafft.

Sollte sich das Gespräch schwieriger gestalten und die Kontrahenten sich weniger einsichtsvoll zeigen, haben Sie immer noch die Möglichkeit der freundlichen Minus-Motivation, der Anordnung mit Begründung.
Wenn es um grundsätzliche Dinge geht, bei denen sich eine oder beide Parteien nachhaltig uneinsichtig zeigen, können Sie als Moderator ein Gesprächsprotokoll anfertigen, in dem klar geregelt wird, wie sich beide Seiten zukünftig zu verhalten haben.
Aber Vorsicht: Wenn es zur Klarstellung dient, kann ein solches Gesprächsprotokoll hilfreich sein. Hat es für eine Seite aber demotivierenden Charakter, sollten Sie sich diesen Schritt gut überlegen. Es kann vom Empfänger als eine Vorstufe zur Abmahnung interpretiert werden.
Hat der Beschwerdeführer auch aus Ihrer Sicht recht und Sie müssen das Verhalten des »Beklagten« kritisieren, dann beenden Sie jetzt das Dreiergespräch. Führen Sie das Kritikgespräch mit dem »Beklagten« unbedingt unter vier Augen. Wie dies von einem mitarbeiterorientierten Chef ergebnisorientiert und gesichtsverträglich durchgeführt wird, wissen wir ja bereits.
Erfordert der ans Tageslicht gekommene Sachverhalt eine härtere Vorgehensweise von Ihnen, wie beispielsweise bei Diebstahlsbezichtigung, sollten Sie unbedingt darauf achten, daß der Sachverhalt akribisch genau erhoben wird. Äußerste Sorgfalt und Korrektheit sind hier oberstes Gebot, um anschließend die entsprechenden Maßnahmen ergreifen zu können. Vorsicht: Dieses Verfahren ist schwierig und erfordert viel Fingerspitzengefühl!
Zu guter Letzt:

Beschwerden über drei Ebenen

Wie verhalten Sie sich, wenn eine Mitarbeiterin oder ein Mitarbeiter sich über einen Vorgesetzten bei Ihnen, dem »Oberboß« beschwert? Wenn also ein Hierarchieproblem über mehrere Ebenen vorliegt?

Folgender sicher nicht realitätsferner Fall soll diese Situation verdeutlichen. Er birgt mehr Brisanz, als auf den ersten Blick ersichtlich...
Nehmen wir an, Sie sind Hauptabteilungsleiter, sitzen in Ihrem Büro und denken gerade über die Vertriebsstrategie für das nächste Geschäftsjahr nach. Mitten in Ihren Überlegungen werden Sie von Frau Kästner, Ihrer Sekretärin, gestört, die mit einem eigentümlichen Ausdruck in Stimme und Augen zu Ihnen sagt:

»Frau Klimmt ist draußen und will Sie unbedingt sprechen. Sie macht auf mich einen ziemlich erregten Eindruck!«

Frau Klimmt ist die Sekretärin Ihres Mitarbeiters Czolny, dem Abteilungsleiter Export. Da Sie in Ihrem Haus die Politik der offenen Türen vertreten, bitten Sie Frau Klimmt ohne langes Wenn und Aber herein. Den angebotenen Besuchersessel nimmt sie überhaupt nicht zur Kenntnis.

»Also, ich bin wirklich empört über Herrn Czolny! So etwas habe ich noch nicht erlebt! Er gibt mir vor dem Essen den Vorgang Schneider & Co. und sagt: ›Schreiben Sie die Auftragsbestätigung, die eilt, die brauche ich nach dem Essen!‹ Ich setze mich also hin, arbeite bis in die Mittagspause hinein, um sie fertig zu machen, und dann kommt er kurz darauf wieder raus und will den Brief an Meller & Söhne, den er mir davor diktiert hat. Und der hat immerhin drei Seiten.
Ich sage ihm, daß ich die Auftragsbestätigung vorgezogen habe, weil sie wohl eiliger sei! Da schnauzt er mich in Gegenwart von Frau Mersch an, ich solle mich gefälligst beeilen und endlich lernen, mich zu organisieren. Er sei die ewige Warterei satt! Und dann knallt er die Tür zu. Frau Mersch hat alles mitbekommen!
Das lasse ich mir nicht gefallen, Herr Dr. Kiskalt! Ich setze mich wirklich für die Firma ein! Aber schikanieren und beleidigen lasse ich mich von so einem nicht! Das habe ich nicht nötig!«

Jetzt holt sie tief Luft und läßt sich in den Besuchersessel fallen.
Das sieht nach einem ernsten Problem aus. Wenn Sie jetzt Fehler machen, kann das ziemliche Wellen schlagen. Und zwar negative. Also Vorsicht!
Ihr mögliches Verhalten könnte so aussehen:
Sie beherzigen die vier ehernen Gesetze im Umgang mit Beschwerden. Sie erinnern sich:

- Ruhe bewahren!
- Nicht provozieren lassen!
- Keine Wertung abgeben!
- Nicht Partei ergreifen!

Während der emotional gefärbten Schilderung von Frau Klimmt senden Sie verbale und nonverbale Zustimmungssignale, praktizieren »aktives Zuhören« auf der »Kopf-« und »Bauchebene« und unterbrechen sie nicht!
Irgendwann stellen Sie dann die entscheidende Frage:

> *»Was möchten Sie, daß ich in dieser Sache jetzt tue, Frau Klimmt?«*

Hier trennt sich die Spreu vom Weizen, und es sind – mit Nuancen und Differenzierungen – folgende Reaktionen denkbar:

1. »Bitte sagen Sie ihm nichts!«

In diesem Fall kühlen die Emotionen während des Gesprächs rasch ab. Mögliche Konsequenzen erscheinen vor dem geistigen Auge der Mitarbeiterin und nehmen immer bedrohlichere Formen an. Ein Dreiergespräch? »O nein, das eigentlich nicht!«
Erst jetzt wird ihr so richtig klar, daß sie keine Konfrontation möchte. Eher Dampf ablassen! Wahrscheinlich äußert sie am Ende des Gesprächs die Bitte, diese Unterredung vertraulich zu behandeln. Ihr ist klargeworden, daß die Emotionen mit ihr durchgegangen sind. Die Gläser ihrer Wahrnehmungsbrille sind bei weitem nicht mehr so beschlagen wie zu Beginn. Lassen Sie sie ohne Gesichtsverlut ziehen!

Zum Thema Vertraulichkeit:
Es gehört zu den schlimmsten Führungsfehlern, Dinge, über die Vertraulichkeit vereinbart wurde, hinter mehr oder weniger vorgehaltener Hand und »unter dem Siegel der Verschwiegenheit« weiterzugeben.
Vertrauen ist wie das Korn auf dem Feld: Beides wächst langsam, aber mit einem Sensenschnitt sind beide zu Fall gebracht!

2. »Reden Sie mal mit ihm! Aber lassen Sie mich bitte aus dem Spiel!«

Die Botschaft, die die Mitarbeiterin in diesem Fall sendet, lautet:

»Am liebsten wäre es mir, du würdest dem Czolny mal so richtig die Meinung sagen und ihm klarmachen, daß er nicht so mit seinen Mitarbeitern umspringen darf. Hinterher soll er mir gegenüber wieder lieb und freundlich sein, so wie früher! Und bitte tu mir einen Gefallen: Erwähne bei diesem Gespräch bloß nicht meinen Namen!«

Aha! Wie soll das gehen? Wenn Sie diesen Wunsch erfüllen können, sind Sie kein Chef, sondern ein Zauberer. Und die gibt es meist nur im Märchen...
Ergehen Sie sich gegenüber Herrn Czolny in einem Vier-Augen-Gespräch nur in allgemeinen Andeutungen, wird wohl sein Mißtrauen schnell und nachhaltig geweckt. Merkt er dann, daß sich seine Mitarbeiterin »hinter seinem Rücken« bei Ihnen beschwert hat, wird er mit ziemlicher Sicherheit stinkesauer auf sie.
Will Ihre Mitarbeiterin mit Ihnen das Spiel spielen: »Wasch ihn, aber mach mich nicht naß!«, dann fragen Sie sie:

»Gut, und was soll ich ihm sagen?«
»Na, das, was ich Ihnen gesagt habe!«
»Das könnte ich theoretisch machen. Aber dann müssen wir auch die Version von Herrn Czolny hören – und dann liefe es auf ein Dreiergespräch raus!«

Damit steht das Reizwort »Dreiergespräch« im Raum. Wenn die Mitarbeiterin jetzt gesichtsverträgliche Rückzugsgefechte einläutet,

> *»Na ja, ob das was bringt...? Also, ein Dreiergespräch möchte ich eigentlich nicht...!«*

wissen Sie, daß sie ohne Gesichtsverlust aus der Sache raus will. Ihre Emotionen haben sie in die mißliche Lage gebracht. Aller Voraussicht nach dürfte es dann wie bei der ersten Variante enden. Helfen Sie ihr dabei!
Chefs, die sich von Mitarbeitern in dieses Spiel hineinmanövrieren lassen und stellvertretend Beschwerden übermitteln, können sich ganz schöne Probleme aufhalsen.

3. »Reden Sie mal mit ihm! Natürlich können Sie sagen, daß ich mich bei Ihnen beschwert habe!«

Die mutig-aggressive Variante. Klingt da so etwas wie Trotz mit? Und wenn Sie nicht höllisch aufpassen, werden die Weichen jetzt tatsächlich in Richtung Dreiergespräch gestellt. Und über drei Ebenen ist das eine ziemlich brisante Angelegenheit. Denn es geht in solchen Fällen weniger um Fakten als um Emotionen.
Denken Sie an einen möglichen Gesichtsverlust und »das Leben danach«. Gesichtsverlust in einem Dreiergespräch fördert (verdeckte) Illoyalität und lechzt geradezu nach Rache.
Sie sind gut beraten, wenn Sie sich in solchen Fällen nicht für das Dreiergespräch stark machen. Die Gefahr, daß dabei mindestens einer das Gesicht verliert, ist hoch! Was Sie statt dessen tun können, entnehmen Sie bitte dem nächsten Abschnitt.

4. »Ich will ein Dreiergespräch!«

Wenn Frau Klimmt, nachdem sie sich leergeschossen hat, immer noch mit zornbebender Stimme ein Dreiergespräch will, dann nicken Sie. Sagen Sie ihr, daß dies sicher möglich wäre. Und dann sagen Sie ihr:

»Frau Klimmt, ich kann Ihre Reaktion verstehen. Und bitte verstehen Sie mich nicht falsch: Ich will mich vor diesem Dreiergespräch nicht drücken. Und wenn Sie es wirklich möchten, dann führen wir es. Aber bitte bedenken Sie, daß es auch ein Leben danach gibt. Und wenn ich Sie richtig verstehe, reden wir hier auch über Emotionen. Deshalb möchte ich Ihnen folgendes vorschlagen:
Sie sind jetzt wütend und fühlen sich ungerecht behandelt. Ein Umstand, den ich – nach dem, was Sie mir gesagt haben – nachvollziehen kann. Was halten Sie davon, wenn Sie die Sache erst einmal überschlafen? Man sieht emotionale Dinge am nächsten Tag meist anders. Wenn wir jetzt Hals über Kopf etwas unternehmen, läßt sich das hinterher nicht mehr rückgängig machen. Das möchte ich Ihnen zu bedenken geben.
Sind Sie morgen nach wie vor der Meinung, wir müßten ein Dreiergespräch führen, können wir die nächsten Schritte ins Auge fassen. Und denken Sie bitte daran: Niemand von uns weiß, wie es ausgehen wird. Wichtig ist doch, daß Sie danach besser miteinander auskommen – und nicht schlechter! Beim ›Leben danach‹ kann ich Ihnen nur wenig helfen. Deshalb mein Vorschlag: Lassen Sie sich das Ganze durch den Kopf gehen, und wir reden morgen noch mal darüber.«

Wenn Frau Klimmt am nächsten Tag mit normalem Adrenalinspiegel aus eigener Einsicht auf das Dreiergespräch verzichtet, dann fragen Sie sie, wie sie beide mit dem gestrigen Gespräch umgehen wollen.
Bittet sie Sie um Vertraulichkeit, ist diese absolut einzuhalten. Sie erinnern sich: Das Korn auf dem Feld ...
Wenn Sie ein Dreiergespräch erfolgreich »abgebogen« haben – aus der Position des Oberbosses hat das nichts mit »sich davor drücken« zu tun –, könnten Sie folgenden Weg einschlagen:
Bei passender Gelegenheit fragen Sie Herrn Czolny, wie es denn so in seiner Abteilung läuft.
Erwähnt er nichts Negatives über Frau Klimmt, lassen Sie

die Finger von diesem Thema. Möglicherweise hat sich die Sache inzwischen wieder eingerenkt.
Würden Sie sich daraufhin zurücklehnen, gedankenverloren mit einem Krümel auf der Tischplatte spielen und mit leicht unterkühlter Stimme sagen:

»Also, so ganz toll scheint es bei Ihnen aber doch nicht zu laufen. Frau Klimmt war hier und hat sich über Sie beschwert«,

kommt bei Herrn Czolny zuerst der Adrenalinstoß mit einem gewissen Erschrecken, dann das flaue Gefühl in der Magengegend. Anschließend entstehen aggressive Gefühle, bei denen vielleicht noch ein paar Rechtfertigungsmechanismen mit reinspielen, und dann kommt die nackte Wut!
Irgendwas in seinem Gehirn signalisiert ihm: »Verrat, Verrat!« Und wenn er etwas nicht leiden kann, dann ist es Verrat. »Na, die soll sich auf was gefaßt machen!« Und je nach Mentalität: Schwerer Säbel oder emotionslos geführtes Florett.
Deshalb: Wenn er von sich aus nichts sagt – sagen Sie auch nichts!
Äußert er sich dagegen unzufrieden über seine Mitarbeiterin, signalisieren Sie Interesse und stellen weite, offene und wertschätzende Fragen. Aber bitte kein inquisitorisch-sezierendes Verhör.
Je mehr Sie in dieser Sache von ihm erfahren, um so eher können Sie dazu beitragen, daß sie wieder ins Lot kommt. Diplomatisches Vorgehen ist jetzt gefragt. Niemand darf das Gesicht verlieren. Nur so werden die »Verrat!-Verrat!-Gefühle« vermieden, die Mitarbeiter schnell, dauerhaft und umfassend blockieren und in ihnen einen tiefsitzenden Groll erzeugen.
Will Frau Klimmt nach 24 Stunden Bedenkzeit immer noch mit blitzenden Augen ein Dreiergespräch, machen Sie einen letzten Versuch, sie durch eigene Einsicht davon abzubringen. Fragen Sie sie, was sie sich davon erwartet. Aber Vorsicht: Es darf nicht der Eindruck entstehen, Sie würden kneifen.
Bleibt sie bei ihrer ursprünglichen Absicht, werden Sie in den

sauren Apfel beißen müssen. Jetzt sind Sie gesprächstechnisch besonders gefordert. Denn ein möglicher Gesichtsverlust bedeutet Probleme. Führen Sie deshalb das Dreiergespräch in der Art und Weise, wie wir es bereits kennengelernt haben (siehe »Soluting«).

Das Ablehnungsgespräch

Kritische Situationen für den Chef – durch die Mitarbeiterbrille betrachtet

Allgemeines Verhalten in Ablehnungssituationen

Mitarbeiter haben Wünsche. Sie kommen zu ihrem Chef, tragen ihm diese vor und hoffen, daß sie erfüllt werden. Manchmal haben sie mehr Glück, manchmal weniger.
Es hat viel mit dem persönlichen Renommee des Vorgesetzten zu tun, wie er in solchen Situationen reagiert. Schon beim Vortrag seines Anliegens macht es für den Mitarbeiter einen beträchtlichen Unterschied, ob sein Chef ihm aktiv zuhört, nonverbale Bestätigungssignale sendet und ihm das Gefühl vermittelt, ihn – und möglicherweise seinen Wunsch – zu respektieren und wertzuschätzen. Oder ob er nonverbal zum Ausdruck bringt: »Was soll der Quatsch?« und meint, sich mit der ach so beliebten Vertröstungsformel »Na, schauen wir mal ...« elegant aus der Affäre ziehen zu können.
Jede vorgetragene Bitte des Mitarbeiters, jeder Wunsch, jedes seiner Anliegen durchläuft beim Vorgesetzten die drei Stufen:

① Anhören und Meinung bilden,
② Entscheidung im Kopf des Vorgesetzten,
③ Stellung nehmen.

Schauen wir uns diese drei Stufen etwas näher an.

① Anhören und Meinung bilden

Der Mitarbeiter kann schon aus der Art und Weise, wie der Chef sein Anliegen anhört und wie er körpersprachlich reagiert, erste Anzeichen für Ablehnung oder Interesse erkennen. Die Art, wie der Vorgesetzte ihm zuhört, ist für ihn ein wichtiger Wertschätzungsindikator.
Zeigt der Vorgesetzte beim Vortrag des Mitarbeiters ein ausdruckslos-steinernes Gesicht, verzichtet er auf jegliche nonverbale Bestätigungssignale und meidet den Blickkontakt, dürfte in der Wahrnehmung seines Mitarbeiters ankommen: »Erfolgswahrscheinlichkeit und Wertschätzungspotential eher dürftig!«
»Zuckt« der Chef beim Anhören des Mitarbeiterwunsches, zeigt er spontan und meist unbewußte Abwehrreaktionen wie Kopfschütteln oder Stirn-in-Falten-Legen, könnte das ein Indiz dafür sein, daß ihm die Weiterverfolgung des Mitarbeiterwunsches selbst Probleme bescheren könnte.
Die mitarbeiterorientierte Reaktion des Chefs sieht anders aus: Unabhängig von dem Anliegen des Mitarbeiters und seiner späteren Entscheidung hört sich der Vorgesetzte den Wunsch aufmerksam an, sendet verbale und nonverbale Bestätigungssignale und gibt ihm so das Gefühl: »Ich bin an dem, was du sagst, interessiert und höre dir aufmerksam zu. Bitte sprich weiter!«

② Entscheidung im Kopf des Vorgesetzten

Nachdem der Mitarbeiter sein Anliegen vorgetragen hat, kann sein Chef zu folgenden Entscheidungen kommen:

Spontane Zustimmung

Die spontane Zustimmung ist für alle Beteiligten sicher die angenehmste Lösung. Der Mitarbeiter freut sich: Was hat er doch für einen tollen Chef. Sein Wunsch wird »ohne Wenn und Aber« erfüllt. Wenn es sich beim Vorgesetzten nicht um ein Verlegenheits-Ja, sondern um echte Zustimmung handelt, dürften beide damit zufrieden sein. Da diese Lösung jedoch nichts mit Ablehnung zu tun hat, soll sie auch hier nicht weiter strapaziert werden.

Verlegenheits-Ja

Für den Mitarbeiter ist ein Verlegenheits-Ja zweifelsohne ein Erfolg, für den Vorgesetzten eher nicht. Unter Führungsgesichtspunkten eine ziemlich bedenkliche Entscheidung, hinter der folgende Überlegung des Chefs stehen kann: »Eigentlich bin ich dagegen! Aber wenn ich seinen Wunsch wieder ablehne, ist er bestimmt beleidigt oder diskutiert wieder endlos mit mir oder macht wieder Dienst nach Vorschrift oder läßt es mich sonstwie spüren. Also – um des lieben Friedens willen – stimme ich halt zu und habe meine Ruhe. Und später kann ich auch noch ein bißchen mit ihm ›kuhhandeln‹.«
Jemand, der so denkt, sollte sich einmal überlegen, wie er und seine Führungsqualitäten von seinen Mitarbeitern wahrgenommen werden.
Auf den Punkt gebracht: Es ist zwar gut für den Mitarbeiter, aber ziemlich bedenklich für den Vorgesetzten, denn der »555er-Effekt« mit seiner Breitenwirkung läßt grüßen! Ein so beglückter Mitarbeiter könnte einem Kollegen den Rat geben: »Wenn du beim Chef etwas erreichen willst, mußt du gut argumentieren, hartnäckig sein und am Ball bleiben. Dann gibt er nach. Ich weiß, wovon ich rede. Ich hab's schon oft erfolgreich praktiziert.«
Deshalb: Vorsicht vor Verlegenheits-Jas!

Mehr Information

Dieses Vorgesetztenverhalten ist sachlich-neutral. Die von dem Mitarbeiter gegebenen Informationen reichen dem Chef für eine Entscheidung noch nicht aus. Er kann sich noch kein klares Bild machen und braucht weitere Informationen.

Zappeln lassen

Zugegeben, diese Variante klingt negativ. Aber es gibt durchaus Situationen, in denen sie angebracht ist. Beispielsweise

bei Mitarbeitern, die statt der gereichten Chefhand gleich den ganzen Chef vereinnahmen wollen, oder bei »Nonstopideenlieferanten«, die gern über das Ziel hinausschießen. Dieser Mitarbeitertypus zeichnet sich oft durch glänzende Ideen, ein hohes Maß an Durchsetzungsvermögen und eine beachtliche Portion Beharrlichkeit aus. Gibt der Chef seinen Wünschen zu leicht und zu schnell nach – oft sind seine Anliegen gut durchdacht und von hoher Qualität –, kann der Mitarbeiter dies als eine indirekte Aufforderung »nach mehr« erleben: Mehr Ideen, mehr Wünsche, mehr Vorschläge und mehr Kosten. Will man dieses Verhalten weiter forcieren, gibt man rasch nach, will man es bremsen, »läßt man zappeln«!
In diesem Fall können einige »sezierende Fragen« weiterhelfen, die dem Mitarbeiter signalisieren, daß die Meßlatte ziemlich hoch liegt.

»Sie meinen, daß das für uns notwendig ist?
Darf ich fragen, weshalb?«
»Was bedeutet das für Sie? Was bedeutet das für uns?«
»Welche Vorteile hätten wir davon?«
»Was würde hinterher besser laufen? Weshalb sind Sie dieser Meinung?«
»Was kostet es – was bringt es?«
»Was versprechen Sie sich davon?«
»Wie würden Sie an meiner Stelle entscheiden? Aus welchen Gründen?«

Nein

In diesem Fall wird der Wunsch des Mitarbeiters abgelehnt. Die Frage ist nur, wie. Mit sprachlichen Schnörkeln und Arabesken – oder klar, deutlich und wertschätzend...?
Sie können Mitarbeiterwünsche auf zwei Arten ablehnen: Sofort – oder in Stufen. Beide Möglichkeiten haben etwas für sich.

③ Stellung nehmen

Die Entscheidung wird sofort getroffen

Nehmen wir an, Herr Bräutigam, ein guter und zuverlässiger Mitarbeiter, möchte ein sicher gutes, aber ziemlich teures Seminar besuchen. Mit beredten Worten erläutert er seinem Chef die Vorteile, die dieser Besuch für ihn und das Unternehmen hätte. Er wirkt sehr überzeugend. Sein Chef ist richtig stolz auf ihn und wußte es schon immer: Bräutigam ist ein Eins-a-Vertriebsmann. Aber sein Entschluß steht fest: Er wird ihn nicht gehen lassen – und ablehnen.

Wenn der Chef mitarbeiterorientiert handelt, könnte sein Verhalten so aussehen:

Er hat, als Herr Bräutigam sein Büro betrat, seine Arbeit unterbrochen, ihm einen Platz am Besprechungstisch angeboten und sich zu ihm über Eck gesetzt. Anschließend hat er den Ausführungen des Mitarbeiters konzentriert zugehört. Er hat Blickkontakt gehalten, ihn nicht unterbrochen und die für den Gesprächspartner wichtigen verbalen und nonverbalen Bestätigungssignale gesendet, weil er weiß, wie wichtig es gerade in schwierigen Mitarbeitergesprächen ist, Wertschätzung zu transportieren.

Dialog	Kommentar
»Wenn ich Sie richtig verstehe, Herr Bräutigam, meinen Sie, daß das Seminar für Ihre weitere Arbeit wichtig ist?«	Er stellt zuerst sicher, daß er das Anliegen des Mitarbeiters richtig verstanden hat.
»Mhm, kann gut sein, die Inhaltsangabe klingt interessant!«	Jetzt tut er etwas, was auf den ersten Blick ungewöhnlich erscheinen mag: Er bestätigt den Mitarbeiter.

Dialog	Kommentar
	Damit scheint er sich selber Steine in den Weg zu legen. Aber nur auf den ersten Blick. Üblicherweise tendiert man nämlich dazu, etwas, das man ablehnen will, eher kleinzumachen. Damit meint man, sich so eine gute Brücke für seine Ablehnung gebaut zu haben. In Wirklichkeit hat man aber nur das Selbstwertgefühl des Mitarbeiters angegriffen. Unser Chef tut das Gegenteil: Er wertet die Sache auf. Er weiß, daß Ablehnung und Selbstwertgefühl zwei Paar Stiefel sind. Damit bringt er zum Ausdruck, daß er die Sichtweise des Mitarbeiters teilt. Das zeugt von Führungsstärke.
»Aber ich fürchte, daß ich Ihren Wunsch ablehnen muß ... ... und zwar aus folgenden Gründen: Sie haben, soweit ich mich erinnern kann, dieses Jahr schon einige Seminare besucht, und	Jetzt leitet er die Ablehnung freundlich, aber unmißverständlich ein – und zwar in Ich-Form. Auch das zeugt von Führungsstärke. Er begründet seine Ablehnung. Vor allem Entscheidungen mit ablehnendem Charakter sollten begründet werden, da dies dem Betroffenen Wertschätzung vermittelt. Ansonsten schimmert die autoritäre Minus-Motivation heftig durch.

Dialog	Kommentar
Sie wissen ja, daß wir aus Kostengründen gezwungen sind, Einsparungen vorzunehmen. Davon ist unser Weiterbildungsetat leider nicht verschont geblieben.	Sie sollten maximal drei Gründe für die Ablehnung nennen. Wenn es mit weniger geht – um so besser. Bei mehr als drei Gründen könnte bei dem Mitarbeiter der Eindruck entstehen: »Besonders stichhaltig ist ja keiner. Er glaubt, die Masse macht's.«
Und dann würden Sie mir schlicht und einfach zwei Tage fehlen. In der jetzigen Situation kann ich auf Sie unmöglich verzichten.«	Und das stärkste Argument an den Schluß!
»Tut mir leid, daß ich Ihnen in diesem Fall keinen günstigeren Bescheid geben kann. Bitte haben Sie dafür Verständnis.«	Hier kommt der »schließende Satz«. Er verhindert das, was man in Bayern »nachtarocken« nennt. (Zumindest soll er das ...)

Der Vorgesetzte könnte sich das Leben auch einfacher machen, auf die Ablehnung in Ichform verzichten und sich hinter »denen da oben« verschanzen. Es soll Chefs geben, die das tun. Und zwar nach dem Motto:

»Ich würde ja gern, aber Sie wissen, ›die da oben‹ ...«

Wenn Ihnen Ihre Führungsaufgabe wichtig ist und Sie in der Wahrnehmung Ihrer Mitarbeiter ein überzeugender Vorgesetzter sein wollen, verzichten Sie auf solch durchsichtige Manöver. Sie sind kein Zeichen von Führungsstärke. Eher vom Gegenteil! Mitarbeiter spüren das.

Wollen Sie Ihrem Mitarbeiter bei der Absage einen Hoffnungsschimmer mit auf den Weg geben, tun Sie das. Aber seien Sie bei Ihrer Wortwahl höllisch vorsichtig. Sonst kann die selektive Wahrnehmung des Mitarbeiters Ihren vagen Hoffnungsschimmer in eine beinharte Zusage umformulieren.
Würde der Chef abschließend sagen:

»Vielleicht klappt es so in zwei, drei Monaten ...«,

kann – je nach selektiver Wahrnehmung – beim Mitarbeiter ankommen:

»Spätestens in einem Vierteljahr kannst du gehen!«

Und das ist vom Mitarbeiter weder arglistig noch böswillig gemeint.
Wollen Sie keine interpretierbaren Hoffnungsschimmer erzeugen – das sind solche, die Sie hinterher in handfeste Probleme stürzen können –, dann sorgen Sie dafür, daß die selektive Wahrnehmung Ihres Mitarbeiters *definitiv* ausgeschaltet wird. Beispielsweise so:

»Ich schlage vor, wir schauen uns die Sache im dritten Quartal noch einmal an. Bitte sprechen Sie mich dann wieder an. Aber um mögliche Mißverständnisse auszuschalten: Dies ist keine Zusage für einen Seminarbesuch!«

Wenn in solchen Fällen diese oder ähnliche Formulierungen zu Ihrem Standardrepertoire gehören, kommen Sie nie in die Verlegenheit, daß ein Mitarbeiter behauptet:

»Aber das haben Sie mir damals versprochen ...«

und Sie heftig und unsicher überlegen: »Ist das nun ein Manipulationsversuch, oder sind das bei mir erste Anzeichen von Verkalkung?« Wenn Sie zum letzteren tendieren, neigen Sie wahrscheinlich eher zum Nachgeben.

Die Entscheidung wird vertagt

Bei der zweiten Variante der Ablehnung lassen Sie Zeit ins Land gehen. Das kann aus den unterschiedlichsten Gründen

Sinn machen. In solchen Fällen kann es sinnvoll sein, den Mitarbeiter auf die sich abzeichnende Ablehnung durch eine sogenannte »Tendenzmeldung« vorzubereiten.
Dadurch kann er sich gedanklich mit einer möglichen Ablehnung vertraut machen und weitere Personen, die von dieser Entscheidung betroffen sein könnten, wie Kollegen oder Familienmitglieder, entsprechend »einstimmen«.
Ein Beispiel: Frau Overbeck hat ihren Chef um einen Termin gebeten und ihn darüber informiert, daß sie im Dezember zwei Wochen in Urlaub gehen möchte. Auch hier kommuniziert der Vorgesetzte, wie im ersten Beispiel, mit den bekannten Attributen persönlicher Wertschätzung.

Dialog	Kommentar
»Wenn ich Sie richtig verstehe, Frau Overbeck, dann möchten Sie im Dezember außerplanmäßig zwei Wochen in Urlaub gehen?«	Der Chef stellt mit »aktivem Zuhören auf der Kopfebene« sicher, daß beide vom gleichen reden.
»Ohne indiskret sein zu wollen: Was sind denn die Gründe für Ihren Wunsch?«	Eine wichtige und richtige Frage. Denn es macht einen Unterschied, ob die Mitarbeiterin in Schwierigkeiten steckt oder ob sie sich den winterlich-kalten Temperaturen durch eine Flucht auf die Seychellen entziehen will.
»Mhm, ich kann Ihre Situation gut verstehen. Aber das ist ein dickes Problem für mich!«	Er signalisiert, daß er von ihrem Wunsch »nicht gerade begeistert« ist. Dies ist eine erste sanfte Vorbereitung für die kommende Ablehnung.

Dialog	Kommentar
»Wie Sie wissen, ist gerade der Dezember unser heißester Monat, und im Jahresendgeschäft können wir eigentlich niemanden entbehren.«	Er begründet, warum es für ihn ein »dickes Problem« ist. Dieses »Eigentlich« – ein übrigens verräterisches Wort – verwendet er nur deshalb, um dem Satz die Schärfe zu nehmen. Ohne dieses »Kissenwort« wäre es eine knallharte Ablehnung, die er offensichtlich nicht so »rüberbringen« will. Generell sollte man mit Gebrauch des Wortes »Eigentlich« vorsichtig sein. Es hat die Eigenschaft, die selektive Wahrnehmung in die vom Mitarbeiter gewünschte Richtung zu aktivieren.
»Müssen es denn zwei Wochen sein, Frau Overbeck?«	Hier wird ausgelotet, ob ein Kompromiß möglich ist. Auch das ist ein Zeichen von Wertschätzung.
»Mhm, das verstehe ich.«	Der Chef signalisiert Verständnis, was in der Wahrnehmung seiner Mitarbeiterin ebenfalls als Wertschätzung erlebt wird.
»Gut, dann mache ich Ihnen folgenden Vorschlag: Ich kann über Ihren Wunsch im Moment nicht entscheiden. Ich werde aber mit Herrn Lippert sprechen, und wir werden uns überlegen, was wir in Ihrer Sache machen können.	Er vertagt die Entscheidung, um mit Herrn Lippert – wer immer Herr Lippert ist – zu sprechen.

Dialog	Kommentar
Sprechen Sie mich bitte morgen nach der Mittagspause noch mal an, dann, denke ich, sehen wir klarer.«	Er bittet sie, wieder auf ihn zuzukommen – und zwar zu einem ziemlich exakt genannten Zeitpunkt. Das ist für Frau Overbeck wertschätzend und fair. Er könnte statt dessen nämlich auch sagen: »Wenn ich etwas Neues weiß, komme ich auf Sie zu.« Damit würde der Chef seine Mitarbeiterin auf heiße Kohlen setzen und so leise vor sich hinschmurgeln lassen. »Entschuldigung, darf ich fragen, wann es in etwa sein wird?« »Ich sagte doch bereits: Wenn ich etwas Neues weiß . . .« So eine Aussage hat ein Wertschätzungspotential von minus zehn. Es gibt nur wenig Mitarbeiter, die gerne im eigenen Saft schmurgeln.
»Aber große Hoffnungen kann ich Ihnen nicht machen – eher nein als ja.«	Dies ist der entscheidende Satz. Damit kann sie zu Hause Hubert die Tendenz signalisieren, daß es mit dem Weihnachtsurlaub eher trübe aussieht. Manche Mitarbeiter schlucken Unangenehmes eben leichter in kleinen Portionen als die ganze Kröte auf einmal.

Mögliche »übergeordnete« Ablehnungsgründe

Wollen oder müssen Sie ein Mitarbeiteranliegen ablehnen, brauchen Sie Gründe. Ein »Nein« ohne Begründung erinnert stark an den Absolutismus und die Feudalherrschaft des 17.

und 18. Jahrhunderts. An der Schwelle zum 3. Jahrtausend scheint eine solche Ablehnung etwas anachronistisch.
Es könnte für Sie hilfreich sein, sich einen auf Ihr Unternehmen zugeschnittenen individuellen Katalog von Ablehnungsgründen zu erstellen, auf den Sie bei Bedarf zurückgreifen können.
Einige »übergeordnete« Gründe werden hier beigesteuert:

Die aktuelle Kostensituation

Ein argumentatorisch zeitloser Dauerbrenner.

Verstoß gegen Regularien

Würde man den Mitarbeiterwunsch erfüllen, würde man gegen bestimmte Regeln, Anweisungen oder Vereinbarungen verstoßen.

»Und das möchte ich nicht, Herr Brombeck. Sie kennen ja sicher den Satz: ›Die meisten Ausnahmen schaffen die meisten Probleme.‹«

Bevorzugung – Benachteiligung

»Gut, Herr Kienhorst, ich verstehe Ihr Anliegen. Angenommen, einer Ihrer Kollegen würde mich um diese Bevorzugung bitten, die Sie mir gerade vorgeschlagen haben. Und ich würde sie ihm gewähren. Und nur ihm. Wie würden Sie das sehen?«
»Also, wenn nur er sie kriegt, dann wäre das wohl nicht gerecht.«
»Sehen Sie. Das ist genau der Grund, warum ich Ihren Wunsch ablehnen muß. Denn Bevorzugungen schaffen nun mal Benachteiligungen.
Und Sie wissen ja als Vorgesetzter selbst: Ungerechte Behandlung macht schnell böses Blut.«

Mit der derzeitigen Arbeitssituation nicht vereinbar

Kann die derzeitige Arbeitssituation Grund für eine Ablehnung sein? Zuviel oder zuwenig Arbeit? Überstunden oder

Unterauslastung? Hoher Krankenstand oder Kurzarbeit? »Saisonloch« oder ...

Neue Situation eingetreten

Sie haben dem Mitarbeiter etwas zugesagt. Aber mittlerweile ist eine (grundlegend?) andere Situation eingetreten, die entweder eine generelle Überprüfung notwendig macht oder Ihre Zusage hinfällig werden läßt. Beispielsweise: Neuer Eigentümer, anderen Prioritäten »von oben«, Vorgesetzter hat gewechselt, wichtiger Kunde ist abgesprungen usw.

Schaffen von Präzedenzfällen

»Grundsätzlich kann ich mir so etwas vorstellen, Frau Benedikt. Aber das Problem ist dabei, daß wir damit etwas ›präjudizieren‹ würden, was weitreichende Folgen haben kann. Entscheidungen von solcher Tragweite müssen nach allen Seiten hin gut durchdacht sein. Aus diesen Gründen muß ich Ihren Wunsch leider ablehnen, da es sich hier um eine Grundsatzentscheidung handeln würde. Sollte es in dieser Sache etwas Neues geben, komme ich auf Sie zu. Einverstanden?«

Budget ausgeschöpft

Vorsicht! Wenn Sie nur mit der Finanzebbe dieses Jahres argumentieren, kann es sein, daß dieser Mitarbeitertypus am 2. Januar wieder bei Ihnen auf der Matte steht.

Der Umgang mit dem zeitlosen Thema Gehaltserhöhung

Sie kennen die Situation: Ihr Mitarbeiter trägt Ihnen seinen Gehaltserhöhungswunsch vor. Je nach Mentalität tut er das selbstbewußt und fordernd oder schüchtern, zurückhaltend und verlegen. Aber das Faktum ist immer dasselbe: »Mehr Geld!«

Man weiß, man wird ablehnen. Aber wie? Und nach Möglichkeit soll der Mitarbeiter aus diesem Gespräch auch noch motiviert und mit einem guten Gefühl rausgehen. Die Quadratur des (Mitarbeiter-)Kreises ...?
In diesem Gespräch ist es für den Mitarbeiter besonders wichtig, Wertschätzung zu erfahren. Und hier sind Mißverständnisse möglich, die die Beziehung zwischen Chef und Mitarbeiter nachhaltig trüben können. Die Wurzel dieses Problems ist eine psychologische.
Schauen wir uns einmal die Situation des Vorgesetzten etwas näher an:
Der Vorgesetzte weiß, daß ein Gehaltserhöhungswunsch auf ihn zukommt – und er weiß auch, daß er ablehnen wird (oder muß). Er sucht nach Gründen für die Ablehnung und kommt zu dem Schluß:

> *»Ich muß ihr zu verstehen geben, daß ich mit ihrem Wunsch nicht einverstanden bin, daß er aus meiner Sicht nicht gerechtfertigt ist und daß ich damit ein Problem habe. Vielleicht sieht sie dann von selbst ein, daß sie auf dem falschen Dampfer ist.«*

Er entscheidet sich für folgendes Verhalten:

> *»Etwas abweisend, etwas distanziert, die Leistungen nicht aufwerten, ihr den Wunsch dadurch schwerer machen und sich so verhalten, daß sie selbst zu dem Ergebnis kommt.«*

Wenn der Vorgesetzte der Meinung ist:

> *»Also, das ist ja nun wirklich überzogen. Sie hat doch erst im letzten Herbst ... und jetzt schon wieder. Also, so geht es nicht. Nicht mit mir. Das muß ich ihr mal deutlich sagen!«*,

sind Emotionen im Spiel, und die machen bekanntlich die Sache ja nicht leichter.
Also steht er dem Wunsch kritisch gegenüber – und bringt das auch zum Ausdruck. Die nonverbale, körpersprachliche Kommunikation spielt hierbei eine herausragende Rolle, denn hier läßt der Chef erkennen, wie er denkt.

Diese Art, Ablehnung zum Ausdruck zu bringen, ist ebenso menschlich wie gefährlich. Gefährlich deshalb, weil die Mitarbeiterin die Botschaft sehr leicht »in den falschen Hals« bekommen kann.

Durch die »Wahrnehmungsbrille« der Mitarbeiterin betrachtet, sieht die Situation ziemlich anders aus:

Gehen wir davon aus, daß es ihr nicht leichtfällt, um eine Gehaltserhöhung zu bitten. Den meisten Menschen fällt es schwer, um etwas zu bitten.

Aber die Mitarbeiterin hat auf ihrer inneren Waage die aus ihrer Sicht erbrachten Leistungen mit ihrer Bezahlung abgewogen und ein Defizit festgestellt – ein Defizit zu ihren Gunsten. Das heißt nicht, daß sie sofort losstürmt und ihren Chef massiv mit einer Gehaltsforderung konfrontiert. Erst wägt sie die Sache gründlich ab und kommt dann zu dem Ergebnis: »Doch, in der Summe ist eine Erhöhung gerechtfertigt.« Ganz sicher ist sie sich zwar nicht, ringt sich aber durch, ihre Bitte vorzutragen. Mit diesem labilen inneren Gleichgewicht geht sie in das Gespräch.

Und jetzt kommt die entscheidende Weichenstellung: Meint sie, bei ihrem Vorgesetzten auch nur die geringsten Zweifel an ihrer Leistung zu spüren (und um Ihnen die weitreichende Bedeutung dieses Satzes klar vor Augen zu führen, wollen wir das Wichtigste wiederholen: *»Meint sie ...«*), fühlt sie sich in ihrem Selbstwertgefühl angegriffen. Das Problem wird aus ihrer Sicht auf eine Ebene verlagert, auf der es weh tut. Und je nach Mentalität kommt Aggression zum Vorschein – oder resignativer Rückzug. Mit angeknackstem Selbstwertgefühl kann bei ihr die Botschaft ankommen:

> *»Er hat nie (oder kaum) mit mir über meine Leistungen geredet, und jetzt, wo ich um eine Gehaltserhöhung bitte, macht er sie schlecht. Pfui Deibel!«*

Mitarbeiter, die eine Gehaltserhöhung möchten, sind in einem psychologisch labilen Gleichgewicht und wollen Wertschätzung erfahren. Dies kann für den einzelnen sogar wichtiger sein als das Geld. Spürt er im Gespräch echte

Wertschätzung, kann er eine Ablehnung leichter verkraften.
Hat der Mitarbeiter das Gefühl, daß an seiner Leistung nur »herumgemäkelt« wird, um seine Bitte besser ablehnen zu können, wird er ernstlich »sauer«.

Gründe, warum Ihr Mitarbeiter mehr Geld will

Er fühlt sich unterbezahlt

Führt ein Mitarbeiter dies als Grund an, versuchen Sie, mehr von ihm zu erfahren. Stellen Sie Fragen wie:

»Wie meinen Sie das?«
»Bitte erklären Sie mir das etwas näher.«
»Was hat Sie zu dieser Meinung gebracht?«
»Wie kommen Sie darauf?«
»Was meinen Sie damit?«

Durch weite, öffnende Fragen erfahren Sie etwas über seine Sichtweise. Lassen Sie ihn erzählen, und hören Sie zu. Fallen Sie ihm nicht ins Wort, auch wenn Ihnen der Sinn heftig nach »Klarstellung« steht. Denken Sie daran: Ihr Mitarbeiter will kein Streitgespräch, sondern eine Gehaltserhöhung.

Er fühlt sich unterbezahlt – im Verhältnis zu einem Kollegen

Achtung: Hier lauern Gesprächsfallen. Begründet Ihr Mitarbeiter seinen Wunsch nach Gehaltserhöhung damit, daß sein Kollege Behringer »ja auch 480 Mark mehr verdient, aber bei weitem nicht soviel tut wie man selbst« – ein klassischer Fall von selektiver Wahrnehmung –, dann ist höchste Vorsicht geboten. Wenn Sie diesen Fehdehandschuh aufnehmen, kann das argumentatorische Eis für Sie ziemlich dünn werden. Eine richtige Reaktion auf dieses »unsittliche« Anliegen könnte so aussehen.
Man beginnt in einem freundlichen Ton:

»Herr Koldenberg, ich bin gerne bereit, mit Ihnen über Ihr Einkommen zu sprechen ...«

Dann schaltet man auf einen kühlen, sachlich distanzierten Ton um:

»Aber ich bin nicht bereit, mit Ihnen über die Gehälter Dritter zu reden. Ich bitte Sie, das zu respektieren!«

Wenn Sie in die aufgestellte Falle tappen und sagen: »Das sehen Sie falsch, Herr Koldenberg. Herr Behringer hat ja auch ...«, dann reden Sie über einen Dritten. Schlimmer noch: Über dessen Gehalt. Und das prägt sich in der Wahrnehmung von Herrn Koldenberg besonders stark ein. Wir dürfen gespannt sein, was er seinen Kollegen anschließend über das Gespräch mit Ihnen erzählen wird.

Besonderer Umstand

Ihr Mitarbeiter sieht Sie mit traurigen Augen an, weil ihm seit kurzem klargeworden ist, daß die »DINK-Days«, die luxuriöse Situation des »Double income – no kids«, zu Ende gehen. Mit anderen Worten: Seine Frau erwartet ein Baby. Der bisher hohe Lebensstandard muß heruntergeschraubt werden, er braucht mehr Geld und hofft auf eine Zulage. Ihre Aufgabe ist es, ihm klarzumachen, daß Gehaltserhöhungen etwas mit Leistung zu tun haben. Mit betrieblicher Leistung. Schön für ihn, daß er Vater wird – aber kein Grund für eine Gehaltserhöhung.
Vielleicht können Sie ihm mit einem günstigen Firmendarlehen unter die Arme greifen. Aber Sie sind gut beraten, wenn Sie »besondere persönliche Umstände« und Gehaltserhöhung grundsätzlich entkoppeln.

Er will verdeckt Feedback zu seiner Leistung

Das kann für Mitarbeiter zutreffen, die in einem »Zuwendungsloch« stecken. Sie wissen nicht, wie sie von ihrem Vorgesetzten gesehen werden und ob er mit ihren Leistungen zufrieden ist.
So etwas kann auftreten, wenn es nach Ablauf der Probezeit versäumt wurde, mit dem Mitarbeiter ein sogenanntes »Probezeitgespräch« zu führen. Bekommt er kein Feedback, kann

ihn das zuerst unsicher machen, dann frech. Seine selektive Wahrnehmung signalisiert ihm:

> *»Man scheint mit mir zufrieden zu sein. Sonst hätte wohl irgend jemand mal was zu mir gesagt...«*

Und deshalb holt er sich seine Zuwendung auf seine Weise – in Form eines Gehaltserhöhungswunsches.
Wenn Sie dieses Ansinnen zu einem umfassenden und motivierenden Mitarbeitergespräch nutzen, muß am Ende des Gesprächs nicht notwendigerweise eine Gehaltserhöhung stehen. Aber es sollte sich für den Mitarbeiter so etwas wie eine finanzielle Perspektive abzeichnen.

Der Mitarbeiter ist unzufrieden

Etwas in seinem Arbeitsbereich gefällt ihm nicht. Er fühlt sich über- oder unterfordert, immer mehr wird auf seine Schultern gepackt – oder er wird in seiner Wahrnehmung immer mehr in seinen Kompetenzen beschnitten. Oder die längst fällige Anerkennung bleibt aus. Jetzt äußert er seinen Unmut in Form eines Gehaltserhöhungswunsches.
Dies kann ein Signal dafür sein, daß

- er mit seinem Chef mal über seine Arbeitssituation und seinen Frust reden will,
- die verschlechterten Arbeitsbedingungen finanziell »etwas« ausgeglichen werden sollen,
- er ein momentanes »Zuwendungsdefizit« hat,
- zu Hause der Haussegen wegen knapper gewordenem Geld schiefhängt.

Fragen Sie ihn nach dem Grund seiner Unzufriedenheit. Hören Sie zu, und senden Sie nonverbale Bestätigungssignale. Bemühen Sie sich, soweit möglich, um Abhilfe. Ob eine Gehaltserhöhung das Problem löst, steht auf einem ganz anderen Blatt.

Der Mitarbeiter »winkt« – offen oder verdeckt – mit einem anderen Angebot

Dies ist eine psychologisch interessante und herausfordernde Situation. Angenommen, einer Ihrer Mitarbeiter kommt zu Ihnen und erzählt so nebenbei:

»Chef, die Firma xy ist auf mich zugekommen und hat mir ein Angebot gemacht, das für mich sehr interessant ist, und ich würde da 800 Mark über meinem jetzigen Gehalt liegen ...«

Jetzt sind Sie gefordert. Spontan. Ohne die geringste Bedenkzeit! Jetzt werden Weichen gestellt. Wenn Sie jetzt blaß werden, die Augen verdrehen und waidwund getroffen aufstöhnen, wird das Halten des Mitarbeiters sehr teuer. In seiner Wahrnehmung ist dies ein deutlicher Hinweis dafür, daß er bisher unter Verkehrswert gearbeitet hat und auch bei Ihnen 800 Mark mehr verlangen könnte. Mindestens.

Diese Reaktion scheint nicht so gut zu sein – oder deutlicher: Völlig falsch! Wie reagiert man nun richtig? Um das herauszufinden, müssen wir uns die Sache mal aus der Sicht des Mitarbeiters ansehen.

Nehmen wir an, daß ihm wirklich ein konkretes Angebot mit 800 Mark mehr im Monat vorliegt. Und nehmen wir weiter an, er habe Ihnen gegenüber diese nicht sonderlich glückliche Äußerung getan.

Aus Sicht Ihres Mitarbeiters ist folgendes passiert: Er hat sich am Markt umgetan und sich anderweitig beworben. Jemand hat Interesse gezeigt, und er wird gegenwärtig umworben. Ein angenehmer Zustand. Der Werbende sendet die Botschaft:

»Du bist mir lieb und teuer, und ich begehre dich ...!«

Zugegeben, etwas pathetisch, aber es trifft den Kern. Werbende haben die Eigenschaft, ihre Schokoladenseite besonders zur Geltung zu bringen. Sie buhlen. Für das Selbstwertgefühl des Mitarbeiters ist das eine wahre Ego-Dusche. Man setzt ihm die rosarote Brille auf und aktiviert nachhaltig seine selektive Wahrnehmung so, daß bei ihm das Gefühl entsteht:

»Endlich mal jemand, der meinen wahren Wert erkennt.«

Das läßt ihn die neue Firma in einem zart pastellfarbenen Licht sehen, bei der ja fast alles besser zu sein scheint. Seine selektive Wahrnehmungsbrille ist jetzt voll aktiviert. Daß er seinen gegenwärtigen Brötchengeber in einem eher grauschwärzlichen Kontrast sieht, wird kaum verwundern.
Unser Mitarbeiter lebt momentan auf einer rosaroten Wolke der Euphorie. Das ist wie Verliebtsein: ein meist kurzzeitiger wunderschöner Schwebezustand, der den rationalen Wahrnehmungshorizont durch die beflügelnden Emotionen stark einschränkt.
Und das ist unser Ansatzpunkt: Wir müssen ihn von seiner euphorischen Wolke runterholen und mit beiden Beinen wieder auf den Boden der Realität stellen. Euphorie ist nie von Dauer! Säen wir die Saat des Zweifels. Führen wir ihm vor Augen, daß dort »auch nur mit Wasser gekocht wird«, es auch dort einen eintönigen Arbeitsalltag mit langweiliger Tagesroutine geben wird und dort auch – über kurz oder lang – stressige Probleme auftreten werden.
Hier ein Auszug aus dem Gespräch, das der Chef mit seinem Mitarbeiter, Herrn Dollberger, führt:

Dialog	Kommentar
»800 Mark mehr … Das ist, denke ich, kein Pappenstiel.«	Damit signalisiert er, daß er die Botschaft verstanden hat und die Sache auch aus dem Blickwinkel des Mitarbeiters betrachtet. Würde er den Betrag bagatellisieren, könnte er unglaubhaft werden. Auch läßt er keinerlei Zweifel an den Worten des Mitarbeiters erkennen.

Dialog	Kommentar
»Da stehen Sie ja vor einer schwierigen Entscheidung.«	Das hilft, Euphorie abzubauen! Aber Vorsicht: Zu starker Abbau kann ihn in die Arme des anderen treiben!
»Ich schätze Sie als guten und engagierten Mitarbeiter, Her Dollberger, und mir täte es sehr leid, wenn Sie das Unternehmen verlassen würden. Ich arbeite gerne mit Ihnen zusammen. Ich fände es schade, wenn Sie all das aufgeben, was Sie sich im Laufe der Zeit hier geschaffen haben. Und ich denke, daß die meisten Ihrer Mitarbeiter diesen Schritt bedauern würden.«	Starker Transport von Wertschätzung, der dem Mitarbeiter vor Augen führen soll, daß Geld sicher wichtig, aber längst nicht alles ist. Moralischer Appell 1: Denk dran, was du dir hier alles aufgebaut hast und wie wohl du dich fühlst. Und das alles willst du aufgeben, wegen 800 Mark brutto. Und netto ... Moralischer Appell 2: Denk an deine Mitarbeiter
»Ich würde Ihre Entscheidung zu gehen, respektieren ...	Damit holt er den Mitarbeiter auf den Boden der Tatsachen zurück. Er gibt Herrn Dollberger zu verstehen, daß er nicht unersetzlich sei und daß man ihn, wenn er das will, gehen lassen würde.

Dialog	Kommentar
... würde mich aber freuen, wenn Sie bleiben. Aber die Entscheidung liegt natürlich bei Ihnen ...«	Aber mit diesem wichtigen »Brückenbau« gibt er Herrn Dollberger indirekt zu verstehen, daß es keinen Beziehungsknacks geben würde, wenn er bleibt. Der Mitarbeiter muß daher nicht befürchten, künftig die Presse eines »unsicheren« Kantonisten im Unternehmen zu haben.
»...«	Wichtig: Der Vorgesetzte läßt in diesem Gespräch keinerlei Bereitschaft erkennen, die finanzielle Frage zu erörtern. Er wird das Gespräch beim Mitarbeiter sich erst mal »setzen lassen«. Gibt der Mitarbeiter später zu erkennen, daß er doch bleiben würde, kann dieses Thema immer noch angeschnitten werden. Das hat in der Wahrnehmung des Mitarbeiters einen anderen Stellenwert, als wenn der Vorgesetzte sofort – sozusagen unter Schock – seine Bereitschaft zu finanziellen Zugeständnissen erkennen lassen würde.

Wie Sie Gehaltserhöhungen »gesichtsverträglich« ablehnen

Jedes Unternehmen sollte über ein – wie auch immer geartetes – jährliches Gehaltsüberprüfungssystem verfügen. Existiert ein solches System nicht und bleibt es der Eigeninitiative und dem individuellen Verhandlungsgeschick des einzelnen überlassen, ob er sich rührt und um eine Gehaltserhöhung bittet, kann dies vom Mitarbeiter als eine etwas freundlichere Variante von »Betteln« erlebt werden.

Ziemlich schnell kann dann der Punkt erreicht werden, an dem der Mitarbeiter leise und mit zusammengebissenen Zähnen vor sich hin murmelt: »Jetzt reicht's!« Und mit verbissenem Ernst studiert er die Stellenanzeigen vom letzten Wochenende.

Systeme machen diese delikate Frage regelbar. Erhöhungen werden individuell festgelegt, und auch Nullrunden sind möglich. Aber für den Mitarbeiter ist es beruhigend zu wissen, daß sich jemand um die für ihn lebenswichtige Gehaltsfrage kümmert. Das ist in Teilen natürlich auch Aufgabe der Gewerkschaft.

Um Gehaltserhöhungen »gesichtsverträglich« abzulehnen, sollten Sie

- aktiv zuhören,
- bestätigende Signale senden,
- Wertschätzung transportieren und
- den Wunsch ablehnen, nicht den Mitarbeiter!

Dialog	Kommentar
»Ich darf noch einmal kurz zusammenfassen, Frau Kirchlechner, was bei mir ›angekommen‹ ist.	Dieser Vorgesetzte tut aus Mitarbeitersicht etwas Entscheidendes: Er blockt Frau Kirchlechners Wünsche weder verbal noch nonverbal ab, sondern signalisiert Bereitschaft, sich den Sachverhalt aus ihrem Blickwinkel anzuschauen.
Wenn ich Sie richtig verstanden habe, fühlen Sie sich in Ihrer jetzigen Tätigkeit nicht mehr angemessen bezahlt – und zwar aus folgenden Gründen:	

Dialog	Kommentar
Es sind bei Ihnen neue Aufgaben dazugekommen, die, wie Sie richtig sagen, nicht in Ihrer Stellenbeschreibung enthalten sind. Zusätzlich müssen Sie häufiger in der Auftragsabwicklung einspringen, weil Frau Konrads schon seit mehreren Wochen krank ist. Und Ihre letzte außertarifliche Gehaltserhöhung liegt schon fast drei Jahre zurück.	Der Vorgesetzte reflektiert die Wahrnehmung seiner Mitarbeiterin. Durch die manipulationsfreie Zusammenfassung der Argumente vermittelt er ihr das Gefühl, ihr Anliegen ernst zu nehmen. Durch das aktive Zuhören transportiert er Wertschätzung. Gleichzeitig stellt er sicher, daß beide vom gleichen reden.
Habe ich das so richtig verstanden, Frau Kirchlechner?«	Klassisches »aktives Zuhören«, das mit einer geschlossenen Frage endet.
»Das, denke ich, sind schon gewichtige Argumente, und ich kann Ihr Anliegen gut verstehen.«	Damit signalisiert er Verständnis für ihren Standpunkt und zwingt sie nicht in eine Verteidigungsposition. Sie spürt Wertschätzung, die sie eine mögliche Ablehnung leichter verkraften läßt. Wenn sie bereits während ihres Vortrags heftige nonverbale Ablehnungssignale empfangen würde, wäre es bedeutend schwieriger.

Die Ablehnungsgründe sollten Sie folgendermaßen formulieren. Und bitte in der Ich-Form:

»Ich fürchte, daß ich Ihren Wunsch zum gegenwärtigen Zeitpunkt aus folgenden Gründen ablehnen muß...«
»Leider kann ich Ihren Wunsch in der momentanen Situation nicht erfüllen, weil...«
»Ich bedauere, daß ich gezwungen bin, Ihren Wunsch aus folgenden Gründen abzulehnen:...«
»Ich würde Ihnen Ihren Wunsch gerne erfüllen, doch leider...«
»Leider läßt es sich in der nächsten Zeit nicht machen, da...«
»Ich bin nicht dafür und möchte Ihnen das begründen:...«

Mögliche Ablehnungsgründe

Ist aus Systemgründen während des Jahres nicht möglich

Es existiert ein festes System, das außerplanmäßige Erhöhungen nicht zuläßt. Gehaltserhöhungen gibt es beispielsweise nur im Januar. Wenn es realistisch ist, kann man andeuten, daß man den Gehaltswunsch wohlwollend prüft und bei der nächsten Gehaltsrunde entsprechend vertreten wird. Eventuell sollte man hier schon nach den Vorstellungen des Mitarbeiters fragen.

Präjudizierende Wirkung

Eine bewilligte Gehaltserhöhung hätte für das Unternehmen Signalcharakter und könnte nicht absehbare Auswirkungen haben.
Bei dieser Art von Wünschen handelt es sich um etwas Grundsätzliches, das nicht »übers Knie gebrochen werden kann«. Ob Staplerfahrer zukünftig in E6 anstatt wie bisher in E5 eingruppiert werden sollen, ist eine Grundsatzfrage, die unmöglich als Einzelfall entschieden werden kann.

Begründung der Ablehnung in der Aufgabe

Die Tätigkeit ist so eingruppiert und gibt nicht mehr her. Wäre der Mitarbeiter denn bereit, sich weiterzuqualifizieren und auch anspruchsvollere Aufgaben zu übernehmen? Wenn ja, sollten Sie mit ihm darüber reden. Nach dem Motto: »Wenn ... dann ...«

Begründung der Ablehnung in der vom Mitarbeiter erbrachten Leistung

Wenn ein Mitarbeiter zu Ihnen kommt und seinen Wunsch vorträgt, und Sie lehnen ihn mit dem Hinweis auf »unzureichende Leistung« ab, kann der Schuß nach hinten losgehen. Denn in der Wahrnehmung des Mitarbeiters hätten Sie ja nichts gesagt, wenn er Sie nicht angesprochen hätte. Das empfindet er als hinterhältig. Aus seiner Sicht handelt es sich hier um ein unzulässiges »Koppelungsgeschäft«, über das er mit Groll und Vehemenz seinen Kollegen berichten wird.

Begründung mit der gegenwärtigen wirtschaftlichen Situation

Wir haben Verständnis für das Anliegen des Mitarbeiters und teilen seine Ansicht. Aber wir sind aus wirtschaftlichen und finanziellen Gründen gegenwärtig nicht in der Lage, seinem Wunsch zu entsprechen.

Wenn möglich, sollten wir ihm in diesem Fall allerdings eine positive Perspektive mit auf den Weg geben. Sagen Sie ihm, daß Sie sich in drei Monaten sein Anliegen nochmals gemeinsam ansehen werden. (Aber bitte formulieren Sie es so, daß er es nicht als eine Zusage für eine Gehaltserhöhung in drei Monaten versteht! Sie wissen schon, die selektive Wahrnehmung ...)

Auf diese Weise fühlt sich der Mitarbeiter verstanden und geht getröstet, wenn auch nicht zufrieden von dannen.

Bei einer harschen Ablehnung fühlt er sich dagegen unverstanden, spürt so etwas wie Ohnmacht gegenüber »denen da oben« und trägt zu der eh schlechten Stimmung im Unternehmen noch das Seine bei.

Begründung in seiner Gehaltsentwicklung

Wenn der Mitarbeiter bisher eine überdurchschnittliche Gehaltsentwicklung durchlaufen hat oder in zeitlich kürzeren Intervallen als der Durchschnitt bedacht wurde, dann informieren Sie ihn anhand eines entsprechenden Schaubildes. Klären Sie ihn über seine persönliche Situation auf, und sagen Sie ihm auch, daß »die Bäume nicht in den Himmel wachsen«. Überproportionale Entwicklungen schaffen überproportionales Anspruchsdenken.

Wenn Sie das Ansinnen des Mitarbeiters unvorbereitet trifft

Sie entscheiden alleine

Sagen Sie dem Mitarbeiter, daß Sie seinen Wunsch zur Kenntnis nehmen. (»Zur Kenntnis nehmen« ist immer wertfrei!) Sagen Sie ihm auch, daß Sie gegenwärtig nicht in der Lage seien, Stellung zu beziehen. Weil Sie die Unterlagen nicht greifbar haben, weil Sie mit seiner Gehaltsentwicklung nicht vertraut sind, weil der Zeitpunkt für Sie ungünstig ist, weil Sie ...
Schieben Sie das Gespräch aber nicht auf die lange Bank. Das macht den Mitarbeiter anfällig für die »unsittlichen Anträge« der Konkurrenz.
Vereinbaren Sie einen Termin, bei dem Sie diese Dinge unter vier Augen in Ihrem Büro besprechen können. Und in Ihrem eigenen Interese: Bereiten Sie sich auf dieses Gespräch gut vor.

Sie entscheiden nicht alleine

Es ist keine Schande, wenn Sie nicht allein entscheiden können. Mitarbeiter haben dafür Verständnis. Kein Verständnis haben sie, wenn Sie so tun, als ob ...
Sagen Sie dem Mitarbeiter, daß Sie sein Anliegen mit Ihrem Vorgesetzten, dem Personalleiter oder sonstwem besprechen werden. Und geben Sie ihm für die Wartezeit eine Tendenzmeldung mit auf den Weg – je nach Erfolgswahrscheinlichkeit:

»In Ihrem Fall befürworte ich eine außertarifliche Gehaltserhöhung. Ich werde Dr. Berghammer einen entsprechenden Vorschlag machen. Entscheiden tut aber letztlich er.«

Oder so:

»Ich werde es mit Dr. Berghammer besprechen. Große Hoffnungen kann ich Ihnen nicht machen. Die Gründe dafür habe ich Ihnen erläutert. Eher Nein als Ja ...«

Für den Fall, daß Sie die Gehaltserhöhung nicht ablehnen wollen, fragen Sie den Mitarbeiter, was er sich vorgestellt hat. Das mutet auf den ersten Blick etwas seltsam an. Aber Sie können dadurch das gefährliche Wechselbad von Euphorie und Frustration vermeiden. Und tiefe Frustration macht für unsittliche Anträge anderer sehr empfänglich.

Dialog	Kommentar
»Gut, Herr Klasfeld, Ihr Wunsch scheint mir berechtigt zu sein. Sagen Sie mir doch bitte, was Sie sich so vorgestellt haben.«	Zustimmung und die Frage nach den Vorstellungen des Mitarbeiters. Achten Sie auf die Reaktion: Druckst er rum oder kommt die Zahl »aus der Pistole geschossen«?
»Ich dachte so an tausend Mark monatlich mehr.«	Liegt die Vorstellung des Mitarbeiters – wie in diesem Fall – jenseits von Gut und Böse, sollte man ihm das sofort unmißverständlich klarmachen, damit es hinterher nicht zu größeren Enttäuschungen kommt.

Dialog	Kommentar
»Tausend Mark? Das kann ich verstehen. Hätte ich auch gern. Aber, Herr Klasfeld, das ist völlig unrealistisch. An was haben Sie denn wirklich gedacht?«	Damit machen wir ihm klar, daß wir seine Vorstellung für völlig überzogen halten, und geben ihm die Möglichkeit zu einer gesichtsverträglichen Korrektur. Was er als nächstes sagt – und vor allem wie er es sagt –, ist ein Indikator für seine wirkliche Vorstellung.
»Na ja, so 600 oder 700 Mark sollten es schon sein!«	
»600 bis 700 Mark . . . Das erscheint mir sehr hoch. Ob das akzeptiert wird? Ich weiß nicht, ob ich 600 Mark bei der Geschäftsführung durchbekomme. Sie sind ein guter Mann, und Sie wissen, daß ich viel von Ihnen halte. Aber 600 Mark ist gerade in der jetzigen Situation eine Menge Geld.«	Wenn der Mitarbeiter einen hohen, aber realistischen Betrag nennt, pfeifen Sie aus psychologischen Gründen symbolisch »durch die Zähne«, und zeigen Sie ihm, daß Sie seine Vorstellungen für hoch halten. Aus folgenden Gründen: Erstens vermitteln Sie ihm damit das Gefühl, daß er seinen Wert kennt. Das stärkt das Selbstwertgefühl. Zweitens vermitteln Sie ihm damit das Gefühl, daß Sie bereit sind, sich für ihn bei der Geschäftsführung einzusetzen. Ob Sie Ihr Ziel erreichen, steht auf einem anderen Blatt. Und drittens gibt es noch den Motivationsaspekt: Wenn Sie die 600 Mark »durchbekommen«, geben Sie ihm das Gefühl, daß auch die Geschäftsführung ihn wertschätzt. Ein Aspekt mit hohem Motivationspotential.

Dialog	Kommentar
	Fällt der Betrag (etwas) niedriger aus, können Sie das bereits durch die Tendenzmeldung im Vorgespräch sanft auffangen. Allerdings sollte die Erhöhung nicht zu niedrig sein. Es ist besser, keine Gehaltserhöhung zu geben als eine lächerliche.
»600 Mark? Halte ich in der gegenwärtigen Situation für ausgeschlossen. Das hat nichts mit Ihrer Person zu tun. Die Gesamtsituation ist – wie Sie ja wissen – im Moment sehr angespannt. Ich könnte mir vorstellen, daß das Maximum, das die Geschäftsführung bewilligt, höchstens bei der Hälfte liegt. Wenn überhaupt ...«	Halten Sie seine Wünsche noch immer für überzogen, signalisieren Sie ihm das. Denn als Führungskraft ist es Ihre Aufgabe, mit einer Gehaltserhöhung Motivation zu produzieren. Wenn Sie den Mitarbeiter in dem Glauben lassen, daß 600 Mark realistisch sind, es dann aber nur 400 Mark werden, empfindet er das ihm entgegengebrachte Wertschätzungspotential gleich Null. Andersherum wird ein Schuh daraus. Wenn Sie eher 400 Mark signalisiert haben und es dann 600 werden, freut er sich. Lassen Sie ihren Mitarbeiter also nicht an seinen überzogenen Vorstellungen festhalten, sonst ist die Enttäuschung hinterher groß, und der beabsichtigte Motivationseffekt kann ins Gegenteil umschlagen.

Es gibt eine eiserne Regel, die Sie bei jedem Gehaltsgespräch beachten sollten: Stimmen Sie dem Wunsch des Mitarbeiters niemals sofort zu. Damit produzieren Sie nur Frustration:

»Wieviel haben Sie sich denn vorgestellt, Frau Karmiske?«
»Na, ich dachte so an die 400 Mark mehr.«
»Einverstanden, geht ab nächsten Ersten in Ordnung.«

In den nächsten zehn Sekunden produzieren Sie Freude, aber wenn Frau Karmiske wieder in ihrem Büro sitzt, kommen ihr Zweifel, ob das nicht »zu niedrig war«.
Und spätestens, wenn sie es Hubert zu Hause erzählt, weiß sie, daß sie einen ziemlichen Fehler gemacht hat. Der Gedanke: »Mein Gott, warum habe ich nicht mehr verlangt!« ergreift heftig von ihr Besitz und nagt an ihrem Inneren. Hubert bestärkt sie darin. Obwohl der Chef es gut gemeint hat, wurde mit dieser Gehaltserhöhung Frustration produziert – statt Motivation.

Schlechte bis ganz schlechte Ablehnungsarten

Nein – ohne Begründung

Die autoritäre Minus-Motivation läßt grüßen!

»Kommt nicht in Frage!«
»Entschuldigung, warum nicht?«
»Weil ich es nicht will!«
»Aha!«

Das ist nicht besonders motivierend. Man denke an Nietzsche: »Du kannst von den Menschen viel verlangen, du mußt ihnen nur sagen, warum!«

»Schauen wir mal ...«

Bei dieser »Strategie« hofft der Vorgesetzte, daß der Mitarbeiter die Sache wieder vergißt. Kein Mitarbeiter vergißt so etwas. Und der Vorgesetzte übrigens auch nicht! Und immer, wenn er »den Bittsteller« sieht, zuckt es durch sein Gehirn: »Irgend etwas sollte ich tun.«

Diese Art der »Ablehnung« sagt einiges aus über die Entscheidungsfreudigkeit und die Führungsqualitäten des Vorgesetzten.

Zustimmung mit Rückzieher

Diese Art der Ablehnung kann das Image eines Vorgesetzten nachhaltig anknacksen. Bitte stellen Sie sich folgende Situation vor:
Zu einem frischgebackenen Abteilungsleiter kommt ein Mitarbeiter, der ein bestimmtes Seminar besuchen möchte. Gut und teuer. Unterstellen wir bei der neuen Führungskraft noch »eine gewisse Unkenntnis« der hierarchischen Unterschriftenregelung. Er gibt sein »Okay« und überschreitet damit unwissentlich (?) seine Kompetenz. Landet dann dieser Seminarantrag »über den Dienstweg« auf dem Schreibtisch des Hauptabteilungsleiters, kann der die Stirn krausziehen, zum Telefon greifen und seinen Untergebenen »zu einem Gespräch bitten«, bei dem er ihm die Hammelbeine langzieht und ihm erklärt, daß er seine Kompetenzen überschritten habe und »für so etwas kein Geld da sei«. Und überhaupt: Seminaranmeldungen würden nur auf Hauptabteilungsleiterebene entschieden. Das sei ihm doch wohl hinlänglich bekannt – oder ...
Was wäre nun Ihrer Meinung nach richtiges, was falsches Führungsverhalten?
Richtiges Führungsverhalten liegt vor, wenn der Hauptabteilungsleiter dem Abteilungsleiter unmißverständlich klarmacht, daß er seine Kompetenzen überschritten hat. Da der Abteilungsleiter aber seinem Mitarbeiter eine Zusage gegeben hat, kann an der Entscheidung nicht mehr gerüttelt werden. Sollte sich so etwas jedoch wiederholen, dann ...
Damit ist die Sache erledigt, der Abteilungsleiter wahrt gegenüber seinem Mitarbeiter das Gesicht.
Falsches Führungsverhalten liegt dann vor, wenn der Hauptabteilungsleiter seinen Mitarbeiter sein Gesicht verlieren läßt. Eine Entscheidung mit starker Breitenwirkung:

»Unser Chef ist auch so einer, der sofort die Ohren anlegt, wenn der Wind auch nur ein bißchen von vorne kommt! Der – und sich vor uns stellen? Daß ich nicht lache!«

Der Schaden, der mit diesem »Führungsverhalten« angerichtet werden kann, ist sicher um einiges größer als die finanzielle Belastung durch das Seminar.

Zusammenfassung

Beachten Sie folgende Punkte, um sich in Ablehnungsgesprächen mitarbeiterorientiert zu verhalten:

- Senden Sie nonverbale Bestätigungssignale.
- Zeigen Sie keine negativen Emotionen, und machen Sie keine persönlichen Angriffe.
- Äußern Sie Ihre Ablehnung immer klar und unmißverständlich, wobei durchaus »weiche« Formulierungen verwendet werden können wie:
  »Ich fürchte, daß ich Ihren Wunsch ablehnen muß ...«
  »Leider muß ich Ihren Wunsch in der gegenwärtigen Situation ablehnen ...«
  »Ich fürchte, daß ich Ihre Bitte nicht erfüllen kann ...«
  »So wie es aussieht, läßt es sich nicht machen ...«
  »Ich bin der Meinung, daß ...«
  »Ich bedauere, Ihnen sagen zu müssen, daß ich nicht dafür bin ...«
  »Ich muß Ihnen diesen Wunsch leider abschlagen, weil ...«
- Begründen Sie die Ablehnungen immer in der Sache – nie in der Person. Führen Sie maximal drei für den Mitarbeiter nachvollziehbare Gründe an.
- Stellen Sie gegebenenfalls die Erfüllung des Mitarbeiterwunsches zu einem späteren, jetzt noch nicht fixierbaren Termin in Aussicht. (Vorsichtig formulieren, da sonst die selektive Wahrnehmung heftig grüßen läßt!)
- Formulieren Sie die Ablehnungen immer in der Ich-Form. Verschanzen Sie sich nicht hinter »denen da oben« nach dem Motto:

»Ich würde ja gern, aber von oben sind mir die Hände gebunden.«

Sollten Sie das tun, dann denken Sie doch bitte einmal darüber nach, was Sie damit über Ihre eigene Autorität aussagen. Zusätzlich kann das beim Mitarbeiter den Eindruck hervorrufen, daß Sie unter bestimmten Umständen in seiner Abwesenheit auch mal die Schuld auf ihn schieben könnten. Und so etwas schätzt er nicht besonders.

Das Alkoholgespräch
»Nicht zu fassen!« – Die psychologischen Tricks der Betroffenen

Die Situation

Im Reigen der schwierigen Mitarbeitergespräche ist das Alkoholgespräch mit das schwierigste – und das mit den meisten psychologischen Klippen. Da sitzt er nun vor Ihnen – mit einem so merkwürdigen Glitzern in den Augen – und sieht sie herausfordernd an:

»Ja, ich habe was getrunken! Ein Bier. Na und? Oder ist das seit neuestem etwa auch verboten?!!«

Das Glitzern in seinen Augen verstärkt sich, und lauter werdend fährt er fort:

»Und überhaupt: Was wollen Sie damit sagen, Sie machen sich Sorgen um mich wegen meines Alkoholkonsums? Glauben Sie etwa, ich trinke zuviel? Glauben Sie das wirklich? Wer hat denn auf der letzten Betriebsfeier dauernd mit mir angestoßen? Wer ist beim Geburtstag von Frau Pentenrieder kistenweise mit Sekt angekommen? Das waren doch Sie, Herr Knoop!!! Und Sie wollen mir Vorhaltungen machen, wenn ich mal 'ne Flasche Bier trinke? Ausgerechnet Sie!«

So oder ähnlich kann ein Mitarbeitergespräch über Alkohol laufen. Ihnen war von Anfang an nicht wohl bei dem Gedanken, dieses Gespräch mit dem Mitarbeiter zu führen. Sie haben es auch lange genug hinausgeschoben und auf eine vermeintlich »günstige Gelegenheit« gewartet. Als es dann soweit war, haben Sie in Ich-Botschaften ganz behutsam von Ihren Beobachtungen berichtet. Und jetzt das . . .

Auf eine derart massive Reaktion waren Sie nicht vorbereitet und sind nun ziemlich ratlos. Offensichtlich scheint das Gespräch am Ende zu sein, bevor es richtig begonnen hat. Haben Sie es falsch angepackt? Vielleicht. Gespräche über Alkohol gehören mit zu den schwierigsten.
Bevor wir uns der Gesprächsführung und ihren Tücken zuwenden, hier erst mal ein paar nüchterne Hintergrundinformationen zu diesem emotionsgeladenen Thema.

Die juristische Situation

Der Gesetzgeber läßt Kündigung wegen Alkohol unter bestimmten Voraussetzungen zu. Allerdings sind in der betrieblichen Praxis dabei einige – recht hohe – Hürden zu überwinden. Die Kernfrage lautet: Gibt es eine »Betriebsvereinbarung über den Umgang mit Alkohol?« Wenn ja, was sieht sie vor?
Das betriebliche Alkoholverbot ist eine Möglichkeit – und nicht die schlechteste. Sie ist auf den ersten Blick klar und griffig. Nach dem Motto »Wer säuft – fliegt!« macht sie die Sache, zumindest formal, regelbar. Allerdings nur auf den ersten Blick.
Stark vereinfacht lautet die Botschaft des Arbeitgebers: »Wenn ich dich erwische, schmeiße ich dich raus!« Die Botschaft, die der Arbeitnehmer dem entgegensetzt, lautet: *»Wenn ...«*
Will man zu derartigen Sanktionen greifen, muß man den »Täter« auf frischer Tat ertappen oder ihn zu einem »Geständnis« bringen. Und selbst dann ist keinesfalls sicher, daß sich der Richter in einem Kündigungsschutzprozeß der Auffassung des Arbeitgebers anschließt.
Der Verdacht alleine reicht nicht aus, und zu einem Alkoholtest kann er nicht gezwungen werden. Wenn er nein sagt, wird nicht geblasen. Ähnlich wie im Straßenverkehr. Aber dort kommt das dicke Ende in Form einer gesetzlich angeordneten Blutprobe, der er sich unterziehen muß. Hier nicht! Zwingen kann ihn niemand.

Gibt es in Ihrem Unternehmen keine Betriebsvereinbarung über ein generelles Alkoholverbot und meidet der Betriebsrat dieses feuchte Thema wie der Teufel das (alkoholfreie) Weihwasser – denn auch Betriebsräte wollen wiedergewählt werden –, dann ist das Alkoholproblem kaum in den Griff zu kriegen.
Aber niemand wird so blauäugig sein zu glauben, daß mit einem Verbot die Probleme gelöst wären. Sie existieren weiter – nur auf anderer Ebene.
Ein betrieblich verordnetes Alkoholverbot kann folgende Auswirkungen haben:

- Der Alkoholkonsum wird in den »Untergrund« gedrängt. (Es wird heimlich getrunken.)
- Es wird während der Mittagspause außerhalb des Betriebsgeländes getrunken.
- Ein innerbetriebliches »Verschwörungsklima« entsteht. (»Wenn ›die da oben‹ gegen uns sind, sind wir gegen sie! Und eine Krähe hackt der anderen bekanntlich kein Auge aus!«)
- Strafe steht im Vordergrund – nicht Hilfe.
- Ein Klima der Angst entsteht im Betrieb.
- Bei Alkoholabhängigkeit, also Krankheit, ist diese Regelung wirkungslos.
- Die Belegschaft empfindet ein Verbot als pure Heuchelei, wenn es im Unternehmen sogenannte »nasse Inseln« gibt. Das sind kleine Bereiche für eine privilegierte Oberschicht, in denen offiziell getrunken werden darf, wie Geschäftsführungscasinos, Besuchercasino oder Gästebereich. Aus Belegschaftssicht entsteht damit eine »alkoholische« Zweiklassengesellschaft:
  »Also, das ist eine echte Sauerei! Die feinen Herren im Nadelstreifen aus Geschäftsführung und Verkauf dürfen hochoffiziell saufen – und nur die feinsten Sachen, wie Schampus und Cognac und so. Und uns woll'n se das Bier wegnehmen. Nee, Karl, nicht mit uns!«

»Nasse Inseln« erzeugen in der Belegschaft Solidarität, Aggression, Trotz und die Festigung eines gemeinsamen Feindbildes von »denen da oben«.

- Und dann spielt die Einstellung der Führungsspitze in dieser heiklen Frage eine wichtige Rolle. Will sie dem betroffenen Mitarbeiter eine Chance bieten, seinen Arbeitsplatz zu erhalten – oder ihn nur »leichter feuern« können? Will sie Angst verbreiten – oder konstruktive Hilfe anbieten? Oder beides?

Die Alkoholzwiebel

Jedes Unternehmen hat eine »Alkoholzwiebel«. Sie ist ein gedankliches und statistisches Gebilde, mit dem sich die Belegschaft entsprechend ihrem tatsächlichen Alkoholverhalten in vier Kategorien einteilen läßt. Höhe und »Bauchigkeit« der Zwiebel sind von Unternehmen zu Unternehmen verschieden, die vier Kategorien sind jedoch überall die gleichen (siehe Chart 6).

Kategorie A: Mitarbeiter mit keinem oder nur seltenem Alkoholkonsum.
Kategorie B: Mitarbeiter von seltenem bis mäßigem Alkoholkonsum.
Kategorie C: Mitarbeiter von mäßigem bis häufigem Alkoholkonsum (»regelmäßig« heißt das Reizwort – dieses Verhalten geht bis zum tendenziellen Alkoholmißbrauch).
Kategorie D: Alkoholabhängige bis alkoholkranke Mitarbeiter.

Irgendwo in Kategorie C fangen die Schwierigkeiten an. Kategorie D umfaßt die echten Problemfälle. Zu dieser Gruppe gehören – statistisch gesehen – zwischen 5 und 7 Prozent der Belegschaft jedes Unternehmens. Quer durch alle Hierarchien. Das Verhalten bleibt gleich – nur die Getränke werden edler: Unten Bier und Korn, oben Chablis und Cognac.
In einer dieser Kategorien sind auch Sie zu Hause. Auf welche Stelle würden Sie in dieser »Alkoholzwiebel« deuten, wenn ein Kollege zu Ihnen sagen würde: *»Du, Arthur, zeig mal mit dem Finger auf die Stelle, wo du in dieser Alkoholzwiebel bist!«*
Und nun eine Gewissensfrage: Angenommen, es würde Sie nicht Ihr Kollege dazu auffordern, sondern Ihre innere Stimme. Auf welche Stelle würden Sie deuten? Auf die gleiche? Übereinstimmung! Prima! Oder Abweichung? Je dunkler das Feld ist – um so bedenklicher. Nutzen Sie mal die Fastenzeit. Sechs Wochen keinen Tropfen. Nur so als Test.

Chart 6: Die Alkoholzwiebel

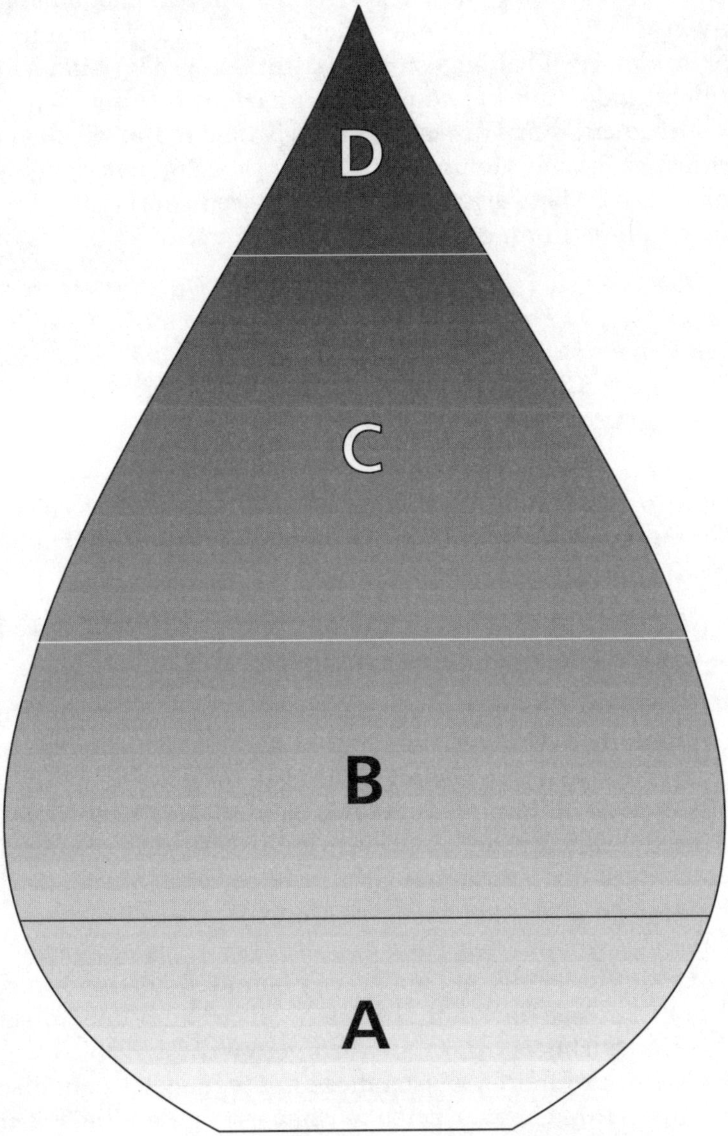

Die Sichtweise der Betroffenen

Je höher ein Betroffener, der noch nicht als alkoholabhängig »geoutet« wurde, in seiner ehrlichen Eigenwahrnehmung in der Alkoholzwiebel angesiedelt ist, um so größer sind seine Widerstände, und um so problematischer gestaltet sich das Gespräch mit ihm. Was es so schwierig macht, ihn wirklich zu erreichen, ist das Gefühl der Scham. Das Problem dabei ist, daß es das Selbstwertgefühl nachhaltig reduziert.
Seine innere Stimme sagt ihm knochenhart:

> *»Du säufst zuviel! Du säufst regelmäßig! Dir geht's morgens schlecht. Du hast schon seit Monaten keinen trockenen Tag mehr gehabt. Du hast dich verändert – zu deinem Nachteil! Und du weißt es! Nimm es endlich zur Kenntnis: Du hast ein Alkoholproblem!«*

Die innere Stimme ist gnadenlos. Sie sagt es so, wie es ist. Und der Mitarbeiter weiß, daß sie recht hat. Er gesteht es sich ein – aber nur nach innen. Nur nach innen. Es ist ein Schuldgefühl.
Der Kopf sagt:

> *»Eigentlich hat die innere Stimme recht. Du solltest dich einschränken oder noch besser, aufhören.«*

Aber der Bauch sagt: »Prima, darauf trinken wir einen!« Und er trinkt einen. Und noch einen ... Langsam geht es ihm besser, und die düsteren Gedanken fangen an zu verblassen. Er quittiert es dankbar mit dem Gedanken: »Was soll die Selbstzerfleischung? Mit geht's doch prima!« Und ein vermeintliches Gefühl der Stärke macht sich in seinem Inneren breit. Allerdings nur bis zum nächsten Morgen.
Manchmal will er ernstlich aufhören, aber er schafft es nicht. Je dunkler das Feld, in dem er sich befindet, desto schwerer fällt es ihm, sich daraus zu befreien. Mitarbeiter der Kategorie D sind wirklich krank. Nicht vorgetäuscht!
Tief in ihrem Inneren wissen diese Leute, daß sie sich falsch verhalten. Ihre Umwelt, seien es Ehepartner, Familie, Freunde, Kollegen, der Arzt oder der Arbeitgeber, hat es ihnen mehr

oder weniger deutlich signalisiert. Diese Botschaften haben Sie empfangen – und verdrängt. Auch dies ist eine Variante der selektiven Wahrnehmung.
Das Wissen um diesen psychologischen Hintergrund ist wichtig, wenn Sie Ihren Mitarbeiter in einem Gespräch erreichen wollen. Und wie schwierig es ist, ihn wirklich zu erreichen, erkennen Sie spätestens im Gespräch. Denn er hat diese empfindsame innere Schwachstelle »mit dicken Mauern« gut geschützt – auch vor sich selbst.

Ihre Verhaltensweisen

Sprechen Sie einen Betroffenen auf seinen Umgang mit Alkohol an, verbünden Sie sich meist mit seiner inneren Stimme, was von ihm als doppelt bedrohlich erlebt wird. Stellen Sie sich deshalb darauf ein, daß er in Ihnen einen Gegner sieht, der ihm sein Lebenselixier wegnehmen will. Dagegen wehrt er sich massiv. Machen Sie sich, je nach Situation und Mentalität des Mitarbeiters, auf die unterschiedlichsten Reaktionen gefaßt.

Aggression

Aggressives Verhalten, wie in unserem Eingangsbeispiel, kommt am Anfang der Gespräche am häufigsten vor. Blitzende Augen, körpersprachliche Drohgebärden, aggressive Stimme und harte Worte sind dafür charakteristisch.

> *»Haben Sie irgend etwas an meiner Arbeit auszusetzen? Mache ich sie schlecht? Na also! Und ich möchte Sie unmißverständlich bitten, sich nicht in meine Privatangelegenheiten zu mischen.«*

Dieser Mitarbeiter betrachtet das Gespräch als Zumutung – im Extremfall als bodenlose Unverschämtheit – oder ganz einfach als Mißverständnis. Er wird sein Alkoholproblem schlicht und einfach abstreiten. Konfliktleugnung ist ein Teil des Problems. Lassen Sie sich von seiner aggressiven Haltung beeindrucken, bekommt er Oberwasser.

Mitschwimmen

»Ich weiß gar nicht, was Sie wollen. Alle haben getrunken, und ich soll der Sündenbock sein. Das finde ich ausgesprochen unfair von Ihnen.«

Bagatellisieren

»Was wollen Sie denn? Wegen der zwei Bier?«

Sich hinter anderen verstecken

»Ich hätte ja nicht, aber der Hohleiser hat einen ausgegeben. Und Sie wissen ja, wie das ist. Und wenn ich mich recht erinnere, haben Sie bei Ihrem letzten Geburtstag auch einen ausgegeben, oder?«

Täuschen

Dieses Verhalten läuft darauf hinaus, daß der Mitarbeiter heimlich trinkt, Hustenbonbons lutscht, scharfe Mundwässerchen benutzt oder Wodka zu seinem Stammgetränk gemacht hat. Warum? Wodka macht keine »Fahne«.

Den Vorgesetzten zum Komplizen machen

Im Verlauf des Gesprächs wird diese Variante vom Betroffenen besonders gern verwendet. Nach anfänglichem Leugnen ist er erleichtert, endlich offen über sein Problem sprechen zu können. Er möchte von seinem Vorgesetzten Verständnis für die oft plausiblen »Trinkbegründungen« – und Mitleid. Beides würde ihm helfen, den Chef zu manipulieren, wodurch er seine Interessen weiterverfolgen könnte.
Auch hoch und heilig gegebene Versprechen, wie »ab morgen ganz aufzuhören«, gehören zur Grundausstattung seines Tarn- und Täuschungsequipments. Natürlich wird er nicht aufhören, sondern sich statt dessen in Zukunft geschickter verhalten.
Als weitere »Masche« kann er versuchen, bei Ihnen »edle Gefühle« zu erzeugen und Sie damit in eine Art »Retterrolle«

zu drängen. Schafft er das, macht er Sie erfolgreich zum Komplizen und damit zu einem sogenannten »Co-Alkoholiker«. Dadurch hofft er, dem konstruktiven Leidensdruck zu entgehen, den Sie aufbauen wollen. »Konstruktiver Leidensdruck« ist das einzige, was ihm wirklich helfen würde.

Drohen und Erpressen

Im Extremfall kann es zu Äußerungen kommen wie:

> *»Wenn Sie mir nicht helfen, bringe ich mich um!«* Oder: *»Ihr werdet schon sehen, was ihr davon habt. Ich mache euch fertig!«*

Die schwierige Rolle des Vorgesetzten

Der Vorgesetzte ist für den Mitarbeiter verantwortlich, hat aber nur sehr eingeschränkte disziplinarische Möglichkeiten. Zu einem Alkoholtest kann er ihn nicht zwingen. Bei manchem Mitarbeiter ist es auch schwierig zu erkennen, ob – und, wenn ja, wieviel – er getrunken hat. Kann er seinen Job noch ohne Beeinträchtigung ausüben, oder hat er die Grenze schon überschritten?

Bei einem lallenden Gabelstaplerfahrer, der über den Gang torkelt, dürfte die Diagnose einfach sein. Aber wie sieht es mit der Datentypistin, dem Sachbearbeiter in der Auftragsabwicklung oder dem Programmierer aus? Ihre alkoholbedingten Fehler sind nicht oder nur schwer erkennbar.

Der Vorgesetzte weiß, daß er mit dem Betroffenen reden müßte, aber meist will er nicht so richtig an die Sache ran. »Der richtige Zeitpunkt war noch nicht da.« Möglicherweise spielt Angst vor dem Gespräch und den massiven Reaktionen des Mitarbeiters eine Rolle. Es kann ihm auch peinlich sein, mit dem Privat- oder eventuell sogar Intimleben des Mitarbeiters konfrontiert zu werden. Er hat zumeist nur wenig Greifbares, ist auf Vermutungen angewiesen und weiß daher, daß er sich auf argumentatorisch »dünnem Eis« bewegt. »Von oben« erhält der Vorgesetzte so gut wie keine Hilfe und fühlt sich ziemlich alleine gelassen.

Verständlicherweise weicht er dem Gespräch aus, will aber auch nicht bei der Personalabteilung »petzen«. Das könnte schließlich zu einem Imageverlust für ihn führen. Eventuell würde sich sogar so etwas wie eine Solidargemeinschaft gegen ihn bilden. Daran ist sein Interesse – verständlicherweise – nicht allzu groß.
Also ermahnt er (mehr oder weniger halbherzig), schaut weg, toleriert oder trinkt mit – aus Hilflosigkeit, falsch verstandener Kameradschaft, Gleichgültigkeit oder Kalkül.

Das Gespräch

Lernen Sie, ein solches Gespräch richtig zu führen. Scheuen Sie sich nicht vor dem Gespräch. Mit Wegsehen und Schweigen unterstützen Sie das negative Verhalten Ihres Mitarbeiters. Mehr noch: Er interpretiert Ihr Verhalten als Einverständnis. Und damit rutschen Sie, ob Sie es wollen oder nicht, in die Rolle des »Co-Alkoholikers«.
Sprechen Sie Ihren Mitarbeiter deshalb bei der ersten »Alkoholauffälligkeit« an. Auch wenn es schwerfällt.

Ansatzpunkte

Mögliche Ansatzpunkte für ein solches Gespräch können sein:
- Unpünktlichkeit,
- Fehlzeiten,
- Übertreten von Sicherheitsvorschriften,
- schlechte Leistung,
- auffälliges Verhalten,
- Unfall,
- Ausfälle bei betrieblichen Anlässen,
- Informationen von Kollegen,
- gesundheitliche Beeinträchtigungen,
- wahrnehmbare Äußerlichkeiten wie »Fahne«, glasige Augen, geröteter Kopf, Fahrigkeit, Zittern, Schweißausbrüche.

Ziele des Gesprächs

Seien Sie sich darüber im klaren, daß es in diesem Gespräch keinen »Kläger« und keinen »Angeklagten« gibt. Keiner der Gesprächspartner steht unter Beweiszwang. Es gibt auch keinen Beweisnotstand. Es geht um Wahrnehmungen, Sichtweisen, Standortbestimmung und Orientierung.
Machen Sie Ihrem Mitarbeiter klar, daß Sie es ernst meinen: Ernst mit der Hilfe, aber auch ernst mit den Konsequenzen, falls keine Änderung eintritt.

Was Sie in diesem Gespräch erreichen wollen

- Dem Mitarbeiter die Ernsthaftigkeit der Situation verdeutlichen.
- Ihm klarmachen, daß Sie seinen Umgang mit Alkohol als problematisch erleben und sich Sorgen um ihn und seine Zukunft machen.
- Aufzeigen, welche Verhaltensweisen beanstandet wurden, und beobachtete Verhaltensänderungen schildern. Dies ist insofern wichtig, als der Alkoholabhängige meist in dem Glauben lebt, daß seine Umwelt nichts bemerkt.
- Ihn im zweiten Gespräch auf die disziplinarischen Konsequenzen hinweisen, die es hätte, wenn er sein Verhalten nicht ändern würde (im ersten Gespräch darauf noch verzichten). Sprechen Sie nur solche Konsequenzen an, die Sie auch durchführen würden.
- Erwartungen für künftiges Verhalten formulieren und Auflagen nennen, die für ihn erfüllbar sind.
- Aufzeigen, welche Möglichkeiten zur Verhaltensänderung es gibt, und konkrete interne und externe Hilfen anbieten (Werksarzt, Hausarzt, Suchtberater, Blaues Kreuz, AA).
- Dem Mitarbeiter klarmachen, daß er für sich selbst verantwortlich ist.
- Ihm das Gefühl geben, daß Sie ihn als Person weiterhin schätzen. Dies ist in diesem Gespräch mit das schwierigste.

Was Sie in diesem Gespräch unbedingt vermeiden sollten

- Das Gespräch zwischen »Tür und Angel« und mit erhobenem Zeigefinger führen.
- Eine Moralpredigt halten, den Mitarbeiter beschimpfen oder ihm drohen.
- Sein Verhalten moralisch verurteilen (Sie sind nicht sein Richter!).
- Einem seiner zahlreichen Manipulationsversuche erliegen.
- Therapeut spielen.
- Diagnosen stellen.
- Sich auf Diskussionen über Trinkverhalten und -mengen einlassen.
- Sich das Gespräch von ihm aus der Hand nehmen lassen.
- Sich in die »Retterrolle« drängen lassen.

Hinweise zur Gesprächsführung

Bereiten Sie sich gründlich vor

Je gründlicher Sie sich vorbereiten, desto besser. Das gilt sowohl für die Fakten als auch für Ihre mentale Einstellung. Der Mitarbeiter hat in diesem Gespräch eine enorm hohe Tendenz zu Ausflüchten. Sammeln Sie deshalb möglichst hieb- und stichfeste Belege über

- Zeitpunkte und Frequenzen des Alkoholkonsums,
- Mengen und Grad der jeweiligen Alkoholisierung,
- Fehlzeiten,
- betriebliche Auswirkungen seines Fehlverhaltens.

Führen Sie das Gespräch nur, wenn der Mitarbeiter nüchtern ist

Wenn Sie diese Regel nicht beachten, ist ein Desaster ziemlich wahrscheinlich!

Führen Sie das Gespräch offen, ehrlich und klar

Berichten Sie von Ihren Wahrnehmungen in Ich-Botschaften ohne sprachliche Schnörkel und Arabesken. Aber verletzen Sie nicht das Selbstwertgefühl des Mitarbeiters. Es dürfte eh schon angeschlagen sein. Transportieren Sie statt dessen Wertschätzung (Details hierzu entnehmen Sie bitte dem Kritikgespräch). Seien Sie mitfühlend, aber konsequent.

Stellen Sie sich auf aggressive Reaktionen ein

Nehmen Sie solche Reaktionen nicht persönlich. Sie sind eine Art »Vorwärtsverteidigung« und ein natürlicher Schutzmechanismus für das Selbstwertgefühl des Betroffenen. Angriffe auf Ihre Person – sie können auch durchaus unfairer Natur sein – gehören zu seinem Verhaltensrepertoire. Diese Angriffe haben den Zweck, sich Ihren Argumenten zu entziehen.

Seien Sie auf ein breites Spektrum von Verhaltensweisen gefaßt

Diese Verhaltensweisen können von der »Mitleidsmasche« über das Betteln nach Verständnis und Zustimmung bis hin zu aggressiven Drohungen und Erpressungsversuchen reichen.

Bleiben Sie am Ball!

Durch ein einmaliges Gespräch bewirken Sie nur wenig. Beobachten Sie Ihren Mitarbeiter, und sprechen Sie öfter als bisher mit ihm. Er muß wissen, daß Sie ihn im Auge behalten.

Modellgespräch

Herr Kessling, der Logistikleiter, hat Herrn Clees, einen Mitarbeiter in der Warenannahme, zu sich gebeten, um mit ihm ein Gespräch über seine Leistungen, sein Verhalten und das Thema Alkohol zu führen. Bis vor etwa sechs Wochen war Herr Clees ein engagierter und zuverlässiger Mitarbeiter. Dann sind seine Leistungen deutlich abgesunken. Von mehreren Seiten hat man sich bereits über ihn und sein Verhalten beschwert. Herr Kessling hat Herrn Clees ohne »äußeren Anlaß« zu einem Gespräch in sein Büro gebeten.

Dialog	Kommentar
»Herr Clees, ich möchte gerne mit Ihnen über einen Punkt reden, der mir sehr am Herzen liegt und den ich seit einiger Zeit mit Sorge betrachte.«	Einleitung mit hohem »Aufmerksamkeits-wecker«.
»Es geht um Ihren Umgang mit Alkohol. Bitte glauben Sie mir, daß ich mir gründlich überlegt habe, ob ich Sie darauf ansprechen soll, und daß es mir nicht leichtgefallen ist. Aber in jüngster Vergangenheit sind einige Dinge vorgefallen, über die wir reden müssen.«	Hinweis darauf, daß der Vorgesetzte dieses Gespräch nicht leichtfertig führt und ihm eine hohe Bedeutung beimißt.
»Ich möchte betonen, Herr Clees, daß Sie für mich ein Mitarbeiter sind, den ich schätze, auf den ich mich verlassen konnte und mit dessen Leistungen ich in der Vergangenheit sehr zufrieden war.«	Transport von Wertschätzung.
»Bis ungefähr vor sechs Wochen. Von da an gab es aus meiner Sicht eine negative Entwicklung. Und auch Ihr Verhalten hat sich verändert. Darüber möchte ich mit Ihnen sprechen . . .«	Benennung des Zeitpunktes, ab dem die Minderleistung aus Sicht des Vorgesetzten eingesetzt hat.
». . . und Ihnen meine Sichtweise anhand einiger Beispiele aus jüngster Vergangenheit erläutern:	

Dialog	Kommentar
Mir ist aufgefallen, daß Sie morgens öfters eine Fahne haben und daß Ihre Hände zittern. Des weiteren waren Sie in den letzten sechs Wochen an drei Montagen krank. Es liegen drei Beschwerden über Sie aus verschiedenen Abteilungen wegen ›ruppigem‹ und unkooperativem Verhalten vor. Und man hat mir berichtet, daß Sie bei den letzten beiden Betriebsfeiern zum harten Kern gehört haben.«	Eine klare Schilderung der Fakten, die das Aggressions- und Rechtfertigungspotential von Herrn Clees aktiviert. Er greift an, bringt Dritte mit ins Spiel und sucht andere Schuldige, kurz: Er verteidigt sich! Ein absolut menschliches Verhalten!
»Da haben Sie sicher in gewisser Weise recht, Herr Clees. Das kann man so sehen. Und ich glaube Ihnen, daß es für jeden der Punkte eine plausible Erklärung gibt. Aber es ist wie mit Mosaiksteinen. Die Summe ergibt ein Bild.«	Der Vorgesetzte bleibt ruhig und sachlich, widerspricht nicht und verleiht doch seiner Meinung Nachdruck.
»Bitte verstehen Sie mich nicht falsch. Ich möchte Ihnen keine Vorwürfe machen und auch kein Kritikgespräch mit Ihnen führen. Dazu ist mir die Sache zu wichtig. Und Sie müssen sich auch nicht rechtfertigen. Mir ist nur wichtig, daß Sie wissen, daß ich die Entwicklung mit Sorge sehe und Ihnen, wenn ich kann, gerne helfen würde.«	Er möchte seinen Mitarbeiter innerlich erreichen – und das geht bekanntlich nicht mit Vorwürfen.
»Ich muß diese Dinge in aller Deutlichkeit ansprechen, denn ich möchte Konsequenzen vermeiden. Und die lassen sich nur vermeiden, wenn sich	Er steuert behutsam auf den möglichen Grund für den Leistungsabfall und die

Dialog	Kommentar
Ihr Verhalten ändert. Aber lassen Sie uns jetzt nicht über Konsequenzen sprechen. Ich schätze Sie und möchte Ihnen – wenn möglich – helfen. Kann es sein, daß Sie in letzter Zeit einige Schwierigkeiten hatten?«	Verhaltensänderung seines Mitarbeiters zu. Der schaut teilnahmslos vor sich hin.
»Damit Sie mich nicht falsch verstehen: Ich will in keiner Weise in Ihr Privatleben eindringen. Aber ich möchte Ihnen klarmachen, daß es zu ernsthaften Schwierigkeiten kommen kann, wenn Sie auf Ihrem jetzigen Weg weitergehen. Und mir liegt viel daran, dies zu vermeiden.«	Er deutet mögliche Konsequenzen an – ohne in diesem Gespräch deutlicher zu werden. Sein Ziel ist es, den Mitarbeiter innerlich zu erreichen.
»Ich möchte Ihnen eine persönliche Frage stellen: Wie erleben Sie Ihren Umgang mit Alkohol?«	Keine Antwort.
»Wurden Sie auf dieses Thema auch schon von anderer Seite angesprochen?«	Ein Knurren als Antwort.
»Wie sieht denn Ihre Freundin die Sache? Wie hieß sie gleich wieder?« »Gibt's nicht mehr.«	Er fingert sich die Zigarettenpackung aus seiner Hemdtasche und zündet sich eine an.
»Sie haben sich getrennt?« »Mh, sie hat einen anderen!«	
»Das tut mir leid. Und das macht Ihnen zu schaffen?« »Mh, ziemlich!«	

Dialog	Kommentar
»Das kann ich gut verstehen. Das ist so, als wenn einem der Boden unter den Füßen weggezogen wird.« »Mmh.«	
»Könnte das mit Ihrem veränderten Verhalten zusammenhängen?« »Mmh.«	
»Ich kann Ihre Situation nachempfinden, Herr Clees. Abends alleine in der Bude sitzen, das ist wohl mit am schlimmsten. Ich denke, daß Sie das sehr belastet.« »Mmh.«	
»Dann kommt einem der Griff zur Flasche als etwas Hilfreiches und Tröstendes vor. Es ist diese Leere und dieses Grübeln, das einen so fertigmacht.« »Mhm, genau.«	
»Ich weiß, wovon Sie sprechen. Mir ist es mal ähnlich ergangen. Und wenn man was getrunken hat, geht's einem besser. Aber am nächsten Morgen sieht die Welt wieder ziemlich beschissen aus.«	Nickt.
»Herr Clees, wie kann ich Ihnen helfen?« »Überhaupt nicht.«	

Dialog	Kommentar
»Vielleicht doch. So schwer die Situation für Sie momentan sein mag, sie wird sich im Laufe der Zeit bessern. Glauben Sie mir, ich weiß, wovon ich rede. Aus meiner Sicht ist das schwierigere Problem die Sache mit dem Alkohol. Ich will Ihnen keine guten Ratschläge geben, damit aufzuhören oder so. Das müssen Sie schließlich selber wissen. Aber ich sehe da eine Gefahr.«	Der Vorgesetzte vermittelt Herrn Clees das Gefühl, daß ihm der Sachverhalt nicht fremd ist. Dadurch erhält der Mitarbeiter das Gefühl, daß man »von gleich zu gleich« redet.
»Sie sind ein junger, erfolgversprechender Mann, von dem man im Unternehmen etwas hält. Und glauben Sie mir – nicht nur ich. Aber durch Ihr Absacken bin ich schon ein paarmal ganz schön in Schwierigkeiten gekommen. Und das möchte ich nicht mehr.«	Transport von Wertschätzung und der indirekte Hinweis, daß der Vorgesetzte sein Verhalten bisher gedeckt hat, jetzt aber nicht mehr dazu bereit ist.
»Aber ich möchte, daß Sie wissen, daß ich eine Menge von Ihnen halte. Und jeder von uns kann in Probleme geraten. Die entscheidende Frage dabei ist: Wie kommt man da wieder raus, anstatt tiefer reinzurutschen? Ich bitte Sie darum, sich dieses Gespräch mal in aller Ruhe durch den Kopf gehen zu lassen. Und seien Sie sicher: Noch ist nichts verloren.«	Der Vorgesetzte richtet den Blick des Mitarbeiters nach vorne, anstatt ihn in selbstzerfleischende Grübeleien versinken zu lassen. Jeder weiß, daß sie nichts bringen, und trotzdem passiert es einem immer wieder.
»Meine Bitte an Sie: Seien Sie ab morgen wieder pünktlich, und seien Sie im Umgang mit dem Einkauf etwas entgegenkommender. Ich weiß, daß es mit dieser Abteilung nicht einfach ist, aber	Ein konkreter Hinweis, was er ab morgen von ihm erwartet. Das hilft – im Gegensatz zu Vorhaltungen: Die helfen selten.

Dialog	Kommentar
wir müssen nun mal mit ihr leben. Und ein für mich sehr wichtiger Punkt: Vielleicht können Sie Ihren Alkoholkonsum – speziell am Wochenende – einschränken. Das, denke ich, würde uns allen helfen.«	
»Sprechen Sie doch mal mit Dr. Clotwig, unserem Werksarzt. Er unterliegt der Schweigepflicht und hat 'ne Menge Erfahrung im Umgang mit Alkohol. Ich könnte mir vorstellen, daß er Ihnen helfen kann, aus Ihrem seelischen Tief etwas leichter rauszukommen.«	Konkrete Hilfestellung.
»Gut, Herr Clees, mir war dieses Gespräch sehr wichtig. Und bitte: Wenn es irgendwie geht – keine weiteren Klagen über Sie. Es würde uns allen helfen!«	Nochmalige Hervorhebung der Wichtigkeit dieses Gespräches.
»Ein Punkt liegt mir noch besonders am Herzen: Ich würde gerne in absehbarer Zeit wieder mit Ihnen reden und Ihnen Rückmeldung geben, wie ich Ihre persönliche Weiterentwicklung erlebe. Wären Sie damit einverstanden?«	Dies ist ein Hinweis darauf, daß der Mitarbeiter »unter Beobachtung« steht und der Chef ihm Rückmeldung geben will. Auch das signalisiert für Herrn Clees die Ernsthaftigkeit des Bemühens. Unterstellen wir hier ein zögerliches »Ja«.
»Gut, Herr Clees, ich baue auf Sie.«	Positive Beendigung.

Das Versetzungsgespräch
Mitarbeiter-Goodwill aktivieren – oder sich durch die juristischen Instanzen quälen?

Was ist eigentlich eine Versetzung?

Die Kosten drücken – Gegenmaßnahmen werden erforderlich, und das schöne Wort »lean« geistert durch alle Hierarchieebenen.
Nehmen wir an, Ihr Chef kommt bei seiner Kostenanalyse zu dem Ergebnis, daß eine der beiden Damen in Ihrem Vorzimmer zuviel sei. Damit nimmt das Unheil seinen Lauf, und in der nächsten Besprechung eröffnet er Ihnen, daß die Gesamtsituation – »wie Sie ja wissen« – alle zwinge, Einsparungen vorzunehmen. Deshalb habe er gedacht, daß eine »von den beiden Sekretärinnen bei Ihnen« ideal für den neu zu gründenden Sekretariatspool in B 4 – Zentrale Dienste – wäre. Er dachte an Frau Büsewinkel – und was Sie denn davon hielten...
»Nichts, absolut nichts!« hätten Sie am liebsten gebrüllt, aber Sie kennen den Laden lange genug, um zu wissen, daß die Würfel auf höherer Ebene längst gefallen sind. Gute Miene zum bösen Spiel ist gefragt. Ein Ritual.
Das Ende vom Lied ist, daß Frau Büsewinkel zu B 4 versetzt werden soll. Ihre Aufgabe dabei ist es, ihr diese »frohe Botschaft« zu bringen. Wie bemerkte Ihr Chef so treffend:

»Aber bitte motivierend. Nicht, daß sie uns sauer im Sekretariatspool rumsitzt.«

Und mit dem kleinen, feinen »motivierenden« Schlenker

»Aber ich weiß, daß Sie das hinkriegen werden!«

hat er klar zum Ausdruck gebracht, was er von Ihnen erwartet. Auf Ihre Frage »Wie?« kam die lapidare Antwort:

»Sie werden das schon machen!«

Ah ja... So wie Sie Frau Büsewinkel kennen, wird sie von Ihrem »Vorschlag« nicht gerade sehr erfreut sein. Und wenn Sie an das Gespräch mit ihr denken, wird Ihnen etwas flau im Magen. Was tun?
Generell haben Sie zwei Möglichkeiten: Sie können die Sache schnell, handfest und falsch anpacken und sich damit einen Haufen Probleme einhandeln – oder etwas langsamer, überlegter und psychologischer und hoffen, daß die Sache klappt.
Bevor wir uns nun »Hals über Kopf« in das Geschehen stürzen, ein paar Informationen zum Thema »Versetzung«.
Eine Versetzung liegt dann vor, wenn sich das Aufgabengebiet des Mitarbeiters im Hinblick auf Art oder Ort ändert. Die einseitige Änderung der Arbeitsbedingungen ist dann in Grenzen möglich, wenn sie durch Tarifvertrag oder Einzelarbeitsvertrag geregelt ist. Klauseln in Arbeitsverträgen wie:

»Das Unternehmen behält sich vor, den Mitarbeiter seiner Vorbildung und seinen fachlichen Kenntnissen gemäß an vergleichbarer Stelle einzusetzen, ohne daß dadurch eine Minderung seiner Bezüge eintritt. Dieser Vorbehalt umfaßt auch die Versetzung an einen anderen Ort, soweit dies aus betrieblichen Gründen dringend notwendig ist«

mögen eine gewisse Hilfestellung für eine geplante Versetzung sein – eine Garantie sind sie selten.
Gelingt es nicht, den Goodwill des Mitarbeiters zu aktivieren und ihn zu dieser Versetzung zu motivieren, bleibt Ihnen nur der juristische Weg. Und der kann dauern.

Die Rolle des Betriebsrates

Der Betriebsrat hat bei Versetzungen ein gewichtiges Wort mitzureden. Er kann seine Zustimmung beispielsweise verweigern, wenn

- die Versetzung aus seiner Sicht mit einer erheblichen Änderung der Umstände verbunden ist, unter denen die Arbeit zu leisten ist,
- gegen Auswahlrichtlinien verstoßen wurde.

In diesen Fällen ist die Versetzung erst einmal blockiert. Auf die juristischen Möglichkeiten wie Ersetzung der Zustimmung oder Änderungskündigung soll hier nicht weiter eingegangen werden. Die einschlägige Literatur füllt Bibliotheken.
Auch ohne Jurist zu sein, weiß man, daß die Beschreitung dieses Weges langwierig und von hoher Ergebnisunsicherheit gekennzeichnet ist. In Abwandlung des Churchill-Zitates »Blood, sweat and tears« kann das eine Menge an »Nerves, time and money« kosten.
Die Entscheidung, vor der Sie nun stehen, lautet:

> *»Geben wir uns mit dem Gespräch besondere Mühe, und versuchen wir, den Goodwill des Mitarbeiters zu aktivieren ...«*

oder

> *»... machen wir es kurz und schmerzlos – so nach dem Motto: ›Friß oder stirb!‹ –, und wenn er nicht will, gibt's eben einen Rechtsstreit (wäre eh nicht der erste ...).«*

Versuchen wir es mit dem ersten Weg, der zweite bleibt uns immer noch.
Zwei Hürden sind hierbei zu überwinden: Sie brauchen das Einverständnis des Betriebsrates und des Mitarbeiters. Erst wenn beide genickt haben, steht der Versetzung nichts mehr im Wege.

Mit wem reden Sie zuerst?

Das hängt von Ihrer Einschätzung ab, wie der betroffene Mitarbeiter auf Ihr Ansinnen reagieren wird. Glauben Sie, mit Ihrem Vorschlag bei ihm offene Türen einzurennen, dann

sprechen Sie zuerst mit ihm. Wenn Sie anschließend mit dem Betriebsrat reden, können Sie das Einverständnis des Mitarbeiters gleich mitliefern.
Halten Sie es allerdings für wahrscheinlicher, daß Ihr Anliegen keine Begeisterungsstürme, sondern eher schreckgeweitete Augen und Unterstützungsgesuche beim Betriebsrat zur Folge hat, sollten Sie den umgekehrten Weg gehen.

Die Vorbereitung

Bevor Sie nun mit der einen oder anderen Partei sprechen, empfiehlt es sich, das gesamte Vorgehen gründlich zu durchdenken und vorzubereiten und nichts dabei dem Zufall zu überlassen.
Bei der Gesprächsführung ist es wie bei der Eisenbahn. Ein paar Zentimeter bei der Weichenstellung entscheiden darüber, ob der Zug nach Hamburg oder nach Homburg fährt.
Stellen Sie versehentlich eine Gesprächsweiche falsch, indem Sie sich unabsichtlich im Ton vergreifen oder bei der Wortwahl etwas ungeschickt sind, kann das Gespräch in eine völlig andere Richtung laufen, als Sie beabsichtigt hatten.
Verschaffen Sie sich deshalb über die folgenden acht Fragen umfassend Klarheit:

① Warum überhaupt diese Versetzung?
② Wer soll wohin versetzt werden?
③ Warum gerade er oder sie?
④ Wodurch unterscheidet sich die neue von der alten Stelle?
⑤ Welche Reaktionen Dritter sind zu erwarten?
⑥ Welche psychologischen Klippen sind in dem Gespräch zu meistern?
⑦ Was könnte den Mitarbeiter zur Versetzung motivieren?
⑧ Was läßt sich noch tun, wenn der Mitarbeiter nicht (auf Anhieb) will?

Wenn Sie diese acht Fragen gründlich, gewissenhaft und zufriedenstellend beantwortet haben (am besten schriftlich!), können Sie dem Versetzungsgespräch einigermaßen gelassen entgegensehen.
Liegt das Einverständnis des Betriebsrates für eine Versetzung vor, führen Sie das Gespräch nach Möglichkeit erst einmal ohne ihn. Es kann sein, daß Sie ihn später zur Unterstützung brauchen, wenn der Mitarbeiter »nicht so richtig zieht«!

① Warum überhaupt diese Versetzung?

Aus welchen Gründen soll die Versetzung durchgeführt werden?
Warum ist sie aus unternehmerischer Sicht notwendig und sinnvoll?
Wie sieht der ökonomische Aspekt aus?
Mögliche Gründe für eine Versetzung können sein:
- Umorganisation,
- Restrukturierung,
- Expansion,
- Rationalisierung,
- Erschließung neuer Sektoren,
- Wegfall von Aufgabenfeldern,
- Zusammenlegung von Arbeitsbereichen,
- Auslandsaktivitäten.

Für die Gespräche mit dem Betriebsrat ist es hilfreich, sich auch Gedanken darüber zu machen, welche negativen Auswirkungen für das Unternehmen entstehen könnten, falls er die Versetzung blockieren oder verhindern würde.

② Wer soll wohin versetzt werden?

Hier sind – was die Auswahlkriterien anbelangt – zwei grundsätzlich unterschiedliche Situationen denkbar:
A. Die von dem Mitarbeiter bisher ausgeübte Tätigkeit fällt zukünftig weg.

In diesem Fall ist der zu versetzende Personenkreis durch alle von dem Wegfall der Aufgabe betroffenen Mitarbeiter eindeutig determiniert.
Beispiel: Die firmeneigene Lkw-Flotte wird verkauft, den zukünftigen Transport übernimmt ein externer Spediteur, und die freiwerdenden Fahrer sind auf andere Stellen im Unternehmen zu versetzen.

B. Aus den unterschiedlichsten Gründen (siehe unter Punkt 1) ist aus einem festumrissenen Kreis von Mitarbeitern eine bestimmte Auswahl zu treffen.
Der zu versetzende Personenkreis ist nicht eindeutig determiniert und muß nach bestimmten Kriterien ermittelt werden.
Beispiel: Aus zwei Vorzimmerdamen »soll eine gemacht werden«. Die freiwerdende Mitarbeiterin soll in den neu zu gründenden Sekretariatspool versetzt werden.

③ Warum gerade er oder sie?

Auf diese Frage sollten Sie gut vorbereitet sein. Wenn für eine Versetzung potentiell mehrere Mitarbeiterinnen in Betracht kommen, wird der Betroffenen die Frage:

»Warum ausgerechnet ich?«

auf den Nägeln brennen. Das ist übrigens die Schicksalsfrage, die wir immer dann stellen, wenn uns etwas Unangenehmes widerfährt. Kaum jemand stellt diese Frage bei positiven Ereignissen.
Spürt die Mitarbeiterin in Ihren Ausführungen etwas Negatives, macht sich die Tendenz zur emotionalen Sperre breit. Vermitteln Sie ihr aber das Gefühl, daß sie hierfür »auserwählt« wurde, kann sie Ihrem Ansinnen positiver gegenüberstehen.
Haben Sie auf die Frage: »Warum ausgerechnet ich?« keine wirklich überzeugende und motivierende Begründung, können Sie in ganz schöne Schwierigkeiten kommen.

Bei der Frage: »Wer bleibt, wer geht?« spielt die Sozialauswahl eine wichtige Rolle. Soziale Auswahlgesichtspunkte sind unter anderem:

- Alter,
- Geschlecht,
- Dauer der Betriebszugehörigkeit,
- soziales Umfeld,
- Familienstand.

Aber auch betriebliche Gründe können die Entscheidung maßgeblich beeinflussen. Dazu gehören:

Ähnlichkeiten in der Aufgabe

- Die bisherige Tätigkeit des Mitarbeiters hat einen hohen (unter den möglichen Kandidaten den höchsten) Ähnlichkeitsgrad mit der neuen Aufgabe, oder
- sie hat einen niedrigen Ähnlichkeitsgrad, und im Rahmen eines firmenspezifischen Förderprogrammes soll der Mitarbeiter seine Wissensbasis ausbauen, um zukünftig noch breiter eingesetzt werden zu können. (Berufliche Perspektiven besitzen für die meisten von uns einen hohen Motivationswert!)

Auslastung

- Die jetzige Tätigkeit lastet den Mitarbeiter (in der Wahrnehmung des Vorgesetzten!) quantitativ oder qualitativ nicht (mehr?) aus. Man will sein Können und seine Fähigkeiten produktiver und für ihn auch befriedigender einsetzen. (Persönliche Weiterentwicklung!)

Qualifikation

In positiver Hinsicht

- Der Mitarbeiter ist für die neue Aufgabe besonders qualifiziert. Er verfügt über entsprechende Kenntnisse und Fertigkeiten. Diese Versetzung kann in seiner Wahrnehmung so etwas wie einen (direkten oder indirekten) Aufstiegscharakter haben.
- Man weiß, daß der Mitarbeiter mit seiner jetzigen Aufgabe unzufrieden ist, und es bietet sich hier eine neue Möglichkeit.

In negativer Hinsicht
Problematisch kann es werden, wenn der Mitarbeiter aus negativen Leistungsgründen ausgewählt wurde. In seiner bisherigen Position soll oder kann er nicht bleiben, da er die Anforderungen nur unzureichend erfüllt. Hier bieten sich generell zwei Möglichkeiten: Entweder Sie »schenken ihm reinen Wein ein« – mit allen möglichen Konsequenzen –, oder Sie schieben andere »gesichtsverträgliche« Gründe vor (»Wegloben«). Die Entscheidung liegt bei Ihnen.
Einem älteren Mitarbeiter, dessen Abteilung auf EDV umgestellt werden soll und der noch nie etwas »mit diesem neumodischen Kram« zu tun hatte, kann man möglicherweise mit einer Versetzung einen Riesengefallen tun.
Wenn Sie ihm dagegen unvorbereitet sagen, daß er in einen anderen Bereich versetzt werden soll, »weil er es hier nicht mehr bringt«, bekommt er wahrscheinlich zuerst einen Schock und dann die Unterstützung des Betriebsrates. Und mit der entsprechenden Hilfe kann man sich gegen Strafversetzungen ganz schön wehren.

④ Wodurch unterscheidet sich die neue von der alten Stelle?

Hier hilft ein kritischer Vergleich, um auf Fragen von Mitarbeiter und Betriebsrat entsprechend vorbereitet zu sein. Die-

ser Vergleich liefert auch wichtige Anhaltspunkte für die Motivation des Mitarbeiters.
Bitte machen Sie sich über den gesamten Komplex der Versetzung ein Bild – und zwar aus Ihrer persönlichen Sicht. Bilden Sie sich Ihre Meinung zu folgenden Punkten:

Der Aufgabenvergleich

- Ist die neue Tätigkeit »schöner« oder »weniger schön« als die bisherige? (Was immer darunter zu verstehen sein mag.)
- Was ist an den beiden Aufgaben gleich oder ähnlich – und wo unterscheiden sie sich? (Ansatzpunkte für Motivationspotential.)
- Was sind die attraktiven – und was die un- oder weniger attraktiven Aspekte der neuen Aufgabe?

Arbeitsplatzvergleich

Treten bei folgenden Punkten Unterschiede auf? Wenn ja – welche?

- Anfahrtsweg,
- Arbeitszeit,
- Arbeitsbedingungen,
- Arbeitsumfeld,
- Räumlichkeiten (Einzel- oder Gruppenarbeitsplatz, Einzel- oder Großraumbüro, potentieller Raucher-/Nichtraucherkonflikt),
- Belichtungs-, Belüftungsverhältnisse.

Bezahlung

- Gibt es zwischen den Stellen Unterschiede in der Bezahlung? Eine niedrigere Eingruppierung ist zwar nicht möglich, aber der Entfall bestimmter Zulagen (Schmutzzulage, Erschwerniszulage) ist zulässig.

Status/Prestige

- Welches Prestige hat die neue Aufgabe im Verhältnis zur alten? Ist mit der neuen Tätigkeit so etwas wie ein Imageverlust verbunden? Wenn ja, gehen Sie von folgender Faustregel aus: Je niedriger das Image, um so höher der Versetzungswiderstand.

⑤ Welche Reaktionen Dritter sind zu erwarten?

Wie werden die »alten« Kollegen reagieren?

Betrübt:

»Hast du schon gehört? Klonsky wird zum PC-Support versetzt.«
»Nee, das erste, was ich höre! Warum denn das?«
»Keine Ahnung!«
»Mann, der wird uns fehlen!»

Oder erfreut?

»Ha, den Meier hat's erwischt!«
»Das wundert mich nicht, den erwischt's immer!«

Wie werden die zukünftigen Kollegen den »Neuen« aufnehmen?

So:

»Ich hab' gehört, da soll so ein Dünnbrettbohrer aus der Logistik zu uns kommen. Und mehr Kohle soll er auch noch kriegen als wir!«
»Na, der soll ruhig kommen, dem zeigen wir schon, wo's langgeht!«

Oder so:

»Tellbrock sagt, daß der Benesch aus dem Forschungslabor zu uns kommen soll. Stimmt das?«
»Das hab' ich auch gehört!«
»Das wär' ja prima. Benesch ist ein guter Mann!«

Was wird seine Familie sagen?

- Freut sie sich darüber?
- Ist es ihr Wurscht?
- Oder wird sie maulen?

»Ja kommst du dann noch später heim?«
»Da müssen wir ja schon um halb sieben aufstehen!«
»Heißt das, daß sie dich jetzt endgültig abgesägt haben?«

Wie wird sich das auf das Selbstwertgefühl des Mitarbeiters auswirken?
Nachdem Sie die Sache aus Ihrer Sicht betrachtet haben, schauen Sie sich nun die Versetzung mit den Augen des Mitarbeiters an. Wenn Sie ihn wirklich überzeugen wollen, sollten Sie mit seiner Sichtweise gut vertraut sein.

⑥ Welche psychologischen Klippen sind in dem Gespräch zu meistern?

Abneigung gegen Veränderungen

Die meisten von uns mögen Veränderungen nicht und haben zu ihnen ein gestörtes Verhältnis. Veränderungen konfrontieren uns mit Ungewißheit, Unsicherheit und Angst.
Wir hatten uns gerade so schön mit allem arrangiert – und jetzt wieder was Neues? Jetzt soll das Bekannte und Bewährte auf einmal nicht mehr gelten? Wieder ein langer und schwieriger Lernprozeß? Nein danke!
Mit diesen tief in der menschlichen Psyche wurzelnden Gefühlen haben wir es bei Versetzungsgesprächen direkt – und häufiger indirekt – zu tun. Da es vielen Menschen schwerfällt, über die Ängste und Befürchtungen, von denen sie befallen werden, offen zu reden, weichen sie auf die rationale Kommunikationsebene aus. Sie argumentieren »sachlich« und erklären uns haarklein, warum nicht sie, sondern jemand anders viel besser für diese Aufgabe geeignet wäre.

»Warum nehmen Sie nicht Frau Blaskowitz? Sie ist hier bei weitem nicht so gut eingearbeitet wie ich und kennt sich im

Export überhaupt nicht aus. Und von der neuen EDV, die wir jetzt bekommen haben, hat sie nicht einen blassen Schimmer!«

Damit tritt das Problem deutlich zutage: Die Gründe für die Ablehnung sind emotional, die Argumente jedoch rational. Das macht die Sache schwierig.
Den Stier bei den Hörnern zu packen und mit sogenannten »klaren Äußerungen klare Verhältnisse« zu schaffen, kann ziemlich kontraproduktiv sein und eine drastische Erhöhung des emotionalen Sperrfaktors nach sich ziehen.

»Aber Herr Dr. Kirschner, die ganze Drumrumrederei nützt doch nichts! Geben Sie's doch zu: Sie haben einfach Angst davor!«

Erfahrene Chefs werden statt dessen behutsam versuchen, an die emotionalen Ablehnungsgründe des Mitarbeiters zu kommen. Sie spielen bei der Blockierung von Mitarbeiter-Goodwill die entscheidende Rolle.
Sollten in Ihrem Unternehmen allerdings klassische Befehlsstrukturen und hackenklappende Mitarbeiter das Geschehen bestimmen und Anordnungen mit einem markigen »Jawoll, Chef!« quittiert werden, dann brauchen Sie sich, wie es mal ein leitender Angestellter eines großen Konzerns formulierte,

»nicht mit solchen psychologischen Kinkerlitzchen, die sowieso nichts bringen«

aufzuhalten. Mitarbeiterorientierte Gesprächsführung ist überflüssig. Befehl genügt!
Erfreulicherweise wird diese Spezies von Vorgesetzten und Mitarbeitern in der heutigen Arbeitswelt immer seltener.

Ver»meint«liche Leistungsgründe

Ein Versetzungsgespräch ist ein diffiziles Gespräch. Bekommt der Mitarbeiter die Botschaft »in den falschen Hals« – und die Gefahr ist dann besonders groß, wenn er *meint*, daß

man mit seinen Leistungen nicht zufrieden ist –, vermutet er hier den wahren, aber nicht ausgesprochenen Grund für die Versetzung. Dadurch fühlt er sich in seinem Selbstwertgefühl angegriffen und neigt zum emotionalen »Sperren«.
Deshalb ist hier der Transport von Wertschätzung besonders wichtig.
Haben Sie es daran in der Vergangeheit mangeln lassen, könnte er Ihr Ansinnen jetzt als eine willkommene Gelegenheit zur Revanche auffassen.

⑦ Was könnte den Mitarbeiter zur Versetzung motivieren?

Das hängt in erster Linie von der Persönlichkeitsstruktur des Mitarbeiters ab. Gehört er eher zum Gros der Menschen, das Veränderungen nicht besonders mag – oder fühlt er sich mehr der Schar von Zeitgenossen zugehörig, die Neuem gegenüber offen und aufgeschlossen ist?
Im ersten Fall heben Sie die Gemeinsamkeiten zwischen alter und neuer Tätigkeit hervor und gehen behutsam auf seine versteckten Ängste ein. Der Mitarbeiter wird Ihnen dankbar sein, wenn Sie ihm »gesichtsverträglich« Gelegenheit geben, über seine Befürchtungen und negativen Gefühle zu reden, und ihm als moralische Stütze helfen, sich mit diesem seelischen Tiefschlag anzufreunden.
Gehört Ihr Mitarbeiter zum zweiten Typ – ist also jemand, der Neuerungen mag –, sollten Sie ihn für die positiven Aspekte der Versetzung begeistern. Diese Aspekte zu finden ist eine der wichtigsten Aufgaben Ihrer Vorbereitung!
Mögliche Motivationsfaktoren können sein:

- persönliche Herausforderung durch die neue Tätigkeit,
- Wertschätzung für die guten Leistungen der Vergangenheit,
- wertschätzender Vertrauensvorschuß für die bevorstehenden Aufgaben,
- Aufbauarbeit leisten (hat was stark Motivierendes!),
- höherer Freiheitsgrad als bisher,

- Ehrgeiz ansprechen: Versetzung kann Sprungbrett für weiteren Aufstieg sein (zum Beispiel Auslandsaufenthalt),
- Aufzeigen von möglichen Chancen, die der Mitarbeiter selbst noch nicht erkannt hat,
- Negatives der alten Stelle hinter sich lassen (»Dann brauchen Sie sich damit nicht mehr rumzuärgern«),
- Bedeutung, die die neue Tätigkeit für das Unternehmen (die Abteilung) hat,
- zeitliche Befristung,
- besonders geeignet als »trouble shooter«,
- neue Freunde unter den neuen Kollegen finden,
- signalisieren, daß die Mitarbeiter der neuen Stelle sich auf ihn freuen (aber nur, wenn's stimmt!),
- ansprechen, daß gegenwärtig brachliegende Fähigkeiten des Mitarbeiters dort besser genützt werden,
- Anbieten persönlicher Hilfestellung, wenn es im neuen Job klemmen sollte,
- gemeinsame Festlegung von (attraktiven) Weiterbildungsmaßnahmen, um den Einstieg zu erleichtern,
- Hinweis auf persönliche Horizonterweiterung und damit auf die mögliche Steigerung des persönlichen innerbetrieblichen »Verkehrswertes« des Mitarbeiters,
- eventuelle Kompetenzerweiterung.

Mögliche materielle Anreize/Statuserhöhung

- Mehr Geld (bessere Dotierung, neue oder höhere Zulagen),
- zusätzliches Equipment, wie EDV-Hardware oder -Software, sofern das als Anreiz erlebt wird (bei manchen Mitarbeitern kann dies allerdings auch Ängste produzieren),
- mit Versetzung verbundene Sonderleistungen wie beispielsweise ein Firmenparkplatz oder der Wegfall des lästigen Stempelns.

Machen Sie sich einmal in einer stillen Stunde eine Liste, auf der steht, was jeden Ihrer Mitarbeiter konkret motiviert.

Wahrscheinlich werden Sie über die Verschiedenartigkeit der Motivationsmöglichkeiten erstaunt sein. Worauf der eine voll abfährt, kann den anderen völlig kaltlassen. Und seltsamerweise spielt Geld dabei eine eher untergeordnete Rolle.

⑧ Was läßt sich noch tun, wenn der Mitarbeiter nicht (auf Anhieb) will?

- Zeigen Sie Verständnis für den Standpunkt des Mitarbeiters. Seien Sie nicht beleidigt, wenn er nicht sofort auf Ihre Vorschläge eingeht, und handeln Sie nicht nach dem Motto:

  »Na gut, wenn Sie nicht wollen … Bitte! Sie werden schon sehen, was Sie davon haben!«

Gut Ding will Weile haben. Der Mitarbeiter muß sich erst mit den verschiedenen Aspekten der Versetzung – und besonders mit den unerfreulichen – vertraut machen.

- Versuchen Sie erst einmal, die wirklichen Gründe für seine Ablehnung herauszufinden. Suchen Sie diese im emotionalen Bereich.
- Geben Sie bei ablehnenden Signalen nicht sofort auf, sondern versuchen Sie es weiter. Vorzugsweise mit der Plus-Motivation »Wünsche wecken«.
- Zeigen Sie dem Mitarbeiter noch einmal alle Möglichkeiten, Vorteile und Chancen auf, die aus Ihrer Sicht mit dieser Versetzung verbunden sind. Hören Sie zu, und nehmen Sie seine Ängste ernst.
- Bitten Sie den Mitarbeiter um Information darüber, was der Hauptgrund für seine Weigerung ist.
- Können Sie ihn mit zusätzlichen »Bonbons« locken? Wenn ja – mit welchen?
- Besteht die Möglichkeit einer Versetzung mit »Rückfahrkarte«? Wenn ja, ist dies eine psychologisch wichtige Hilfestellung, mit der Sie die Hemmschwelle deutlich senken können. Man geht wesentlich unverkrampfter an etwas Neues heran, wenn man weiß:

»Wenn es nicht klappt, kann ich zurück!«
Und dieses Bewußtsein trägt viel zum Gelingen bei. Aber bitte sagen Sie nur das zu, was Sie auch wirklich halten können. Sonst kann Ihr Vorgesetzten-Image ziemlich schnell Schlagseite kriegen.

- Wenn der Betriebsrat Ihre Absichten unterstützt, führen Sie ein Dreiergespräch. Das kurze Nicken des Betriebsratsvorsitzenden kann für den Mitarbeiter wesentlich mehr Überzeugungskraft haben, als wenn Sie auf ihn »wie auf einen lahmen Gaul« einreden.
- Nützt das alles nichts, erläutern Sie ihm die Maßnahmen, die Sie im Falle seiner nachhaltigen Weigerung einleiten müßten:
  »Damit wären wir fast gezwungen, Herr Tolksdorf, den juristischen Weg einzuschlagen, mit Arbeitsgericht und so, was ich persönlich bedauern würde ...«
  Deuten Sie kurz das weitere Vorgehen mit möglichen Konsequenzen an. Aber bitte nicht zu dramatisch.
- Doch bevor Sie diesen Weg wirklich einschlagen, geben Sie ihm noch einmal Bedenkzeit – vorzugsweise über ein Wochenende. Und geben Sie ihm auch Argumente für seine Bettina und die Kinder mit. Oft sitzen die größten Motivatoren zu Hause!

Ein Modellgespräch

Kehren wir zu unserem Anfangsbeispiel zurück. Die von der Versetzung betroffene Mitarbeiterin, Frau Büsewinkel, ist 24 Jahre alt, Zweitsekretärin bei Ihnen und seit gut einem Jahr in der Firma. Ihre Erstsekretärin, Frau Berchtenbreiter, ist Anfang 50 und seit rund 15 Jahren im Unternehmen. Frau Büsewinkel soll ab nächsten Ersten in dem neu einzurichtenden Sekretariatspool tätig werden. Der Betriebsrat hat grundsätzliches Einverständnis signalisiert und auf Ihren Wunsch hin nichts gegenüber Frau Büsewinkel verlauten lassen.

Sie haben Ihre Mitarbeiterin nun zu sich gebeten, um sie über die neue Situation zu informieren. Das leicht flaue Gefühl in Ihrer Magengegend hat sich eher verstärkt, und auch Frau Büsewinkel sieht Sie so merkwürdig an.

Dialog	Kommentar
»Frau Büsewinkel, ich habe Sie hergebeten, weil ich etwas Wichtiges mit Ihnen besprechen möchte, was uns beide betrifft.«	Mit dieser Einleitung kann der Chef sicher sein, daß er die Aufmerksamkeit seiner Mitarbeiterin hat.
»Wie Sie wissen, ist die gegenwärtige Situation des Unternehmens nicht besonders gut. Die Auftragslage läßt ziemlich zu wünschen übrig. Aber ich denke, da sage ich Ihnen nichts Neues.«	Damit läßt er anklingen, daß jetzt etwas wenig Erfreuliches kommt. Der Hintergedanke dabei ist: Wenn sie dadurch mit dem Schlimmsten, der Kündigung, rechnet, dann erlebt sie selbst die Versetzung – sozusagen im Rahmen eines Kontrastprogrammes – als ein wesentlich kleineres Übel.
»Nein, nein, bitte schauen Sie nicht so erschreckt, das ist nicht die Einleitung zu einer Kündigung.«	Nonverbales Erschrekken wird sanft aufgefangen, um sie nicht unnötig zu »grillen«.
»Aber natürlich hat diese Situation Auswirkungen, und wir alle müssen den Gürtel enger schnallen.«	Um die Erleichterung aber nicht zu groß werden zu lassen, kommt jetzt ein Dämpfer.

Dialog	Kommentar
»Sie werden ja schon selbst gemerkt haben, daß unsere Auslastung zurückgegangen ist. Das hängt mit der rückläufigen Auftragslage zusammen.«	Langsam leitet der Chef von der allgemeinen zur persönlichen Situation von Frau Büsewinkel über.
»Und nun gibt es einen Vorstandsbeschluß, der Kosteneinsparungen, Rationalisierungsmaßnahmen, Personalabbau und einen generellen Einstellungsstopp vorsieht.«	Die negativen Maßnahmen bringt er klar, deutlich und nicht beschönigend. Das Wort »Vorstandsbeschluß« signalisiert, daß die Würfel für die nächste Zeit endgültig gefallen sind.
»Vom Personalabbau ist unsere Abteilung Gott sei Dank verschont geblieben, aber nicht von internen Rationalisierungsmaßnahmen.«	Keine gravierenden negativen Auswirkungen für die eigene Abteilung, aber trotzdem kündigt sich Unangenehmes an.
»So soll zum nächsten Ersten ein sogenannter Sekretariatspool in B 4 eröffnet werden, um die Sekretariats- und Schreibarbeiten zu bündeln und dadurch Rationalisierungseffekte zu erzielen.«	Sachliche Darstellung der beabsichtigten Maßnahmen und Ansprechen der sich aus Unternehmenssicht daraus ergebenden Vorteile.
»Gedacht ist daran, unter anderem zwei Damen aus unserem Bereich dort einzusetzen, und man denkt dabei an Sie. Sie können sich vorstellen, daß mir das absolut nicht gefallen hat, aber Dr. Stolzenberg hat mir	Jetzt wird die Katze aus dem Sack gelassen. Frau Büsewinkel ist von der Umorganisation betroffen. Der Chef signalisiert ganz stark:

Dialog	Kommentar
unmißverständlich zu verstehen gegeben, daß die Restrukturierung fast alle Unternehmensbereiche erfaßt. Der Betriebsrat ist auch informiert.«	»Ich habe um dich gekämpft, aber meine Waffen waren nicht stark genug!« Oben gegen unten – Steinschleuder gegen Panzer!
»Diese Maßnahme tut mir persönlich sehr leid, denn ich habe Sie als eine wertvolle Mitarbeiterin kennen- und schätzengelernt. Sie arbeiten engagiert und zuverlässig und haben mit Charme und Freundlichkeit auch die schwierigsten Situationen sehr gut gemeistert.«	Starker Transport von Wertschätzung, Dies ist für Frau Büsewinkel in der Situation, in der sie sich jetzt befindet, psychologisch sehr wichtig. Die Botschaft lautet: »Ich hätte dich gern behalten, denn du warst wirklich gut. Aber die Umstände sind im Moment halt gegen uns...«
»Sicher sind Sie von dieser Nachricht genauso überrascht, wie ich es war, und man braucht etwas Zeit, um sie zu verdauen.«	Der Chef signalisiert Verständnis für ihre Betroffenheit. Auch das ist ein Zeichen von Wertschätzung.
»Aber ich denke, daß diese Möglichkeit auch Positives bietet. Dr. Stolzenberg sagte mir, daß er Sie dort so einsetzen möchte, daß Ihre ausgezeichneten Englischkenntnisse voll zum Tragen kommen. Hier liegen sie ja leider ziemlich brach.«	Jetzt leitet der Chef auf die positiven Aspekte über, die diese Versetzung für die Mitarbeiterin bieten kann. Er hebt sie jetzt ganz bewußt aus ihrer nega-

Dialog	Kommentar
	tiven Sichtweise auf eine positive Wahrnehmungsschiene und signalisiert, daß man auch »höheren Orts« auf sie aufmerksam geworden ist und ihre Qualitäten zu schätzen weiß.
»Und ein weiterer positiver Gesichtspunkt, denke ich, ist, daß Frau Bellini die Leiterin des Sekretariatspools wird, mit der Sie sich, so viel ich weiß, recht gut verstehen.«	Er hat einen weiteren Vorteil angesprochen, mit dem er versucht, sie von ihrer gegenwärtigen Wahrnehmung auf eine positive Sichtweise »umzupolen«.
»Die positiven Auswirkungen, die man sich höheren Orts von dem Sekretariatspool verspricht, sind Kundennähe, schnellere Bearbeitung der Anfragen, professionellere Kundenkontakte und eine bessere Auslastung der Mitarbeiter. Das, denke ich, sind Argumente, die nicht von der Hand zu weisen sind.«	Jetzt erläutert er die Vorteile, die das Unternehmen von dieser Maßnahme erwartet. Damit signalisiert der Vorgesetzte, daß er hinter der Vorstandsentscheidung steht und sie mitträgt. Er könnte sich auch das Leben »einfacher« machen und auf die Maßnahme, den Vorstand und überhaupt . . . schimpfen. Damit würde der Chef zwar optisch »seine Hände in Unschuld

Dialog	Kommentar
	waschen«, aber gleichzeitig einen ziemlich schwachen Führungsstil zeigen und eine Menge Negatives über sich selbst aussagen. Getreu dem alten Motto: »Die Menschen sagen viel mehr über sich, als sie wollen. Man muß nur zuhören und hinschauen!« Dieser Vorgesetzte vertritt aber den Standpunkt seiner Vorgesetzten und verhält sich loyal, ohne die Wertschätzung gegenüber seiner Mitarbeiterin zu schmälern.
»Was die Sache aber für Sie interessant machen könnte, ist der Kontakt zu unseren amerikanischen Geschäftspartnern. Sie werden mit denen sowohl schriftlich als auch telefonisch eine Menge zu tun haben. Und wer weiß, vielleicht kommt es ja auch mal zu einer Geschäftsreise über den großen Teich. Aber versprechen kann ich's Ihnen natürlich nicht.«	Wenn er Frau Büsewinkel richtig einschätzt, bringt er jetzt einen für sie möglicherweise bedeutenden Vorteil, der sowohl Wertschätzung als auch künftige Arbeitszufriedenheit beinhaltet.
»Sehen Sie diese Umorganisation nicht als Handicap, sondern als Chance. Sie kommen dort mit Dingen in Berührung, die bei uns einfach nicht	Der Chef empfiehlt ihr, einen »Wahrnehmungsbrillenwechsel« vorzunehmen. Und

Dialog	Kommentar
vorkommen, und ich denke, daß Sie persönlich davon eine Menge profitieren werden. Und wer weiß, vielleicht wird mehr daraus ...«	damit hat er recht. Es liegt nämlich ausschließlich an uns und unserer Sichtweise, ob wir so gepolt sind, daß wir in jeder Chance ein Problem sehen – oder ob für uns jedes Problem eine Chance enthält. Unsere Sichtweise macht's.
»Sie können sich vorstellen, daß ich mich auf dieses Gespräch nicht besonders gefreut habe. Aber wenn man den ersten Schock überwunden hat, erkennt man auch die positiven Seiten und die Chancen. Und jetzt, Frau Büsewinkel, sagen Sie mir doch bitte, wie Sie die ganze Sache sehen.«	Er zeigt Mitgefühl und gibt ihr jetzt die Gelegenheit zu reden. Er wird ihr aufmerksam zuhören, nonverbale Bestätigungssignale senden und damit zu verstehen geben, daß er sie und ihre gegenwärtige Gemütslage ernst nimmt.

Das Abmahnungsgespräch
Nur »Schuß vor den Bug« – oder »Anfang vom Ende?«

Was ist eigentlich eine Abmahnung?

Produktionsleiter Trossberg gehört nicht gerade zu den sensibelsten Führungskräften. Ein kantiger Typ, der bolzengerade sagt, was er denkt. Daß er dabei schon manchem kräftig auf die Zehen gestiegen ist, stört ihn wenig.
Irgendwie können Sie ihn verstehen. Er ist mit seinen knapp 300 Mitarbeitern für die gesamte Produktion zuständig. Das prägt. Daß er da manchmal »kräftig hinlangen« muß, wie er sich ausdrückt, leuchtet ein. Aber was er jetzt von Ihnen will, geht halt nicht.
Herr Trossberg war ziemlich wütend, als er Sie am Montag morgen anrief und Ihnen sagte, was der Steinbrink, *»dieser unzuverlässige Kerl«*, ein Mann aus Produktion 3, sich wieder mal geleistet hat.

> *»Um Viertel nach sieben, 'ne halbe Stunde nach Schichtbeginn, hat er bei Talyczek angerufen und gesagt, daß er aus familiären Gründen ...«,*

er wiederholt die letzten Worte mit einer gewissen Süffisanz,

> *»... aus familiären Gründen dringend einen Tag Urlaub braucht! Talyczek hat natürlich abgelehnt. Er meinte, daß Steinbrink stinkbesoffen war!*
> *Also, jetzt habe ich die Schnauze mit dem Kerl endgültig voll. Schmeißen Sie ihn raus! Mit so jemandem kann man nicht arbeiten. Mir wird die Verantwortung für die gesamte*

Produktion aufgehalst, und ich muß mich mit solchen Krükken rumärgern. Jetzt langt's! Machen Sie, was Sie wollen, aber ich will den Kerl hier nicht mehr sehen!«

Und dann war das Gespräch auf einmal zu Ende. Aufgelegt. Emotion pur – und das am Montag morgen. Die Woche fängt ja gut an.

Sie wissen, daß Trossberg und Steinbrink nicht besonders miteinander können. Das war früher mal anders, hat sich aber im letzten halben Jahr deutlich verschlechtert. Heute würde Trossberg Steinbrink am liebsten »auf den Mond schießen«, wie er es Ihnen gegenüber einmal ausgedrückt hat.

Aber Steinbrink kündigen, nur weil er sich »aus familiären Gründen« kurzfristig einen Tag Urlaub genehmigt hat? Absolut unrealistisch! Er hätte ja auch den üblichen Weg gehen können: Ein kurzer Anruf seiner Frau vor Schichtbeginn, die dann irgend etwas von Brechdurchfall oder ähnlich Phantasievollem gemurmelt hätte, und das wär's dann gewesen.

Nichts von alledem. Er hat selbst angerufen und um einen Tag Urlaub gebeten. Das war irgendwie sogar anständig von ihm, und Sie wissen, daß Sie mit einer Kündigung nicht den Schatten einer Chance hätten. Sonst liegt gegen ihn nichts vor. Trossberg hat zwar schon öfter über ihn gemault, aber etwas Greifbares hat er nie beigebracht.

Also keine Kündigung. Vielleicht eine Abmahnung?

Die Abmahnung ist ein Hinweis auf vertragsverletzendes Verhalten des Arbeitnehmers, verbunden mit der Aufforderung, sich zukünftig vertragsgemäß zu verhalten, und der Androhung individualrechtlicher Konsequenzen bei erneuter Vertragsverletzung gleicher oder ähnlicher Art.

Eine ordnungsgemäße juristische Abmahnung muß folgende Funktionen erfüllen und enthalten:

- Rügefunktion,
- Warnfunktion,
- Dokumentationsfunkion.

Jeder Vorgesetzte, der berechtigt ist, einem Mitarbeiter zu kündigen, kann auch eine Abmahnung erteilen.
Sie sollte aber nach Möglichkeit von der Personalabteilung erstellt werden, da an ihre schriftliche Form bestimmte formale Anforderungen gestellt werden. Sind diese nicht erfüllt, sinken bei einem Arbeitsgerichtsprozeß die Chancen einer Kündigung durch den Arbeitgeber erheblich.

Anlässe für eine Abmahnung

- Unbefugtes Entfernen vom Arbeitsplatz,
- Arbeitsverweigerung,
- unberechtigte Nutzung des Arbeitgebereigentums,
- Kassenfehlbestände,
- unentschuldigtes Fehlen,
- verspätete Vorlage eines ärztlichen Attests,
- erhebliche Leistungsmängel, die schuldhaft verursacht sind,
- unberechtigtes Benutzen des Telefons für Privatgespräche,
- häufiger unpünktlicher Arbeitsbeginn,
- grobe Beleidigung.

Nach dem abzumahnenden Ereignis sind keine expliziten Fristen einzuhalten. Die Abmahnung sollte jedoch möglichst bald nach dem Vorfall ausgesprochen werden.
Die *Ermahnung* ist eine schwächere Form, mit der der Arbeitgeber den Arbeitnehmer nachhaltig auf ein Fehlverhalten hinweist und damit die Erwartung zum Ausdruck bringt, daß das Fehlverhalten umgehend abgestellt wird. Bei der Ermahnung fehlt die Warnung vor einer Kündigung im Wiederholungsfall.

Anforderungen an den Inhalt einer Abmahnung

Damit eine Abmahnung juristisch »wasserdicht« wird, muß sie folgende Bestandteile enthalten:
① Die genaue Bezeichnung des kritisierten Verhaltens:
   - Wer hat

- was
- wann
- wo
- gegenüber wem
- in wessen Gegenwart
- wie oder womit
- gesagt oder getan?

② Die Feststellung, wogegen der Arbeitnehmer damit verstoßen hat (beispielsweise Arbeitsvertrag, einschlägige Betriebsvereinbarung, Sicherheitsvorschriften).

③ Die Angabe der Häufigkeit des beanstandeten Fehlverhaltens. Wenn es sich um eine »Wiederholungstat« handelt, ist vom Arbeitgeber anzugeben, was er dagegen bisher unternommen hat (beispielsweise aktenkundiges Kritikgespräch oder Ermahnung).

④ Die Androhung von arbeitsrechtlichen Konsequenzen, also der Hinweis, daß das Arbeitsverhältnis im Wiederholungsfall gefährdet ist bzw. gekündigt werden kann.

Die Bedeutung der Abmahnung für die verhaltensbedingte Kündigung

Bei einem Kündigungsschutzprozeß aus verhaltensbedingten Gründen spielt eine vorherige einschlägige Abmahnung eine wichtige Rolle. Wurde sie versäumt, sieht es für den Arbeitgeber ziemlich düster aus.

Die Beteiligung des Betriebsrates

Von der Abmahnung ist nur das Vertragsverhältnis zwischen Arbeitgeber und Arbeitnehmer betroffen. Damit handelt es sich um eine individualrechtliche Angelegenheit, die grundsätzlich nicht dem Mitbestimmungsrecht des Betriebsrats unterliegt.

Mitbestimmungspflichtig wird die Abmahnung erst dann, wenn sie kollektivvertraglich relevant wird, das heißt, wenn

- beispielsweise mit einer Abmahnung automatisch eine allgemeine Sanktion verbunden ist (»Wer eine Abmahnung erhält, unterliegt automatisch einem zweijährigen Beförderungsstopp!«),
- eine Betriebsvereinbarung über Abmahnungen existiert, in der die Dauer des Verbleibs in der Personalakte geregelt ist.

Ansonsten bestehen keine direkten Beteiligungsrechte des Betriebsrates; das heißt, er hat in diesem Zusammenhang kein

- Informationsrecht,
- Mitwirkungsrecht oder
- Mitbestimmungsrecht,

es sei denn, der Arbeitnehmer bittet in diesem Zusammenhang den Betriebsrat um Unterstützung.
Bevor Sie nun aufgrund emotional aufgeheizter Aussagen Dritter eine knochenharte Abmahnung formulieren und sie dem Mitarbeiter »verpassen«, sollten Sie sich über die jeweiligen Sichtweisen der Beteiligten umfassend informieren.
Es ist schon häufiger vorgekommen, daß wutschnaubende Vorgesetzte mit adrenalinverzerrter Wahrnehmungsbrille lautstark eine Abmahnung für einen ihrer Mitarbeiter gefordert haben. Hinterher hat sich dann herausgestellt, daß der behauptete Sachverhalt »eigentlich ganz anders war«. Da ist sie wieder: Unsere ach so vertraute selektive Wahrnehmung – und diesmal in Reinkultur.
Schon manch voreilig ausgesprochene Abmahnung mußte zähneknirschend zurückgenommen werden, wobei der mögliche Flurschaden nicht unterschätzt werden darf: Entschuldigung beim sogenannten »Täter«, ein sich aufplusternder Betriebsrat, der aus Ihrer persönlichen Niederlage Kapital schlägt, und das firmenweite Gerücht, daß »die von der Personalabteilung ganz schön leichtfertig mit Abmahnungen umgehen«.

»Sechs-Stufen-Fahrplan« für Abmahnungen

Mit dem folgenden »Sechs-Stufen-Fahrplan« können Sie die Wahrscheinlichkeit, bei einer Abmahnung etwas Wichtiges zu übersehen und damit »auf den Bauch zu fallen«, minimieren.

1. Stufe: Schriftlicher Bericht des »Abmahnungsanforderers«

Oberstes Gebot: Abmahnungen niemals auf Zuruf!
Bitten Sie den »Abmahnungsanforderer« um einen schriftlichen Bericht des Sachverhaltes aus seiner Sicht. Sollte seine Darstellung auf Aussagen Dritter beruhen – ist also sogenanntes »Hörensagen« im Spiel –, müssen Sie mit einem überproportional hohen Wahrnehmungsverzerrungsfaktor rechnen. (Und bitte denken Sie immer daran: Es wird *eine* Wahrnehmung transportiert – und nicht *die* Wahrheit!)
Gehen Sie den Bericht kritisch durch. Markieren Sie alle aus Ihrer Sicht bestehenden Unklarheiten, Widersprüche und Möglichkeiten für eine unterschiedliche Auslegung. Wenn Sie es nicht tun, tut es später ein anderer. Und das kann schmerzhaft werden!
Klären Sie alle fraglichen Punkte mit dem »Abmahnungsanforderer« offen und ohne erhobenen Zeigefinger. Er dürfte kaum wegen seiner guten Formulierungskünste eingestellt worden sein, sondern wird meist wegen ganz anderer Fähigkeiten bezahlt. Fehler »gesichtsverträglich« zu korrigieren ist ein Zeichen von Wertschätzung.

2. Stufe: Erstellung eines »Tathergangsberichts«

Fertigen Sie jetzt einen aus Ihrer Sicht stimmigen »Tathergangsbericht« an, den Sie vom »Abmahnungsanforderer« überprüfen lassen. Wenn er ihn für in Ordnung befindet (»Jetzt stimmt's! Genauso war's!«), lassen Sie ihn den Bericht abzeichnen.

3. Stufe: Überprüfung des Tathergangsberichts durch betroffene Dritte

Sie kennen nun die Sichtweise einer Partei – die des »Abmahnungsanforderers«. Jetzt informieren Sie sich über die Sichtweise betroffener Dritter, das heißt von möglichen »Opfern« oder »Zeugen«.
Den »Opfern« wurde etwas zugefügt, die »Zeugen« haben das Geschehen miterlebt.
Deren Wahrnehmungen ermitteln Sie

- durch Befragung mit Anfertigung eines entsprechenden Protokolls oder
- durch deren kritische Durchsicht des Tathergangsberichts.

Abweichungen sind in einer Gesprächsrunde mit den Betroffenen (noch ohne den »Täter«) zu klären. Ziel der Gesprächsrunde ist es, alle Sichtweisen in ein schriftliches, widerspruchsfreies und in sich logisches Ganzes zu überführen.

4. Stufe: Konfrontation des »Täters« mit dem Sachverhalt

Jetzt geht es um die Sichtweise des »Täters«. Bitten Sie ihn – ohne erhobenen Zeigefinger – um Durchsicht des Tathergangsberichts.
Unterscheidet sich seine Sichtweise von der der anderen, versuchen Sie, die Unstimmigkeiten in einem Gespräch mit allen Beteiligten zu klären. Ein zugegebenermaßen hehres Ziel . . .

5. Stufe: Erstellung der schriftlichen Abmahnung

Hier spielen – wie bereits erläutert – die richtigen Formulierungen eine wichtige Rolle. Auf der nächsten Seite finden Sie ein Muster.

Muster

Herrn
Fritz Fischer
persönlich übergeben

München, den 19.10.1995

Abmahnung

Sehr geehrter Herr Fischer,
Sie haben am Dienstag, dem 17. Oktober 1995, gegen 14.30 Uhr im Büro von Herrn Berger Frau Hochhäuser in Gegenwart von Herrn Berger als eine »selten dämliche Kuh« bezeichnet.
Damit haben Sie Frau Hochhäuser auf das gröbste beleidigt, gegen Ihre arbeitsvertraglichen Verpflichtungen verstoßen und den Betriebsfrieden gefährdet.
Wir weisen Sie darauf hin, daß wir nicht gewillt sind, dieses Verhalten zu akzeptieren, und sprechen Ihnen hiermit eine Abmahnung aus. Wir weisen Sie ferner darauf hin, daß wir uns im Wiederholungsfall erneuter beleidigender Äußerungen arbeitsrechtliche Konsequenzen bis hin zur Kündigung des Arbeitsverhältnisses vorbehalten.

Hochachtungsvoll

xy GmbH — Datum, Empfang bestätigt

6. Stufe: Das Abmahnungsgespräch

Jetzt ist es soweit. Wenn Sie all diese Schritte korrekt eingehalten haben, führen Sie nun mit dem Mitarbeiter das Abmahnungsgespräch.
Das, was jetzt kommt, ist für ihn keine Überraschung mehr, da er an der Erstellung seiner Abmahnung tatkräftig mitgewirkt hat. Gehen Sie mit ihm das Schriftstück gemeinsam durch. Wenn er zu den erhobenen Vorwürfen nickt, lassen Sie ihn den Empfang bestätigen (Empfangsbestätigung ist keine Einverständniserklärung).
Jetzt kommt der erhobene Zeigefinger! Jetzt reden Sie ihm ins Gewissen. Aber bitte nicht oberlehrerhaft und mit selbstgefälliger Attitüde. Das mag niemand!
Zeigen Sie Verständnis, weisen Sie aber auch unmißverständlich auf die Konsequenzen hin, die sein Verhalten im Wiederholungsfall hätte.
Und lassen Sie das Gespräch positiv ausklingen. Vermitteln Sie ihm nicht das Gefühl, daß er jetzt »unten durch« ist, sondern zeigen Sie ihm das Licht am Ende des Tunnels. Missetäter mögen das besonders.
Will er das Schriftstück nicht unterschreiben – auch das kann vorkommen –, übergeben Sie ihm die Abmahnung in Anwesenheit eines Zeugen, der die Aushändigung schriftlich bestätigt. Damit sind Sie aus dem juristischen Schneider.

Ein Modellgespräch

Greifen wir auf unser Eingangsbeispiel zurück, bei dem Hauptabteilungsleiter Trossberg seinen Mitarbeiter Steinbrink am liebsten »gefeuert« hätte. In einem späteren Telefongespräch konnten Sie ihn von der Aussichtslosigkeit seines Wunsches überzeugen und haben eine Abmahnung vorgeschlagen. Nach längerem Hin und Her hat er zugestimmt.
Sie werden Herrn Steinbrink wegen »unerlaubter Urlaubsnahme« abmahnen. Die einzelnen Schritte zur Erstellung der Abmahnung haben Sie korrekt eingehalten und sind in einem

Gespräch mit ihm das Schriftstück durchgegangen. Als Sie fertig waren, hat er gedankenschwer genickt.

Dialog	Kommentar
»Gut, Herr Steinbrink, stimmt es so, wie's da drinsteht?«	Unterstellen wir ein zögerlich-nachdenkliches »Ja«.
»Dann bitte ich Sie, hier zu unterschreiben!«	Was er nicht einmal widerwillig zu tun scheint.
»Ich möchte Ihnen noch ein paar Worte dazu sagen . . . Ich denke, über die Tatsache, daß Sie unerlaubt und gegen die ausdrückliche Anweisung von Herrn Talyczek einen Tag Urlaub genommen haben, brauchen wir nicht mehr zu reden. Sie wissen, daß Sie damit gegen die Vorschriften und gegen die Betriebsvereinbarung ›Urlaubsregelung‹ verstoßen haben. Ich glaube nicht, daß ich Ihnen da noch heftig ins Gewissen reden muß, oder . . .?«	Er macht den moralisierenden Teil kurz und schmerzlos. Steinbrink schaut unentwegt auf die Tischplatte . . . . . . und schüttelt den Kopf.
»Und ich brauche Ihnen auch nicht zu sagen, daß ich gezwungen bin, im Wiederholungsfall härter gegen Sie vorzugehen?«	Aufzeigen möglicher Konsequenzen im Wiederholungsfall, um die selektive Wahrnehmung des Mitarbeiters nachhaltig auszuschalten. Steinbrink schüttelt wieder den Kopf.

Dialog	Kommentar
»Nein, das ist mir schon klar!«	Er wirkt resigniert.
»Und es ist Ihnen auch klar, daß das Ganze dann mit einer Kündigung enden kann.«	Ansprechen der härtesten Maßnahme. Der Personalleiter weiß, daß Gardinenpredigten selten den gewünschten Erfolg haben, und faßt sich deshalb kurz. Steinbrink nickt abermals.
»Gut, dann, denke ich, ist die Sache abgehakt. Also bitte keine Wiederholung mehr! Einverstanden?«	Zum erstenmal sagt Herr Steinbrink deutlich ja.
»Es freut mich, daß wir hier einig geworden sind. Aber da ist noch ein anderer Punkt, den ich gerne mit Ihnen besprochen hätte. Und zwar meine ich Ihr Verhältnis zu Herrn Trossberg. Wie sehen Sie das?«	Jetzt spricht er die aus seiner Sicht bestehende Ursache des Problems an. Den genommenen Urlaubstag sieht er mehr als Symptom. Offene Frage.
»Schlecht!«	Steinbrink sieht zum erstenmal auf, überlegt kurz und zuckt dann mit den Schultern.
»Und was denken Sie, sind die Gründe dafür?« »Keine Ahnung, müssen Sie ihn fragen . . «	Offene Frage

Dialog	Kommentar
»Ich habe das Gefühl, als ob es zwischen Ihnen beiden schon seit einiger Zeit Unstimmigkeiten gibt.«	Eine Vermutung als Brückenbau eins.
»Mmh.«	
»Das finde ich sehr bedauerlich, denn er hat von Ihnen was gehalten. Aber seit ein paar Monaten hat sich da wohl irgendwas grundlegend verändert. Hatte es mit der Umorganisation in Halle 11 zu tun?«	Transport von Wertschätzung und Vermutung als Brückenbau zwei.
»Mmh, hat damit zu tun. Er hat mich damals sehr ungerecht behandelt – und obwohl er's mir damals in die Hand versprochen hatte, hat er Krommser zum Vorarbeiter gemacht. Das fand ich 'ne Riesensauerei von ihm.«	Steinbrink sitzt gedankenversunken da, starrt auf die Tischplatte und spielt mit einem imaginären Krümel. Es entsteht eine ziemliche Pause, die der Personalleiter nicht unterbricht. Dann fängt Steinbrink stockend an zu sprechen und wird dann immer flüssiger.
»Wenn sich die Sache so für Sie darstellt, kann ich Ihre negativen Gefühle gut verstehen. Sie müssen ziemlich enttäuscht gewesen sein ...«	Jetzt bricht die ganze vermeintlich erlittene Ungerechtigkeit brodelnd aus ihm heraus. Der Damm ist gebrochen, und er erzählt: Sprudelnd, erregt, mit logischen Brüchen und Widersprüchen. Der Personalleiter hört zu, sendet nonverbale

Dialog	Kommentar
	bestätigende Signale, hört zu und unterbricht nicht ein einziges Mal. Dies hilft dem Mitarbeiter, seinen ganzen Frust mal richtig rauszulassen.
»So, wie Sie es mir schildern, Herr Steinbrink, kann ich Ihren Standpunkt gut verstehen. Ich kann auch nachvollziehen, daß Sie von Trossbergs Verhalten ziemlich enttäuscht gewesen sind. Aber denken Sie, daß es eine Lösung ist, das alles in sich hineinzufressen? Meinen Sie, daß es hilft, wenn man die Dinge so vor sich hin schwelen läßt? Vielleicht hatte Trossberg Gründe für seine Entscheidung, die er Ihnen nicht gesagt hat?«	Nachdem Herr Steinbrink »sich leergeschossen« hat, gibt ihm der Personalleiter Rückmeldung. Vermutung als Brückenbau drei. Steinbrink zuckt kurz mit den Schultern.
»Was würden Sie davon halten, wenn ich mit Trossberg mal darüber reden würde?«	Vorsichtiges Angebot – Brückenbau vier.
»Nichts! Das kann ich schon selber!«	
»Natürlich können Sie es selber, aber manchmal kann ein unparteiischer Dritter ganz hilfreich vermitteln. Und ich denke, schlechter kann die Situation zwischen Ihnen beiden sowieso nicht werden – nur besser. Und denken Sie bitte daran, was Sie vorhin selbst gesagt haben: Es wäre	Bestätigung mit dem Versuch, die Sichtweise des Mitarbeiters »gesichtsverträglich« zu korrigieren. Tenor: Du hast nichts zu verlieren, du kannst nur gewinnen!

Dialog	Kommentar
schön, wenn die Arbeit wieder Spaß machen würde und der verdammte Druck im Bauch mal wieder weg wäre.«	Einflechten der vom Mitarbeiter gebrachten Argumente. Das kann hohe Überzeugungskraft haben.
»Mmh.«	
»Wenn Sie damit einverstanden sind, würde ich Herrn Trossberg über unser Gespräch informieren. Vielleicht gelingt uns ja so etwas wie ein Brückenschlag. Das könnte die Luft reinigen und das Klima zwischen Ihnen beiden nachhaltig verbessern. Und schauen Sie mal in die Politik: Da hat schon mancher Vermittler etwas zuwege gebracht, obwohl man zuerst meinte, daß die Situation hoffnungslos verfahren wäre. Was würden Sie davon halten?«	Erneutes vorsichtiges Angebot. Der Personalleiter weiß, daß er erst Steinbrinks emotionalen Widerstand überwinden und seine Sichtweise »gesichtsverträglich« ändern muß, wenn er Zustimmung erreichen will. Überleitung zu Vergleichen, die Herrn Steinbrink möglicherweise eine andere Sichtweise eröffnen.
»Mmh, ich weiß nicht. Ich komm' doch bei dem nicht angekrochen!«	
»Ich verstehe Ihren Standpunkt, Herr Steinbrink. Und damit wir uns nicht mißverstehen: Kein Mensch will, daß Sie angekrochen kommen. Aber ich denke, daß es allen Beteiligten hilft, einmal offen über diese Sache zu reden. Was dabei rauskommt, werden wir sehen. Das Klima zwischen Ihnen	Der Personalleiter erkennt und bestätigt das Signal, daß Herr Steinbrink seine inneren Weichen offensichtlich ein Stück in Richtung Gesprächsbereitschaft gestellt hat.

Dialog	Kommentar
beiden kann sich dadurch nur verbessern.«	Er läßt ihn aber das Gesicht wahren und transportiert Vorteile.
»Wären Sie damit einverstanden, wenn ich mal mit Trossberg darüber rede? Vielleicht sollten Sie Ihrem Herzen einen Stoß geben. Und ich denke, Sie können dabei nur gewinnen.«	Wiederholung des Angebotes mit einem kleinen psychologischen Stups.
»Meinetwegen, aber das sage ich Ihnen gleich: Entschuldigen tue ich mich nicht!«	

Die häufigsten Fehler bei der Abmahnung

Abmahnung nur aufgrund von Aussagen Dritter

Sosehr Sie den »Abmahnungsanforderer« auch schätzen mögen – denken Sie immer daran, daß Sie die ganze Geschichte durch seine emotional gefärbte Wahrnehmungsbrille erzählt bekommen. Was dies mit der sogenannten »Realität« zu tun hat, weiß niemand so genau. Der »Abmahnungsanforderer« hat es so erlebt und will Ihnen seine Sichtweise – bewußt oder unbewußt – als »Wahrheit« verkaufen. Nehmen Sie seine Wahrnehmung zur Kenntnis, und bemühen Sie sich um weitere Sichtweisen.
Abmahnungen, die lediglich aufgrund von Aussagen Dritter ausgesprochen werden, können Sie in ganz schöne Schwierigkeiten bringen. (Der Autor weiß, wovon er spricht...)

Formale Fehler bei der Abmahnung

Bei Abmahnungen ist auf formale Korrektheit besonders zu achten. Schon mancher Richter hat eine »Abmahnung« nicht als solche anerkannt und einem Kündigungsschutzprozeß damit eine nicht gerade erwartete Wendung gegeben.

Abmahnungen nicht im Personalakt festgehalten

Abmahnungen gehören in den Personalakt hinein, und wenn ihre Zeit abgelaufen ist, auch wieder heraus.

Sachverhalt oberflächlich recherchieren

Einer der verhängnisvollsten Fehler ist schlampige Recherche. Es bedarf keiner großen Phantasie, um sich die triumphierenden Schilderungen auszumalen, mit der der betroffene Mitarbeiter seinen Kollegen seinen Sieg verkündet, wenn eine Abmahnung nicht durchgegangen ist oder – noch schlimmer – zurückgezogen werden mußte.

Den Betriebsrat immer heraushalten wollen

Es kann durchaus sinnvoll sein, den Betriebsrat bereits vor der beabsichtigten Abmahnung zu informieren.
Aber Vorsicht: Unter Umständen kann der Schuß auch nach hinten losgehen, und Sie müssen sich von einem aufgebrachten Mitarbeiter vorhalten lassen, was Ihnen denn einfiele, ohne sein Einverständnis den Betriebsrat einzuschalten.
Aber meist ist es hilfreich, wenn der Betriebsrat vorinformiert ist und so die »Wahrnehmungsbrille« des Mitarbeiters etwas zurechtrücken kann.
Zu guter Letzt ein Hinweis: Sollten Sie nach der Lektüre dieses Kapitels zu dem Ergebnis kommen:

> *»Das ist ja alles schön und recht, aber wenn ich in Zukunft Abmahnungen so durchführe, wie es da steht, dann werde ich ja nie fertig! Viel zu langwierig und viel zu kompliziert! Ich mache es so wie immer. Wenn jemand eine Abmahnung für einen Mitarbeiter haben will, dann kriegt er sie. Die meisten trauen sich eh nicht, was dagegen zu unternehmen. Und sollten wir mal wider Erwarten nicht damit durchkommen, dann ziehen wir sie in Gottes Namen halt zurück. Davon geht die Welt auch nicht unter!«*

Natürlich kann man so denken und handeln. Wo kein Kläger, da kein Richter... Die Frage ist nur, welche Auswirkungen dieses Verhalten auf Betrieb, Betriebsrat und Betriebsklima hat.

Das Kündigungsgespräch
Verbissen, verbittert und teuer oder konstruktiv, helfend und wertschätzend?

Wie Sie es nicht machen sollten

Freitag nachmittag, kurz nach halb vier. Strahlendes Wetter. Für Mai ist es schon richtig heiß. Peter Offermann freut sich auf das Wochenende. Die zwei Tage Surfen am Chiemsee mit Gabi werden sicher toll. Sie hat unheimlich dazugelernt und ist schon fast so gut wie er. Nur mit dem Halsen hat sie noch ihre Schwierigkeiten.
Fast brutal reißt ihn das Telefon aus seinen angenehmen Wochenendgedanken. Dr. Lichtenberg, sein Chef und Leiter der Marktforschung, ist am Apparat:

»Herr Offermann, wann wollten Sie denn heute gehen?«
»Na, so gegen halb fünf, dachte ich.«
»Gut, ich hätte da noch etwas mit Ihnen zu besprechen. Ich brauche noch etwa eine halbe Stunde. Wenn Sie dann Zeit hätten?«
»Ja natürlich, Herr Dr. Lichtenberg. Soll ich dann um vier bei Ihnen sein?«
»Nein, ich rufe Sie an!«
»Gut, ich warte dann.«

Klick.
Klick macht es auch in seinen Gedanken. Was er nur will? Ein etwas mysteriöser Anruf. Offermanns Gedanken kreisen um mögliche Verfehlungen der Vergangenheit. Aber er wird nicht recht fündig. Na gut, die Sache mit den Trendanalysen und die Präsentation beim Vorstand war nicht ganz optimal. Aber darüber haben sie schon gesprochen. Daß es nicht so

gut gelaufen ist, war hauptsächlich Konnetzkes Schuld. Er hatte die falschen Daten geliefert. Mehr kann er bei seiner »Verfehlungsanalyse« nicht finden. »Was soll ich mich verrückt machen? Ich werd's ja früh genug erfahren...« Und damit versucht er, sich in den Monatsbericht zu vertiefen, der bis Dienstag fertig sein muß. Aber so recht will ihm das nicht gelingen. Um zwanzig nach vier kommt der ersehnte (?) Anruf.

»Wenn Sie dann kommen könnten, Herr Offermann.«

Komisch, der Ton war irgendwie anders als sonst, denkt Offermann, als er über den Gang geht. Überall offene Türen und gähnend leere Büros. Kein Wunder, am Freitag nachmittag bleibt keiner länger, als er unbedingt muß – noch dazu bei diesem Wetter.
Was er nur will? Aber er wird es ja gleich erfahren. Dichter Zigarrettenqualm hüllt Dr. Lichtenberg ein. »Raucht auch ganz schön«, schießt es ihm durch den Kopf.

»Tja, Herr Offermann, also wissen Sie, ich habe da etwas mit Ihnen zu besprechen, was Sie persönlich betrifft. Tja, also, hm...«

War da nicht ein leichtes Zittern in der Stimme? Wir wissen nicht, wie Dr. Lichtenberg anfängt, wir wissen nur eines: Er kündigt das Arbeitsverhältnis mit seinem Mitarbeiter zum nächstmöglichen Termin.
Daß Herr Offermann nach diesem Gespräch förmlich in einem Adrenalinsee schwimmt, keinen klaren Gedanken mehr fassen kann und das Surfwochenende jenseits seiner Wahrnehmungsfähigkeit gerückt ist, verwundert kaum.

Die juristische Situation

Eine Kündigung durch den Arbeitgeber ist eine einseitige und empfangsbedürftige Willenserklärung, mit der das Arbeitsverhältnis mit dem Mitarbeiter beendet wird. Der Mitarbeiter kann dagegen arbeitsgerichtlich vorgehen.

Die Kündigung muß dem zu Kündigenden rechtswirksam zugehen und kann unter bestimmten Umständen auch während seiner Abwesenheit erfolgen. Juristisch muß sie »in den Machtbereich des Arbeitnehmers gelangt sein«. Sie kann mündlich, schriftlich oder telegrafisch erfolgen, sofern nicht andere Bestimmungen wie Tarifvertrag, Betriebsvereinbarung oder Arbeitsvertrag zwingend sind, und muß die Angabe des Zeitpunktes der Beendigung des Arbeitsverhältnisses (fristlos oder fristgerecht) beinhalten.
Aus praktischen Erwägungen heraus sollte die Kündigung immer schriftlich erfolgen. (Auch per Fax ist möglich. Allerdings sollte das Original des Kündigungsschreibens parallel mit der Versendung des Faxes hinterhergeschickt werden.)
Der Betriebsrat muß rechtzeitig vor jeder Kündigung gehört werden. Wird dies versäumt, ist sie rechtlich unwirksam.
Eventuelle Bedenken hat der Betriebsrat innerhalb einer Woche, bei außerordentlichen Kündigungen innerhalb von drei Tagen, zu äußern. Schweigt der Betriebsrat bis zum Ablauf der Äußerungsfrist, ist dies als indirekte Zustimmung zu werten.
Der Betriebsrat kann einer Kündigung unter anderem aus folgenden Gründen widersprechen:

- unzureichende Kündigungsgründe aus Sicht des Betriebsrats,
- unzureichende Beachtung sozialer Gesichtspunkte wie
  - lange Betriebszugehörigkeit,
  - fortgeschrittenes Alter,
  - hohe Unterhaltsverpflichtungen,
- mögliche Weiterbeschäftigung unter geänderten Vertragsbedingungen bei Einverständnis des Mitarbeiters.

Der Wunsch des Arbeitgebers nach Beendigung des Arbeitsverhältnisses kann sehr unterschiedliche Gründe haben. Und als ebenso unterschiedlich sind die Erfolgswahrscheinlichkeiten zu sehen, die das Unternehmen im Falle eines Rechtsstreites hat.

Im folgenden werden drei Situationen näher beleuchtet.
① Kurz und knapp: Die fristlose Kündigung,
② Termingerecht: Die fristgerechte oder »ordentliche« Trennung,
③ Kündigung ziemlich aussichtslos: Der alternative Weg – das Schmackhaftmachen der Trennung.

① Kurz und knapp: Die fristlose Kündigung

Fristlose Kündigungen sind – wenn das schuldhafte Verhalten des Mitarbeiters erwiesen ist – relativ einfach »durchzuziehen«. Psychologische Gesichtspunkte spielen hierbei, im Gegensatz zu den beiden anderen Beendigungssituationen – eine eher untergeordnete Rolle. Hier kommt es mehr auf den korrekten formalen Ablauf an, um unliebsame Überraschungen zu vermeiden.

Das Vorgehen unterliegt einem gewissen Formalismus: War er es? Hat er es wirklich getan? Ist das zweifelsfrei belegbar? Rechtfertigt das eine fristlose Kündigung? Teilt die Rechtsabteilung diese Sichtweise? Dann informieren Sie den Betriebsrat über Ihre Absicht und sprechen dann gegenüber dem »Delinquenten« die fristlose Kündigung aus. Sorgen Sie dafür, daß der Mitarbeiter das Firmengelände umgehend verläßt, und informieren Sie die Lohn- und Gehaltsabteilung, daß ab morgen ein Mitarbeiter weniger auf der Lohnliste steht. Die zahlen sonst fröhlich weiter.

Mögliche Gründe für fristlose Kündigungen:

- schwere Beleidigung,
- Entzug des Führerscheins bei einem Berufskraftfahrer wegen Trunkenheit,
- Nebenbeschäftigung bei einem Mitbewerber,
- Mißachtung des feuerpolizeilichen Rauchverbotes,
- aktive oder passive Bestechung,
- Spesenbetrug,
- Stechuhrmanipulationen,
- eigenmächtiger Urlaubsantritt oder eigenmächtige Verlängerung,
- schwerwiegender Mißbrauch von Vollmachten.

Aber Vorsicht! Was aus Ihrer Sicht ein bombensicherer Grund für eine fristlose Kündigung ist –

»Wo kämen wir denn da hin, wenn wir da nicht fristlos kündigen könnten???« –,

kann durch die Wahrnehmungsbrille des Richters ganz anders gesehen werden. Wahrnehmungen sind nun mal verschieden, und Gerichte – nicht nur Arbeitsgerichte – liefern hierfür oft beeindruckende Beweise.
Um mit Ihrer fristlosen Kündigung bei einem eventuellen Rechtsstreit nicht völlig »auf den Bauch zu fallen«, sollte sie aus Sicherheitsgründen immer den Zusatz »vorsorglich fristgerecht« beinhalten. Er kann Ihnen unter Umständen einigen Ärger ersparen.

② Termingerecht: Die fristgerechte oder »ordentliche« Trennung

Fristlose Kündigungen sind im täglichen Arbeitsleben eher selten. Häufiger sind die »ordentlichen« oder fristgerechten, die meist ein Anwaltschreiben und eine arbeitsgerichtliche Auseinandersetzung im Gefolge haben, wenn man sich nicht vorher »gütlich« geeinigt hat. Sie sind gut beraten, wenn Sie generell versuchen, Arbeitsgerichtsprozesse zu vermeiden. Erfahrungsgemäß sind sie nervenaufreibend, imagebelastend und teuer, auf jeden Fall aber von hoher Ergebnisunsicherheit und meist von starker »Mitarbeiterverbitterung« gekennzeichnet.
Trennungsgespräche lassen sich auf zwei verschiedene Arten führen. Für welchen Weg Sie sich entscheiden, liegt an Ihnen und Ihrer Einstellung.
sch nach Beendigung eines Arbeitsverhältnisses durch den Arbeitgeber gehört für den (häufig ahnungslosen) Mitarbeiter fast immer zu den härtesten Schlägen in seinem Berufsleben. Die Kernfrage, vor der der Kündigende steht, lautet: Wie will ich dieses Gespräch führen? Als harter und schneller Vollstrekker oder als ein einfühlsamer »Helfer in der Not«?

Würde Dr. Lichtenberg eher zum Typus des »Vollstreckers« gehören, könnte seine Gesprächsführung so aussehen:

> *»Tja, Herr Offermann, Sie wissen, ich bin kein Freund von langem Drumrumgerede und ziehe die klare Sprache vor. Sie wissen, daß es unserem Unternehmen gegenwärtig nicht so besonders geht. Und wir haben auch den Eindruck, daß Ihnen Ihr Job keinen rechten Spaß macht. Über Ihre Leistungen, die in der letzten Zeit ja deutlich abgesunken sind, haben wir schon gesprochen. Kurz und gut: Wir werden das Arbeitsverhältnis mit Ihnen mit Wirkung zum 30. September dieses Jahres termin- und fristgerecht kündigen. Die Würfel sind gefallen. Lassen Sie uns die Sache wie Männer hinter uns bringen. Sie werden ja sicher wieder schnell einen neuen Job finden. Die Gründe für diese Entscheidung sind Ihnen bekannt: Umsatzrückgang und unzureichendes Engagement. Tut mir leid. Wenn Sie hier bitte den Empfang bestätigen ...«*

Und damit schiebt er dem völlig perplexen Herrn Offermann das Kündigungsschreiben über den Tisch. Tatsächlich, da steht es schwarz auf weiß:

> »Hiermit kündigen wir das zwischen Ihnen und der Firma ... bestehende Arbeitsverhältnis termin- und fristgerecht zum 30. September dieses Jahres.
> Die Gründe hierfür wurden Ihnen in einem persönlichen Gespräch mitgeteilt.
> Wir wünschen Ihnen für die Zukunft alles Gute.
> Mit freundlichen Grüßen ...«

Mit freundlichen Grüßen ... Na ja!
Das Verhalten des »Vollstreckers« läßt sich folgendermaßen kennzeichnen: Ein kurzes, schnelles, hartes Gespräch – vorzugsweise am Freitag nachmittag gegen halb fünf –, vielleicht noch mit sofortiger Beurlaubung. Sein Ziel ist es, die Sache so schnell wie möglich hinter sich zu bringen (»Wenn nur dieser Blick nicht wäre – erst die schreckgeweiteten Augen und dann dieser Blick!«). Er möchte auch nicht mit emotionalen Ausfäl-

len des Mitarbeiters konfrontiert werden: »Lassen Sie uns die Sache wie Männer hinter uns bringen!« Ein vielsagender Satz. Dieser Vorgesetztentyp handelt nach dem Motto: »Augen zu und durch! Hauptsache, ich habe ihn möglichst schnell wieder draußen. Dann ist das Gröbste überstanden. Wenn die Sache dann an die Rechtsabteilung geht, ist das deren Bier.«

Das Vorgehen des »Helfers in der Not« ist von einer völlig anderen Einstellung geprägt: »Wie kann ich ihm diesen Schlag so schonend wie möglich – und vor allen Dingen ohne sein Selbstwertgefühl zu verletzen – beibringen?« Sein Verhalten ist von Einfühlsamkeit und dem Wunsch zu helfen geprägt. Er versucht, sich in die Situation des »Delinquenten« zu versetzen, und geht so behutsam wie möglich vor.

Die Folgen können genauso unterschiedlich wie die Vorgehensweisen sein: Entweder Überrumpelungstaktik mit einem anschließenden vehementen und verbittert geführten Rechtsstreit und beachtlicher betriebsinterner Breitenwirkung – oder das gemeinsame Anstreben einer gütlichen und einvernehmlichen Trennung, bei der sich beide Parteien hinterher noch in die Augen schauen können.

Die Weichen stellen Sie.

Die Gründe für Trennungen mögen unterschiedlich sein, der Tenor des »Helfers in der Not« bleibt gleich: Konstruktiv, helfend und wertschätzend.

Schauen wir uns als nächstes die aus Arbeitgebersicht häufiger vorkommende Situation an.

Die Trennung aus betrieblichen Gründen

Unterstellen wir, daß im »Fall Offermann« ausschließlich betriebsbedingte Gründe zu dieser Entscheidung geführt haben. Dr. Lichtenberg war mit den Leistungen seines Mitarbeiters immer zufrieden. Es ist schlicht die sich abzeichnende Notwendigkeit, die Marktforschungsabteilung zu verkleinern. Und nehmen wir weiter an, daß das formale Procedere korrekt eingehalten wurde. Man hat den Betriebsrat eingeschaltet, überlegt, ob eine Versetzung auf eine andere Position möglich ist, und die richtige Sozialauswahl beachtet.

Die Würfel sind gefallen, und Herrn Offermann hat es getroffen. Er ahnt vor Beginn des Gesprächs noch nichts »von seinem Glück«. Ihre Gesprächsführung, mit der Sie ihn über die geplanten Veränderungen informieren, ohne das Arbeitsverhältnis zu kündigen oder das Wort »Kündigung« in den Mund zu nehmen, könnte folgendermaßen aussehen:

- Der für Herrn Offermann wichtigste Punkt ist der Transport von Wertschätzung durch Dr. Lichtenberg. So kann vermieden werden, daß in seiner Wahrnehmung die Botschaft ankommt: »Wir schmeißen dich raus, weil du eine Flasche bist!« Das macht meist bösartig und aggressiv und kann die Aufgeschlossenheit gegenüber rechtsanwaltlicher Beratung beträchtlich erhöhen.
- Kommen Sie schnell zur Sache. Reden Sie nicht um den heißen Brei herum. Dies erlebt der Mitarbeiter als »Grillen auf kleiner Flamme«.
- Sagen Sie dem Mitarbeiter, daß Sie ihn aller Voraussicht nach nicht mehr lange weiterbeschäftigen können und daß eine Trennung – so wie die betrieblichen Dinge gegenwärtig stehen – unvermeidlich erscheint. Eine gründliche Prüfung, ihn seiner Ausbildung und Qualifikation entsprechend auf eine andere Position des Unternehmens weiterzubeschäftigen, ist zu Ihrem (großen) Bedauern negativ ausgefallen.
- Führen Sie die sachlichen und betriebsbedingten Gründe an, die diese Entscheidung notwendig gemacht haben, wie
  - Reduzierung von Aufgabenfeldern,
  - Entfall von Tätigkeiten,
  - Transfer von Teilaufgaben,
  - notwendige Einsparungsmaßnahmen.
- Informieren Sie den Mitarbeiter ausdrücklich darüber, daß die beabsichtigte Trennung nichts mit seiner Person oder seinen Leistungen zu tun hat, sondern daß die Gründe ausschließlich im betrieblichen Bereich liegen. Sonst schlägt seine selektive Wahrnehmung zu, und er empfängt die Botschaft: »Es liegt an dir!« Sein Selbstwertgefühl ist für

»gesichtsverträgliche« Erklärungen jetzt besonders empfänglich.

- Versichern Sie dem Mitarbeiter Ihr Mitgefühl, und empfehlen Sie ihm in einem mitfühlenden Ton, sich möglichst bald nach einer neuen Stelle umzusehen. Legen Sie ihm dar, daß von Ihrer Seite keine Kündigung gesplant ist, sondern daß Sie mit ihm eine sogenannte Aufhebungsvereinbarung schließen möchten. Betonen Sie, daß Ihnen an einer sauberen und fairen Trennung gelegen ist.
- Erläutern Sie ihm, falls notwendig, den Unterschied zwischen Kündigung (einseitige Willenserklärung mit der Möglichkeit, arbeitsgerichtlich dagegen vorzugehen) und Aufhebungsvereinbarung (zweiseitige Willenserklärung im beiderseitigen Einvernehmen).
- Ein zentraler Punkt in Ihrem Gespräch ist die Abfindung. Meint der Mitarbeiter, daß ihm eine zustünde, meint das Unternehmen aber, daß es bei »diesem Mitarbeiter« nun wirklich nicht gerechtfertigt sei, ist fast alles in Richtung Rechtsstreit vorprogrammiert. In der Güteverhandlung wird auf Anregung des Gerichts nach Möglichkeiten gesucht, eine einvernehmliche Regelung bezüglich der Beendigung des Arbeitsverhältnisses zu treffen. Dabei steht meist eine Abfindung im Raum.

Gehen wir davon aus, daß Herr Offermann bei einer nicht einvernehmlichen Trennung vor Gericht eine Abfindung zugesprochen bekäme, dann informieren Sie ihn darüber, daß er selbstredend eine erhalten wird. Sagen Sie ihm, daß es für eine Verweigerung keinerlei Grund gibt, daß Sie mit ihm immer (sehr) zufrieden waren. An einem Rechtsstreit sei Ihnen nichts gelegen.
Nennen Sie ihm die Abfindungssumme, die in seinem Fall vom Arbeitsgericht vermutlich zuerkannt werden würde. Sagen Sie ihm, daß er diesen Satz (mindestens!) erhalten wird. Als Goodwill-Geste erlebt er es, wenn Sie darüber hinausgehen. Das dämpft mögliche Streitabsichten.

- Geben Sie ihm ein Blankoexemplar einer Aufhebungsvereinbarung, und ermuntern Sie ihn, es von dritter Seite (Rechtsbeistand, Arbeitsamt) inhaltlich und auf mögliche Auswirkungen (eventuelle Sperre des Arbeitslosengeldes oder Anrechnung der Abfindung) überprüfen zu lassen. Das erlebt er als eine klare und saubere Vorgehensweise. Informieren wird er sich sowieso.
  Wird ihm die Richtigkeit Ihrer Angaben von externer Seite bestätigt, fördert das in dieser heiklen Sache die »vertrauensvolle Zusammenarbeit«. Jeder Versuch, den Mitarbeiter »über den Tisch zu ziehen«, macht ihn hochgradig mißtrauisch und für juristischen Beistand empfänglich.
- Geben Sie ihm einen »Abfindungszirkawert« mit, der mindestens der Höhe entsprechen sollte, den das Arbeitsgericht bei Einverständnis beider Parteien zu einer einvernehmlichen Auflösung festsetzen würde. Tun Sie das nicht, kann es dazu beitragen, daß er sich in die Arme eines Anwalts flüchtet.
  »Also, nageln Sie mich nicht fest, Herr Offermann, aber ich schätze, daß der Betrag so um die 25 000 liegen wird.«
  Das hat eine motivierende Wirkung, wenn er vom Arbeitsgericht deutlich weniger zugesprochen bekäme.
- Bieten Sie dem Mitarbeiter Hilfe und Unterstützung an. In einer solchen Situation fühlen sich die meisten ziemlich allein gelassen, was dann häufig zum Griff nach dem vermeintlichen »anwaltlichen Rettungsring« führt. Seien Sie ein ehrlicher Berater. Bieten Sie ihm an, den Entwurf seines Zeugnisses mit den ihm wichtigen Schwerpunkten selbst zu schreiben. Zeigen Sie ihm, daß die Welt jetzt nicht eingestürzt ist. Zeigen Sie ihm das Licht am Ende des Tunnels. Seien Sie einfach ... der Helfer in der Not.
- Nehmen Sie sich für dieses Gespräch Zeit. Gehen Sie auf die Ängste des Mitarbeiters ein. Drängen Sie ihn nicht, »hier und jetzt« die Aufhebungsvereinbarung zu unterschreiben. Das macht nur mißtrauisch. Er braucht jetzt Zeit, den Schock zu verkraften, zu Hause Angelika von der Katastrophe zu berichten und die von Ihnen gemachten

Angaben auf ihre Richtigkeit überprüfen zu lassen. Vereinbaren Sie deshalb ein Folgegespräch.

- Im Folgegespräch geht es um die Details der Beendigung des Arbeitsverhältnisses. Wenn er sich von der Richtigkeit Ihrer Angaben überzeugt und den helfenden Charakter Ihrer Bemühungen erkannt hat, ist der Mitarbeiter eher bereit, die Aufhebungsvereinbarung zu unterschreiben.
- Ein Tip, der sicher nicht in jedes Unternehmen paßt: Wenn der Betriebsrat mit im Boot sitzt, sollten Sie sich bei der Abfindung von ihm ein bißchen hochhandeln lassen. Denn auch er braucht seine Erfolgserlebnisse. Abgesehen davon, kann der Betriebsrat einiges dazu beitragen, noch bestehende Unterschriftswiderstände des Mitarbeiters zu beseitigen. Auch auf die weitere Zusammenarbeit kann sich das positiv auswirken.

Die Trennung aus Leistungsgründen

Was ist zu tun, wenn mangelnde Leistungen der Auslöser für diesen Schritt sind? Auch hier stehen Ihnen zwei verschiedene Wege offen.

Sie können dem Mitarbeiter mehr oder weniger deutlich sagen – die Schattierungen reichen von knallhart bis zwischen den Zeilen versteckt –, was er doch für eine Flasche ist. Wenn sie hart rangehen und mit ihm »deutsch reden«, kann das später eine ganze Menge Arbeit für Sie oder Ihre Rechtsabteilung bedeuten.

Der andere Weg: Sie kommen in dem Gespräch gemeinsam zu dem Ergebnis, daß eine einvernehmliche Trennung wohl das beste ist. Zugegeben: Ein einfühlsamer und nicht einfacher Weg. Aber mit dem festen Vorsatz, das Gespräch mitarbeiterorientiert zu führen, läßt es sich schaffen.

Hierzu einige Tips:

- Bereiten Sie sich auf dieses Gespräch gründlich vor. Ihr Ziel ist es, beim Mitarbeiter Einsicht zu wecken. Die Einsicht, daß der Job nicht so recht zu ihm paßt und daß er seine Neigungen, Fähigkeiten und Begabungen in Ihrem Unternehmen nur teilweise einsetzen kann. Stellen Sie seine Stärken in den Vordergrund. Davon lebt das Gespräch. Vielleicht werden Sie Schwächen ansprechen müssen. Aber seine Stärken führen in die gewünschte Richtung. Orientieren Sie sich an seinen positiven Seiten. Davon lebt sein Selbstwertgefühl. Schwächen Sie es, zwingen Sie ihn zur Verteidigung mit all den bekannten Folgen.

- Erfolg oder Mißerfolg in diesem Gespräch werden weitgehend von der Einhaltung der »30/70-Regel« bestimmt. 30 Prozent des Gesprächs sollten Sie bestreiten, 70 Prozent der Mitarbeiter. Und damit ist die Richtung der Gesprächsführung vorgezeichnet: Fragen stellen! (Aber bitte die richtigen!)
- Eröffnen Sie das Gespräch mit einer weiten offenen Frage. Fragen Sie, wie er sich selbst, sein Aufgabengebiet oder die gegenwärtige Situation so erlebt. »Öffnen« Sie ihn – und lassen Sie ihn reden. Senden Sie nonverbale Bestätigungssignale, und hören Sie zu. So erfahren Sie etwas über seine Sichtweise und finden Ansatzpunkte für die richtige Weichenstellung. Wenn Sie den Mitarbeiter mit Vorwürfen bombardieren oder er meint, welche zu spüren, läuft das Gespräch in eine andere Richtung.
- Möglicherweise sagt der Mitarbeiter von sich aus, daß es ihm bei Ihnen nicht besonders gefällt. Das wäre der erste Schritt in Richtung einer »gesichtsverträglichen« Trennung.
- Ist er jedoch der Meinung, daß »alles in Butter« sei, sprechen Sie die Ihnen am Herzen liegenden Dinge konkret in fragender Form an. Sprechen Sie nicht von sogenannten Fakten, und stellen Sie keine Behauptungen auf. Das mögen Ihre Mitarbeiter nicht.
  »Wie sehen Sie denn persönlich Ihre Verkaufsergebnisse, Herr Brodbeck?«
  »Na ja, so ganz optimal sind sie wohl nicht…«
  »Mhm, was könnten denn Ihrer Meinung nach die Gründe dafür sein?«
- Jetzt lassen Sie ihn reden. Auch wenn es Ihnen schwerfällt – bringen Sie keine Gegenargumente nach dem Motto:

»Das stimmt doch nicht, was Sie da sagen. Sie wissen doch selbst, daß...«
Ihr Ziel ist es nicht, sich über unterschiedliche Wahrnehmungen zu streiten, sondern das Arbeitsverhältnis mit Ihrem Mitarbeiter »gesichtsverträglich« zu beenden.
Nachdem er sich »leergeschossen« hat – meist macht er den Markt, die Konkurrenz, den Verkaufsleiter, die Preisgestaltung oder Gott und die Welt für seine eher dürftigen Verkaufszahlen verantwortlich, ihn selber trifft so gut wie keine Schuld –, tun Sie etwas, was Ihnen auf den ersten Blick vielleicht ungewöhnlich erscheinen mag: Sie bestätigen ihn.
»Da ist was dran, was Sie da sagen, Herr Brodbeck.«
Denn es geht ja bekanntlich um Sichtweisen. Und das ist nun mal seine.

- Steuern Sie nun auf die beabsichtigte Trennung zu. Geben Sie ihm Rückmeldung, wie Sie ihn sehen und erleben. Stellen Sie seine positiven Seiten heraus, über die Sie in der Vorbereitungsphase ausgiebig nachgedacht haben. Sagen Sie ihm, daß Sie sich auch schon Gedanken darüber gemacht haben, woran es denn liegen könnte: An der Aufgabe, am Produkt, am Umfeld oder an der Firma? Sie haben bei ihm eine Menge Fähigkeiten und Begabungen erkannt, die sich hier offensichtlich nicht so zur Entfaltung bringen lassen, wie sich das wohl alle wünschen würden. Menschen sind nun mal verschieden. Während der eine sich unter bestimmten atmosphärischen Bedingungen voll entfalten kann, hat der andere mit dem Klima Schwierigkeiten.
- Fragen Sie jetzt, ob er schon mal über eine Trennung nachgedacht hat. Damit haben Sie das kritische und weichenstellende Wort ausgesprochen. Die erste Hürde ist genommen. Decken sich Ihrer beider Wahrnehmungen und er sagt: *»Ja«*, dann bestätigen Sie ihm, daß das wahrscheinlich die richtige Entscheidung ist, und bieten ihm die einvernehmliche Trennung des Arbeitsverhältnisses an. Kein Wort von Kündigung!

»Ja, Herr Gidoni, ich kann Ihren Standpunkt gut verstehen. Sie haben sich etwas anderes darunter vorgestellt. Ich habe die Aufgabe damals vielleicht auch nicht richtig rübergebracht. Was würden Sie davon halten, wenn wir das Arbeitsverhältnis Ende Juni beenden und Sie bis dahin – unter Fortzahlung Ihrer Bezüge – von Ihrer weiteren Tätigkeit freigestellt werden? Sie hätten dann genügend Zeit, um sich in aller Ruhe eine neue Aufgabe zu suchen.«

Ist der Mitarbeiter damit einverstanden, haben Sie das Problem mitarbeiterorientiert und »gesichtsverträglich« gelöst. Es kann sogar sein, daß dem Mitarbeiter ein Stein vom Herzen fällt, weil die ihn belastende Situation nun endlich geklärt ist. Vielleicht hat er schon längere Zeit auf dieses Gespräch gewartet. Erspüren Sie die Signale Ihrer Mitarbeiter!

- Kommt das Wort »Trennung« für den Mitarbeiter völlig unerwartet, setzen Sie das Gespräch in der eingeschlagenen Richtung fort:
  »Vielleicht sollten wir über diesen Punkt einfach mal nachdenken, Herr Seefried...«
- Fahren Sie nun freundlich und einfühlsam, aber konsequent fort – und lassen Sie ihn das Gesicht wahren. Vermitteln Sie ihm das Gefühl, daß nicht er schuld ist, sondern daß es an den Umständen liegt. Bauen Sie ihm Brücken. Vielleicht hilft auch der Vergleich mit dem privaten Bereich weiter: Auch dort klappt nicht jede Beziehung. Wenn Sie ähnliche Erfahrungen in Ihrem Berufsleben gemacht haben, sprechen Sie die an. Sein Selbstwertgefühl ist jetzt für moralische Unterstützung dankbar. Geben Sie ihm »gesichtsverträgliche« Argumente für zu Hause mit. Sie könnten ihm helfen.
  Bei dem anderen Weg, es ihm aufzutischen:
  »Na, das ist ja kein Wunder, daß die Sache schiefgegangen ist. Bei dem Engagement, daß Sie an den Tag gelegt haben! Sie sind für diesen Job völlig ungeeignet. Vielleicht wären Sie ein guter Buchhalter geworden, aber als Verkäufer sind Sie eine Niete!«,

können Sie zwar mal so richtig Dampf ablassen, was Ihnen im ersten Moment auch sicher guttut.
»Dem hab' ich's aber ›deutsch‹ gesagt!«
Aber anschließend schreit es im Mitarbeiter förmlich nach Rache!

- Zeigen Sie daher Verständnis! Auch dann noch, wenn der Mitarbeiter keine Aufhebungsvereinbarung unterschreiben will. Müssen Sie aus terminlichen oder sonstigen Gründen das Arbeitsverhältnis mit ihm in diesem Gespräch lösen, händigen Sie ihm – um dem formalen Status Rechnung zu tragen – das Kündigungsschreiben mit dem Hinweis aus, daß Sie bereit wären, es auch zu einem späteren Zeitpunkt gegen eine Aufhebungsvereinbarung auszutauschen.

Wenn die Trennung automatisch mit einer sofortigen Beurlaubung gekoppelt ist (zum Beispiel im Vertrieb)

Sie wollen sich von einem Vertriebsmitarbeiter trennen, »der die Zahlen nicht bringt und auch nicht bringen wird!« Das soll vorkommen. Sprechen Sie den Punkt der sofortigen Freistellung so an, daß für den Mitarbeiter klar erkennbar ist, daß es sich um einen Unternehmensgrundsatz und nicht um persönliches Mißtrauen handelt:

»Daß Sie mich nicht mißverstehen, Herr Klawinkel, aber es ist ein Unternehmensgrundsatz bei uns, Vertriebsleute sofort zu beurlauben.«

Stellen Sie den Vorteil in den Vordergrund, daß er sich bei weiterlaufenden Bezügen intensiv um eine neue Stelle kümmern kann.

Die Trennung aus Verhaltensgründen

Was tun, wenn das Arbeitsverhältnis aus verhaltensbedingten Gründen beendet werden soll?
Die einschlägige Abmahnung ist hierfür Voraussetzung. Hat der Mitarbeiter wieder gegen den bereits abgemahnten Sachverhalt verstoßen und Sie sind nun der Meinung: »Jetzt ist er fällig!«, läßt sich das Problem auf zwei Arten anpacken:

Sie können ihm selbstgerecht die Kündigung um die Ohren knallen:

»Das Maß ist jetzt endgültig voll, Herr Kolluschek!«

Aber wer garantiert Ihnen, daß das dicke Ende nicht in Form eines Rechtsstreits nachkommt? Die Wahrnehmungsbrille des Richters weist in der Regel andere Farbschattierungen auf als Ihre. Ein auf arbeitsrechtliche Dinge spezialisierter Anwalt meinte einmal so treffend: »Das ist wie fünf Mark in die Luft geschmissen.«

Vorschlag zur Vorgehensweise:

- Erläutern Sie dem Mitarbeiter die verhaltensbedingten Gründe, die den Wunsch nach Beendigung des Arbeitsverhältnisses auslösten.
- Sagen Sie ihm, daß er zwischen zwei Möglichkeiten, der Kündigung oder Aufhebungsvereinbarung, wählen kann. Beide Schriftstücke sollten vorbereitet in Ihrer Unterschriftsmappe liegen.
- Informieren Sie ihn offen über die Auswirkungen einer Kündigung. Sagen Sie ihm, daß er hier die Möglichkeit hat, arbeitsgerichtlich dagegen anzugehen. Führen Sie ihm daraus entstehende Konsequenzen wie das Einschalten eines Rechtsanwalts mit den damit verbundenen Kosten, die Schriftsatzerstellung und den ganzen juristischen Kram plastisch vor Augen.
  Sagen Sie ihm auch, daß Sie natürlich nicht wissen, wie das Arbeitsgericht entscheiden wird, daß Sie aber anhand der aus Ihrer Sicht eindeutigen Sachlage keinen Zweifel haben, vor Gericht recht zu bekommen. Für den Mitarbeiter würde dieser Weg Aufwand, Zeit und Kosten bedeuten.
- Eine mögliche Alternative ist die einvernehmliche Beendigung durch eine Aufhebungsvereinbarung. Sie hat für ihn den Vorteil, daß man über die Modalitäten der Beendigung wie Zeugnis, Freistellung und Referenzen reden kann. Die Entscheidung, welche der beiden Möglichkeiten besser ist, liegt beim Mitarbeiter.

- Ob es ratsam ist, in diesem Gespräch eine Abfindung anklingen zu lassen, müssen Sie wissen. Eher nein als ja. Das hängt von der Situation, dem Sachverhalt und dem Mitarbeiter ab. Hier gilt es, abzuwägen zwischen negativer Breitenwirkung –
  »Die spinnen ja in der Personalabteilung! Du mußt nur rotzfrech sein, dann kriegst du auch noch eine Abfindung« –
  und der Vermeidung eines möglichen Rechtsstreits.
- Zeigt der Mitarbeiter an der Aufhebungsvereinbarung Interesse, machen Sie Nägel mit Köpfen: Unterschreiben Sie beide die Aufhebungsvereinbarung »hier und jetzt«. Eine mögliche Freistellung kann das Zünglein an der Waage sein. Schaden entsteht Ihnen dabei kaum. Eher das Gegenteil dürfte der Fall sein, denn wie heißt es so schön? »Ein fauler Apfel steckt im Nu einen ganzen Korb gesunder an!«
- Unterschreibt der Mitarbeiter die Aufhebungsvereinbarung (noch) nicht – händigen Sie ihm das Kündigungsschreiben ohne Hinweis auf die mögliche Beurlaubung aus, und lassen Sie ihn auf der Kopie den Empfang bestätigen. Signalisieren Sie ihm aber Ihre Bereitschaft, es auch später noch gegen eine Aufhebungsvereinbarung umzutauschen.
- Läßt er nichs mehr von sich hören, bitten Sie ihn nach einer Ihnen angemessen erscheinenen Frist zu einem weiteren Gespräch. Führen Sie ihm noch einmal die Vorteile einer Aufhebungsvereinbarung und die Risiken eines Arbeitsgerichtsprozesses vor Augen. Beharrt er weiterhin auf der Kündigung, dann nehmen die Dinge eben ihren Lauf.

③ Kündigung ziemlich aussichtslos: Der alternative Weg – das Schmackhaftmachen der Trennung

Dies ist in der betrieblichen Praxis ein häufig vorkommender Fall: Wir würden uns gerne von Frau Gritschneder trennen, aber zu einer Kündigung reicht es nicht. Der Arbeitsrichter würde uns nur milde ansehen, und der Betriebsrat würde tri-

umphieren – von der negativen Breitenwirkung im Unternehmen ganz zu schweigen. Wie läßt sich die Sache angehen?
Die Ausgangssituation: Frau Gritschneder arbeitet lustlos vor sich hin. Auf ihrem Schreibtisch stapelt sich jede Menge unerledigtes Papier. Auf die Vorhaltungen von Herrn Binnerfeld, ihrem Chef, hat sie tausend Gründe, warum es nicht schneller geht. Das Fatale daran ist: Er kann es nicht widerlegen. Versucht er es, kann daraus schnell eine unangenehme und meist im Streit endende Diskussion werden. Das Ergebnis: Wenig Greifbares, keine Änderung, ein verschlechtertes Abteilungsklima, Dienst nach Vorschrift und viel heiße Luft!
Was Herr Binnerfeld in der schwierigen Situation, in der das Unternehmen gerade steckt, von seinen Mitarbeitern bräuchte – Begeisterung und Engagement –, läßt sie stark vermissen. Auch hat Herr Kellbrok, sein Chef, ihn kürzlich mit einem so komischen Seitenblick gefragt, wie es denn mit der Moral in seiner Abteilung bestellt sei. In Herrn Binnerfelds Wahrnehmung schwang dabei unausgesprochen das Wort »Führungsschwäche« mit. Ein Wort, das Herr Binnerfeld nicht mag. Er hat sich vorgenommen, jetzt härter an die Sache ranzugehen, und sich bei Ihnen, dem Personalleiter, heftig und lautstark über die ungeliebte Mitarbeiterin beschwert. Sie mache ihre Arbeit schlecht, schlampig und unzuverlässig. Er will ein Dreiergespräch mit dem Ziel einer schriftlichen Abmahnung. Vielleicht kann er sie loswerden. Als »Munition« schickt er Ihnen seitenlange Berichte über die sogenannten »Verfehlungen« seiner Mitarbeiterin. Aber je mehr Sie sich in die Materie vertiefen, um so klarer wird Ihnen: Das wird nichts. Das wird ein endloses Diskutieren um einen Kaffeefleck auf den Eingabebelegen (oder waren es doch mehrere?), um Fehler in der Abrechnung, die dann auf die »EDV, die wieder mal nicht stimmt«, zurückgeführt werden, um mangelnde Arbeitsbereitschaft, worauf Frau Gritschneder mit dem Hinweis auf ihr erkleckliches Überstundenkonto kontern wird. Auf diesem Weg ist kaum eine Lösung in Sicht.
Was nun? Die negativen Auswirkungen sind schon in der gan-

zen Abteilung spürbar. Es haben sich zwei Lager gebildet, und auch der Betriebsrat hat Ihnen gegenüber schon anklingen lassen, daß es in der Debitorenbuchhaltung klimatisch wohl nicht zum besten stünde.

Denken wir über folgenden Weg nach: Zuerst führen Sie ein Dreierbeschwerdegespräch, aus dem meist ein Vierergespräch wird, weil der Betriebsrat mit am Tisch sitzt. Mitarbeiter, Vorgesetzter, Personalleiter und Betriebsratsvertreter versuchen, bezüglich der sogenannten »Verfehlungen« von Frau Gritschneder Licht in das Dunkel zu bringen. Die Vorgehensweise ist bekannt. Sie wurde bereits im Beschwerdegespräch beschrieben.

Nachdem Vorgesetzter und Betriebsrat das Feld geräumt haben, sprechen Sie als Personalchef mit Frau Gritschneder unter vier Augen. Hier kommt es auf die richtige und auf eine einfühlsame Gesprächsführung an. Ihr Ziel ist es, sie zu einer Verbündeten und nicht zu einer Gegnerin zu machen. Die Basis für dieses Gespräch ist Vertrauen. Fragen Sie Frau Gritschneder, wie sie die Situation in ihrer Abteilung erlebt. »Öffnen« Sie sie, lassen Sie sie reden, und hören Sie zu!

Sie wird Ihnen Ihr Leid klagen und Ihnen erzählen, wie schlecht und ungerecht sie behandelt wird und ganz besonders von Herrn Binnerfeld und daß sie schon mit dem Betriebsrat gesprochen hat und daß Herr Binnerfeld nun mal seine Lieblinge habe und sie nicht dazugehöre und daß auch Frau Claasfeld schon gemeint habe, daß es so nicht weitergehen könne, und, und, und ... Ist sie erst mal richtig in Fahrt, wird sie kaum zu bremsen sein. Endlich mal jemand, der ihr zuhört.

Nachdem sie ihrem Herzen richtig Luft gemacht hat, erkundigen Sie sich, mit welchen Gefühlen sie denn morgens so zur Arbeit geht. Die Antwort wird eher düster ausfallen. Und dann fragen Sie sie, ob sie schon mal an eine Veränderung gedacht hat, beispielsweise durch eine Versetzung. »Nein, bisher noch nicht« oder »Ja, ich würde gerne in ...« oder »Ja, aber im Moment gibt es ja nichts ...«, wird sie antworten. Und hierdurch erfahren Sie, wie die Mitarbeiterin generell über eine

mögliche Veränderung denkt. Hat sie sich schon damit beschäftigt: Gut. Wenn nicht, bringen Sie sie auf eine neue Idee. Was ja auch nicht schlecht wäre ...
Ist eine Versetzung möglich, läßt sich das Problem möglicherweise dadurch lösen. Wenn nicht, ließe sich folgender Weg einschlagen: Fragen Sie sie jetzt, ob sie schon einmal über einen Stellenwechsel nachgedacht hat. Ein mögliches Erschrecken wie: »Wollen Sie mir kündigen?« fangen Sie sanft auf:

»Nein, Frau Gritschneder, Sie brauchen keine Angst zu haben. Aber ich kann mir vorstellen, daß es für Sie ganz schön belastend sein muß, jeden Morgen mit diesem Knödel im Bauch zur Arbeit zu gehen.«

Wie Sie ihr aus der Seele sprechen ...

»Und es drängt sich mir die Frage auf, ob Sie auf Dauer mit diesem Streß und dieser hohen psychischen Belastung leben möchten.«

Nur eingefleischte Masochisten sagen »Ja«, und irgendwann wird auch der härteste Brocken mürbe.
Führen Sie der Mitarbeiterin vor Augen, daß Sie bei weiteren Beschwerden von Herrn Binnerfeld vielleicht sogar gezwungen wären, härter gegen sie vorzugehen. Möglicherweise sogar in Form einer Abmahnung. Und so ein dunkler Fleck in der Personalakte ist ja auch nicht gerade das Gelbe vom Ei.
Und jetzt kommt ein möglicherweise interessanter und attraktiver Vorschlag, den sie sich einfach nur mal anhören sollte:
Was sie denn davon hielte, wenn sie sich aus ihrer jetzigen Position heraus nach einer neuen Stelle umsehen würde? Und als Anreiz bieten Sie Ihr Geld. Entweder die Gehälter bis zum Kündigungstermin, wenn Sie eine neue Stelle gefunden hat und dann vorzeitig ausscheiden möchte, oder einen zusätzlichen finanziellen Anreiz, der in seiner Höhe auch zeitlich gestaffelt sein könnte. Ihrer Phantasie sind hier keine Grenzen gesetzt – höchstens steuerliche.
Zeigen Sie Frau Gritschneder in diesem Gespräch die breite

Palette von Vorteilen auf, die ein solcher Schritt für sie haben könnte.

- Sie kann sich aus einer festen und gut dotierten Position heraus bewerben, was sich sowohl auf den zukünftigen Arbeitgeber als auch auf ihre Gehaltsvorstellungen positiv auswirkt.
- Sie kann sich ohne größeren Zeitdruck etwas für sie wirklich Passendes suchen.
- Wenn die Mitarbeiterin es möchte, treten Sie als positiver Referenzgeber auf und unterstützen sie damit aktiv bei ihrer Stellensuche.
- Sie wäre den hohen psychologischen Druck und Dauerstreß in ihrer Abteilung und Herrn Binnerfeld los.
- Sie könnten die Bereitschaft signalisieren, Frau Gritschneder vorzeitig aus ihrem Vertrag zu entlassen, wenn sie das möchte. Arbeitgeber schätzen es, wenn Mitarbeiter ihre neue Tätigkeit früher als geplant beginnen können. Das hat schon bei mancher Einstellung den Ausschlag gegeben.
- Eine juristische Auseinandersetzung könnte dadurch vermieden werden. Neue Arbeitgeber schätzen es nicht besonders, wenn das vorherige Arbeitsverhältnis vor dem Kadi geendet hat.
- Sie könnten ihr auch anbieten, daß sie sich den Entwurf für ihr Zwischenzeugnis mit den für sie wichtigen Schwerpunkten selbst schreibt.
- Und das Beste zum Schluß: Sie würde dabei keinerlei Risiko eingehen und könnte – sozusagen obendrauf – noch einiges an Geld bekommen.

Nachdem Sie Frau Gritschneder das alles gesagt haben, lassen Sie sie gehen. Sie braucht jetzt Zeit zum Nachdenken. Das alles muß sich erst einmal setzen. Ist der Schock überwunden, wird sie erkennen, daß Ihr Vorschlag in der Tat nur Vorteile hat. Wenn sie es zu Hause Peter erzählt, sieht der das wahrscheinlich ähnlich.

»Du, so blöd ist das gar nicht! Dir gefällt's eh nicht bei denen. Und das Geld können wir gut für den Hausbau brauchen!«

Und damit ziehen Sie und Peter an einem Strick. Jetzt müssen Sie nur am Ball bleiben!

Was Sie bei Kündigungsgesprächen beachten sollten

① Zeitpunkt

Wann? Freitag nachmittag, wenn das Haus gähnend leer ist, ist sicher ein möglicher Zeitpunkt für ein lautloses Verschwinden der »Unperson«, also einer Trennung mit sofortiger Beurlaubung. Da keiner mehr im Haus ist, scheint dies ein vermeintlich guter Zeitpunkt zu sein, um möglichst wenig Staub im Unternehmen aufzuwirbeln. Aber am Montag morgen ist es *das* Gesprächsthema, und die Gerüchteküche wird um so heftiger brodeln. Freitagnachmittage sind übrigens beliebte »Exekutionszeitpunkte« für »Vollstrecker«.

② Einleitung

Überlegen Sie sich eine sympathisch-wertschätzende Einleitung, bei der der Mitarbeiter spürt, daß Sie wirklich das meinen, was Sie sagen. Formulierungen wie:

»Ich bin kein Freund von umständlichem Drumrumreden«

heißen im Klartext: »Deine Psyche und dein Selbstwertgefühl sind mir ziemlich Wurscht. Und das Ganze ist mir auch ein bißchen unangenehm.«

③ Vorsicht mit Schuldzuweisungen

Auch unausgesprochene Schuldzuweisungen sind gefährlich. Sie drängen den Mitarbeiter in die Defensive und zwingen ihn zur Verteidigung. Nur wenn Sie sein Selbstwertgefühl nicht angreifen, kann sich eine einvernehmliche Lösung am (Gesprächs-)Horizont abzeichnen.

④ Achten Sie auf Ihre Worte

Vermeiden Sie schneidende Formulierungen wie:

> *»Deshalb haben wir uns entschlossen, das Arbeitsverhältnis mit Ihnen termin- und fristgerecht zum 30. September zu kündigen!«*

Auf diese Weise machen Sie den Mitarbeiter und sein Selbstwertgefühl klein. Bringen Sie es ihm statt dessen wertschätzend bei. Überlegen Sie sich vorher die richtigen Formulierungen. Tun Sie das nicht, ist die Gefahr groß, daß nur noch Adrenalin durch die Adern des Mitarbeiters tost.

⑤ Lassen Sie Gefühle zu!

Markige Sätze wie:

> *»Lassen Sie uns die Sache wie Männer hinter uns bringen!«*

sind stark manipulativ und bringen zum Ausdruck: »Bitte, mach mir meinen unangenehmen Job nicht noch schwerer, als er schon ist. Es macht keinen Spaß, Kündigungen auszusprechen. Also bitte, benimm dich anständig. Was ich am allerwenigstens vertragen könnte, wäre, wenn du jetzt anfingest, loszuheulen. Reiß dich zusammen!« Mit dieser auch auf das Unterbewußtsein des Mitarbeiters abzielenden Botschaft will der Vorgesetzte den Mitarbeiter in dem engen Verhaltenskorridor halten, den er für ihn vorgesehen hat.

⑥ Trost und Hilfe, keine Floskeln

Bringen Sie keine Floskeln wie: »Sie werden ja sicher wieder schnell einen neuen Job finden!«, sondern bieten Sie echte Hilfe an:

»Ich helfe Ihnen gerne bei Ihren Bewerbungen, sowohl bei der Erstellung als auch als Referenzgeber. Wenn Sie mich brauchen, kommen Sie einfach vorbei! Meine Tür ist jederzeit für Sie offen!«

Ist eine solche ermutigende Äußerung ernst gemeint, spürt der Mitarbeiter die Wertschätzung und Ihre echte Hilfsbereitschaft.

⑦ Kündigungsgründe

Die Kündigungsgründe müssen im Kündigungsschreiben enthalten sein. Oft bedient man sich eines »Tricks«, indem man die folgende Formulierung benutzt:
»Die Gründe wurden Ihnen in einem persönlichen Gespräch erläutert.«
Auf Wunsch des Mitarbeiters sind ihm die Gründe schriftlich mitzuteilen.

⑧ Die Unterschrift

Der Erhalt einer Kündigung wird durch die Unterschrift bestätigt. Die Formulierung: »Obiges gelesen und damit einverstanden« am Ende des Schriftstücks sollte vermieden werden, da sie nach ziemlich plumper Bauernfängerei riecht.

⑨ Sofortige Beurlaubung

Eine sofortige Beurlaubung muß immer mit dem System begründet werden, damit der Mitarbeiter nicht denkt, die Ursache wäre Mißtrauen gegenüber seiner Person. Stellen Sie die Beurlaubung als Vorteil für den Mitarbeiter dar, da er sich jetzt uneingeschränkt der Suche nach einer neuen Stelle widmen kann.
Übrigens, wenn der Mitarbeiter keine Beurlaubung will, kann er auf die Weiterbeschäftigung bis zum endgültigen Trennungszeitpunkt bestehen und das sogar gerichtlich

durchsetzen. Das Ende vom Lied: Der Gerichtsvollzieher kommt mit dem Mitarbeiter händchenhaltend ins Unternehmen und verlangt bis zur offiziellen Beendigung des Arbeitsverhältnisses Weiterbeschäftigung. Dem Wunsch haben Sie wenig entgegenzusetzen...

⑩ Ihre Gesprächsführung

In fast allen Gesprächsvarianten spielt das Motto: »Wer fragt – führt« eine entscheidende Rolle. Weite, offene, das Selbstwertgefühl nicht verletzende Fragen – und dann: Zuhören, zuhören, zuhören... Schreiben Sie sich bei solchen Gesprächen als Gedächtnisstütze »30/70« auf Ihren Notizblock.
Diese zehn Tips für Trennungsgespräche bieten Ihnen

- zehn potentielle Weichenstellungen für eine gütliche und einvernehmliche Lösung, anstatt den Weg zum Anwalt einschlagen zu müssen;
- zehn Möglichkeiten, die Meinung des Mitarbeiters positiv zu beeinflussen (Wird er sich auch nach der Trennung wertschätzend und loyal über Ihr Unternehmen äußern oder es haßerfüllt »in den Dreck ziehen«?);
- zehn Möglichkeiten, bei dem Mitarbeiter eine psychologische Schockstarre, die ein böses Erwachen nach sich ziehen könnte, von Anfang an zu vermeiden (»Rache oder Einvernehmen«);
- zehn Möglichkeiten, eine arbeitsgerichtliche Auseinandersetzung – auch um die Abfindungshöhe – zu vermeiden und bei dem Mitarbeiter nicht die Einstellung aufkommen zu lassen, daß »die Schweine bluten sollen«.

Wenn Sie diese Möglichkeiten nicht nutzen und der Mitarbeiter den richtigen Anwalt findet, kann er Ihnen und Ihrem Unternehmen einiges an Schwierigkeiten bereiten, was er dann wohl auch mit einiger Begeisterung tun wird.

Das Beurteilungsgespräch
»Motivationsakku« oder »Urteil« über den Mitarbeiter?

Was ein »Beurteilungsgespräch« ist – oder was es sein sollte ...

»Wieso gibt es freitags immer diese scheußlichen Fischfrikadellen? Fisch am Freitag ist ja in Ordnung. Aber warum ausgerechnet Fischfrikadellen? Wer den Speiseplan aufgestellt hat, der ißt woanders! Das Kantinenessen ist längst nicht mehr, was es einmal war. Erst hat der Catering-Service den lukullischen Himmel auf Erden versprochen – und jetzt: Fischfrikadellen!«
Ungesättigt und mißgelaunt kehrt Doris Gerstenberger nach dem unbefriedigenden Mittagstisch wieder in ihr Büro zurück. »Das Wochenende ist der einzige Lichtblick in dieser chaotischen Woche. Nichts wie Ärger. Und als krönender Abschluß: Fischfrikadellen«, denkt sie, und nur die Vorfreude, diesem Laden für zwei Tage den Rücken kehren zu können, läßt sie die Tür zu ihrem Büro noch einigermaßen schwungvoll öffnen.
»Nanu, schon zurück?« Erstaunt sieht Frau Gerstenberger ihre Kollegin Sonja Benuti an. »Das ging aber schnell!« Frau Benuti nickt nur geistesabwesend und malt mit steinernem Gesicht Kreise und Rechtecke auf ihre Schreibtischunterlage.
»Wie war's denn?« Kaum hat Doris diese Frage gestellt, kennt sie auch schon die Antwort. »Scheint wohl ziemlich danebengegangen zu sein«, schießt es ihr durch den Kopf. Sonja sagt nichts und malt mit einem harten Zug um den Mund weiter an ihren abstrakten Gebilden.
Nach einer Pause – Doris scheint sie endlos – sagt sie mit brüchiger Stimme:

»Ich bin eine Versagerin!«
»Was? Das hat er gesagt?«
»Nicht direkt, aber das hat er gemeint!«
»Was hat er denn genau gesagt?«
»Daß ich die Erwartungen nicht erfüllt hätte. Und dann hat er dreimal das Wort ›unzuverlässig‹ gebraucht. Dreimal!«
»Ja, hat er denn gar nichts Positives über dich und deine Leistungen gesagt?«
»Doch, schon irgendwas, aber: ›Sie sind unzuverlässig, Frau Benuti!‹ Dreimal! Weißt du, was ich glaube, Doris? Das war 'ne Kündigung.«
»Du hast ja 'nen Knall, Sonja. So ein Quatsch! Da hast du was in den falschen Hals gekriegt. Wenn sich jemand für den Laden hier einsetzt, dann du! Von wegen ›unzuverlässig‹. Also, das ist 'ne Frechheit. Soll ich mal mit ihm reden?«

Sie deutet eine Kopfbewegung in Richtung Chefzimmer an. Sonja will etwas entgegnen, aber das Klingeln des Telefons läßt sie verstummen. Sie schüttelt den Kopf und meldet sich mit etwas belegter Stimme: »Benuti.«
Der Hintergrund für dieses seelische Desaster: Herr Petrischek, der Vorgesetzte beider Damen, hat mit Frau Benuti ein sogenanntes »Beurteilungsgespräch« geführt. Besonders aufbauend schien es ja nicht gewesen zu sein ...
Ein »Beurteilungsgespräch« – auf die Anführungszeichen kommen wir noch – ist bei richtiger Handhabung eines der stärksten Führungsinstrumente des Vorgesetzten. Voraussetzung hierfür ist allerdings, daß die Mitarbeiter das Gespräch – unabhängig von der Qualität ihrer Leistungen – als motivierend und aufbauend erleben.
Im allgemeinen begrüßen es die Mitarbeiter, wenn turnusmäßig mit ihnen über ihre Leistungen und über Leistungsstandards gesprochen wird. Sie schätzen es, wenn sie wissen, woran sie sind, wo sie stehen und wie sie vom Chef gesehen werden. Die Bedeutung dieses Gesprächs zeigt sich auch daran, daß die Ergebnisse meist in der Personalakte festgehalten werden.

Ein »Beurteilungsgespräch« findet im allgemeinen einmal im Jahr statt und ist ein Dialog zwischen Vorgesetztem und Mitarbeiter, bei dem

- die Leistungen und Verhaltensweisen des Mitarbeiters
- mit ihren jeweiligen Stärken und Schwächen (Ansatzpunkten für Verbesserungsmöglichkeiten)
- anhand eines Gesprächsbogens
- im Hinblick auf Vergangenheit (Was war?)
- und Zukunft (Welche Aufgaben und Ziele sollen in der nächsten Periode verfolgt werden?)
- und mögliche Perspektiven für den Mitarbeiter
- mit genügend Vorbereitungszeit für beide Parteien
- ohne Zeitdruck (open end)
- in einer offenen und vertrauensvollen Atmosphäre
- unter vier Augen

besprochen werden. So sollte es sein...
Der letzte Punkt, die »offene und vertrauensvolle Atmosphäre«, trägt wesentlich zu Erfolg oder Mißerfolg bei. Gelingt es dem Vorgesetzten, eine solche Atmosphäre herzustellen, wird die Bereitschaft des Mitarbeiters steigen, sich zu öffnen und über Dinge zu sprechen, die unausgesprochen zwischen ihnen stehen und die dem Mitarbeiter im Magen liegen. Nur in einer solchen Atmosphäre können Meinungsverschiedenheiten konstruktiv geklärt, Einsichten für unterschiedliche Sichtweisen geweckt, Standpunkte nachhaltig verändert und die gegenseitige Bereitschaft zu konstruktiver Zusammenarbeit erhöht werden.
Ist der Vorgesetzte ein »Atmosphärekiller«, wird es aus Mitarbeitersicht schnell:

»... wieder zu so einem 08/15-Gespräch, das absolut nichts gebracht hat. Die Ohren hat er mir vollgelabert und mir lang und breit erklärt, was ich zu tun und zu lassen habe. Als ob ich das nicht wüßte. Der Herr Oberlehrer persönlich. Aber als ich ihm dann gesagt habe, was in unserer Abteilung alles schiefläuft, hat er dichtgemacht. Einen tollen Chef haben wir. Schade um die Zeit.«

Mag sein, daß dieser Vorgesetzte in guter Absicht gehandelt hat. Aber wenn es ihm nicht gelingt, seinen Mitarbeiter »zu öffnen« und dessen Standpunkte und Sichtweisen auch auszuhalten, wird ein echter Dialog kaum zustande kommen.
Mal härter an die Sache ranzugehen und es dem Mitarbeiter »deutsch zu sagen«, kann das Gespräch zu einer Frustrations-Tretmine werden lassen. Man denke nur an Frau Benuti!

Ein paar Anmerkungen zu dem Wort »Beurteilungsgespräch«

Schaut man sich dieses Wort näher an, könnte man zu der Auffassung kommen, daß in diesem Gespräch ein Urteil über Sachverhalte oder Personen gesprochen wird. Irgendwie schwingt etwas Juristisches im Wort »Beurteilungsgespräch« mit.
Im juristischen Sinn ließe sich die Frage stellen: »Schuldig oder nicht schuldig?« – »Strafe oder Freispruch«? Eine Steigerung ins Positive, sozusagen eine Belohnung über den Freispruch hinaus, sieht das Gericht höchstens mit so motivierenden Begriffen wie »Schadensersatz« oder »Wiedergutmachung« vor.
Zugegeben: Der Vergleich mag etwas weit hergeholt sein, aber er soll verdeutlichen, daß dem Wort »Urteil«, und damit auch dem sogenannten Be»urteil«ungsgespräch, etwas Schweres, Düsteres und Unheilschwangeres anhaftet. Assoziationen von Schuld und Sühne tauchen auf. Es wird nur wenig Menschen geben, die mit dem Wort »Urteil« etwas Freundliches, Sympathisches und Motivierendes verbinden. Selbst unter Juristen dürfte diese Spezies eher dünn gesät sein.
Ein Urteil ist immer mit einem Machtgefälle verbunden, das im Gerichtssaal auch optisch zum Ausdruck gebracht wird. Der Richter oben, der Angeklagte unten. Der Richter richtet: »Das hast du getan, und ich spreche folgendes Urteil über dich.« Klare Sache. Aus dem Blickwinkel des »Delinquenten« nicht besonders motivierend.
In der Rechtsprechung mag das ja alles richtig sein. Aber wie

paßt der sachlich-nüchterne Begriff des »Urteils« aus der Rechtsprechung mit einem motivierenden und aufbauenden Mitarbeitergespräch zusammen?
Ein weiterer wichtiger Gesichtspunkt fällt bei Urteilen unter den Tisch: Die individuelle Wahrnehmung. Ein Urteil hat immer etwas Absolutes:

»So bist du, das hast du getan, das ist deine Strafe!«

Ein mitarbeiterorientiert denkender Vorgesetzter, der sich ein wenig mit dem Wahrnehmungsphänomen beschäftigt hat, wird kaum sagen:

»So bist du, das hast du getan, das ist mein Urteil über dich!«,

sondern wird über seine Wahrnehmungen berichten:

»So habe ich Sie beim Kunden Zink erlebt, Frau Vollmer.«

Ein himmelweiter Unterschied – zumindest für Frau Vollmer und ihr Selbstwertgefühl.
Damit sind wir bei der Frage des Untertitels zu diesem Kapitel: Was ist ein »Beurteilungsgespräch« für Sie? »Urteil« über den Mitarbeiter oder »Motivationsakku«? Endlich mal die Gelegenheit, Richter spielen und Urteile »fällen« zu können – oder die echte Chance, den »Motivationsakku« Ihrer Mitarbeiter wieder voll aufzuladen? Die Entscheidung liegt bei Ihnen.
Ein kleiner Selbsttest: Neigen Sie eher dazu, in »Beurteilungsgesprächen« lang und breit auf den Schwächen der Vergangenheit rumzureiten, oder haben Sie mehr die Stärken Ihres Mitarbeiters und die neuen, herausfordernden Aufgaben im Blick. Langes und breites »Urteil« über das, was war, oder mit »leuchtenden Augen zu neuen Ufern«?
Das Wort »Beurteilungsgespräch« scheint langsam aus der Mode zu kommen – und nicht nur das Wort. Auch der gedankliche Ansatz von Macht und Machtgefälle, der dahintersteht. Das Wort wird abgelöst durch Begriffe wie »Jahresgespräch«, »Standortgespräch«, »Mitarbeitergespräch«, »Beratungsge-

spräch« oder »Fördergespräch«. Doch nicht nur das Etikett, auch die Inhalte haben sich verändert. Die derzeit aktuellste Weiterentwicklung des Führungsfossils »Beurteilungsgespräch« ist das »Performancegespräch«. Es hat mit dem klassischen Beurteilungssystem der siebziger und frühen achtziger Jahre kaum noch etwas gemein.
Um die möglichen negativen Assoziationen im Zusammenhang mit dem »Beurteilungsgespräch« zu vermeiden, soll im folgenden vom »Beratungs- und Fördergespräch« oder kurz »BuF-Gespräch« die Rede sein. Hier stehen der zeitgemäßere Ansatz des Beratens und Helfens, der individuellen Mitarbeiterentwicklung, die Idee des Partnerschaftlichen und der neudeutsche Begriff des »Coaching« im Vordergrund. Statt Urteil – Hilfe! Statt Frustration – aufgeladene Motivationsakkus!

Die Gesprächsinhalte: Was alles besprochen wird

Meist ist die Grundlage für ein solches Gespräch ein Gesprächsbogen, der alle mitarbeiter- und funktionsrelevanten Kriterien enthält: Von A wie »Arbeitsorganisation« bis Z wie »Zusammenarbeit«. Er ist meist mit Bewertungsstufen versehen, die sehr unterschiedlich definiert sein können.
In den unteren Bewertungsstufen finden sich manchmal Formulierungen mit negativen und teilweise diskriminierenden Adjektiven, die das Selbstwertgefühl des Mitarbeiters nicht besonders schonen:

> *»Uninteressiert, umständlich, schlecht, schlampig, verantwortungsscheu, durchsetzungsschwach.«*

Ziemlich motivierend! Die Liste läßt sich beliebig verlängern. Die Reaktion eines so »beurteilten« Mitarbeiters ist vorhersehbar. Entweder offene oder verdeckte Empörung mit einem Frustrationsschub oder ein innerlich gemurmeltes: »Ach, leck mich doch am Arsch.« Eine solche Beurteilung verursacht eher einen Kurzschluß, als daß sie den Motivationsakku neu auflädt.

Man spürt förmlich, wie ein Vorgesetzter, der seinem Mitarbeiter »mangelhaftes Durchsetzungsvermögen« und »völlig unzureichende Führungsqualitäten« schwarz auf weiß bescheinigt, diese »Prädikate« gleichsam mit glühenden Lettern in dessen Selbstwertgefühl brennt. Nur so als Idee: Überprüfen Sie mal die Formulierungen auf den unteren Stufen Ihres Gesprächsbogens.
Eine andere, auch nicht unproblematische Variante ist die Bewertung nach der Schulnotenskala. Man fühlt sich anheimelnd an seine eigene Schulzeit zurückerinnert:

»Die Leistungen des Schülers ließen häufig zu wünschen übrig, und sein Betragen war meist ungenügend!«

Erinnern Sie sich noch? Scheint als Motivationsakku auch nicht besonders geeignet.
Eine vielleicht bessere und »gesichtsverträglichere« Variante ist die Vergabe von Zeichen, die unternehmensspezifisch definiert werden und sich einheitlich und durchgängig für alle Bewertungskriterien verwenden lassen. Leistung und Verhalten des Mitarbeiters werden an den Anforderungen des Arbeitsplatzes gemessen und bewertet (siehe Chart 7).

Chart 7: Gesprächsbogen mit Zeichen

Führungsverhalten	++	+	+−	−	−−
Fachliche Qualifikation Kenntnisse, Fähigkeiten, Fertigkeiten, Umsetzung in die Praxis					
... etc.					

Den Zeichen lassen sich beliebige Bedeutungen zuordnen wie beispielsweise:

++ Exzellent, weit über dem Durchschnitt
+ Ohne Beanstandungen, über dem Durchschnitt
+– Durchschnitt
– Nicht zufriedenstellend, ist zu verbessern
–– Unzureichend, ist stark zu verbessern

Keine diskriminierenden Begriffe, keine Schulnoten. Die Bedeutung der Zahlen wurde uns während langer Schuljahre tief in unsere kindliche Seele eingebrannt. Und wer erinnert sich nicht an so motivierende Adjektive wie »ausreichend, mangelhaft, ungenügend«, die einem dann zu Hause so viel Freude und Annehmlichkeiten bescherten?

Mitarbeiterbögen zu »BuF-Gesprächen« enthalten im allgemeinen folgende Themenbereiche:

① Aufgabenschwerpunkte des abgelaufenen Besprechungszeitraums (Was waren die wesentlichen Aufgaben des Mitarbeiters in der vergangenen Periode?);
② Bewertung der erbrachten Leistungen und der gezeigten Verhaltensweisen des Mitarbeiters anhand eines nicht diskriminierenden Bewertungsschemas;
③ Besprechung und gemeinsame Festlegung der Aufgaben und Ziele für die nächste Periode (Echte Zielvereinbarung oder Ziele »aufs Auge drücken«?);
④ Bewertung des Mitarbeiterpotentials (Was steckt an Entwicklungsmöglichkeiten in der Mitarbeiterin?);
⑤ gemeinsame Festlegung weiterer kurz-, mittel- und langfristiger Maßnahmen zur Förderung, Entwicklung und Fortbildung;
⑥ abschließende Stellungnahme beider Parteien zu dem Gespräch (mündlich und schriftlich).

Die gründliche Vorbereitung

Der Erfolg dieses Gesprächs hängt von der persönlichen Einstellung des Vorgesetzten gegenüber diesem Führungsinstrument und von der Qualität seiner Vorbereitung ab. Das Gespräch mal so eben »aus dem Hut zaubern«, irgendwelche

Behauptungen aufstellen oder »nur mal so daherreden«, kann fatale Folgen haben – unabhängig von der negativen Presse, die sich über den Vorgesetzten im Unternehmen verbreiten würde. (Wir erinnern uns: Der »555er« Effekt.)
Ein Vorgesetzter, der den »Motivationsakku aufladen möchte«, hat eine andere Einstellung:

»Mir liegt sehr viel daran, daß Frau Gallwitz dieses Gespräch – unabhängig von ihren Leistungen und Verhaltensweisen – als motivierend und aufbauend erlebt und daß wir alles, aber auch wirklich alles in einer offenen und vertrauensvollen Atmosphäre ansprechen können. Ich weiß, daß das weitgehend an mir liegt. Es ist mein fester Vorsatz, sie mit einem guten Gefühl aus diesem Zimmer gehen zu lassen, bei allem Negativen, was angesprochen werden muß.«

Der Halbsatz

»unabhängig von ihren Leistungen und Verhaltensweisen«

bringt zum Ausdruck, daß der Chef von Frau Gallwitz das Gespräch als Motivationsakku sieht. Hier schimmert stark die Plus-Motivation durch. Und hier gehört sie auch hin, denn das Gespräch soll den Motivationstreibstoff für die nächste Zeit liefern.
Auf die Minus-Motivation mit ihren beiden Ausprägungen freundlich und unfreundlich könnten Sie theoretisch immer noch zurückgreifen. Aber das sollten Sie sich gut überlegen, denn in einem solchen Gespräch kann jede Art von Minus-Motivation den Motivationsakku blockieren – oder die Sicherung durchknallen lassen.
Eine gründliche Vorbereitung ist deshalb so wichtig. Durchdenken Sie den gesamten Gesprächszeitraum anhand des Gesprächsbogens in all seinen Ausprägungen.
Was sind die (herausragenden) Stärken des Mitarbeiters? Die Stärken liefern Ihnen Hinweise für den positiven Einstieg in das Gespräch und heben es von Anfang an auf einen hohen Wertschätzungslevel. Was ist aus Ihrer Sicht an der Leistung und dem Verhalten des Mitarbeiters verbesserungsfähig? Das

sollte anschließend zur Sprache kommen. In umgekehrter Reihenfolge könnte es bei dem Mitarbeiter leicht zu emotionalen Frostbeulen kommen.
Vereinbaren Sie mit ihm frühzeitig einen Gesprächstermin. Auch der Mitarbeiter möchte sich auf dieses wichtige Gespräch gründlich vorbereiten.
Legen Sie den Termin so, daß keiner von Ihnen unter Zeitdruck kommt, beispielsweise auf den frühen Nachmittag mit »open end«. Wenn Sie in einer psychologisch schwierigen Situation das Gespräch aus Zeitgründen abbrechen müssen, kann der Mitarbeiter ganz schön ins Trudeln kommen.
Schalten Sie Störungen aus. Besonders telefonische. Sie haben in der Wahrnehmung des Mitarbeiters negativen Wertschätzungscharakter. »Alles und jedes, was über das Telefon reinkommt, ist wichtiger als ich und mein Anliegen!«
Bringen Sie Beispiele! Das Gespräch lebt von Beispielen zur Untermauerung Ihrer Sichtweisen – für Positives und Negatives. Beispiele besitzen Überzeugungskraft und machen Dinge authentisch. »Floskelnde Allgemeinplätze« sind meist blutleer und fordern zum Widerspruch heraus.
Eine Aussage wie:

»Ihre Zuverlässigkeit ließ wieder mal ziemlich zu wünschen übrig!«

schreit geradezu nach Beispielen.
Bittet Ihr Mitarbeiter Sie um konkrete Angaben und Sie eiern auf kaum nachvollziehbaren Allgemeinplätzen herum, kann aus dem geplanten Motivationsakku leicht ein Rohrkrepierer werden.

»Zur Zuverlässigkeit, Herr Pokorny. Hier sehe ich bei Ihnen ein Defizit. Lassen Sie mich das anhand von ein, zwei Beispielen erläutern:
Schneider & Co., vor zwei Wochen. Sie hatten die Auslieferung für den 24. verbindlich zugesagt. Aus internen Gründen konnte die Lieferung nicht rausgehen. Eine entsprechende telefonische Information von Ihnen unterblieb. Das hat

dann zu den bekannten Problemen mit Schneider & Co. geführt. Wir hatten damals darüber gesprochen.
Damit Sie mich nicht mißverstehen, Herr Pokorny. Ich spreche diese Dinge nicht an, um olle Kamellen aufzuwärmen oder Ihnen Vorwürfe zu machen. Es geht mir ausschließlich darum, daß ich versuche, Ihnen klarzumachen, was für mich Zuverlässigkeit bedeutet. Also nicht, daß Sie das Gespräch in den falschen Hals kriegen. Klar? Da war vor zwei Wochen noch die Sache mit den Gutschriften. Sie erinnern sich ... ?«

Stellen Sie sicher, daß Unterlagen, die Sie während des Gesprächs benötigen, bereitliegen. Es macht auf Ihren Mitarbeiter keinen besonders professionellen Eindruck, wenn Sie auf Ihrem Schreibtisch verzweifelt in einem Papierstoß von beachtlicher Größe rumkramen und mehrfach geistesabwesend vor sich hin murmeln:

»Wo hab' ich's denn nur, wo hab' ich's bloß hingetan? Komisch, vorhin war's noch da ...«

Besonders pikant wird die Sache dann, wenn Sie zehn Minuten vorher mit Ihrem Mitarbeiter »ein Hühnchen gerupft haben« über Zuverlässigkeit und die Verbesserung seiner persönlichen Arbeitsorganisation. Wenn der Mitarbeiter Takt besitzt, übergeht er es. Aber er wird es mit Sicherheit registrieren. Möglicherweise hat er nach dem Gespräch seinen Kollegen etwas Interessantes über »zweierlei Maß« zu erzählen, mit dem der Chef mißt.
Beschränken Sie sich auf wenige und wichtige Punkte. Das Gespräch soll keine Generalabrechnung werden, sondern Ihren Mitarbeiter beflügeln. Auch hier gilt das Zitat Johann Wolfgang von Goethes: »Getretener Quark wird breit – nicht stark!«
Führen Sie das Gespräch so, daß der Mitarbeiter möglichst nicht in die Rechtfertigungsrolle kommt. Rechtfertigungsversuche bedeuten, daß bei dem Mitarbeiter der Vorwurf angekommen ist. Das heißt nicht, daß Sie dem Mitarbeiter tatsäch-

lich etwas vorgeworfen haben. Zu meinen, einen Vorwurf gehört zu haben, kann schon den Rechtfertigungsmechanismus auslösen. Da ist es wieder, dieses ominöse Wort »meinen«, das dafür sorgt, daß die selektive Wahrnehmung angeknipst wird.

Ein paar Tips zur Gesprächsführung

Die meisten Tips kennen wir schon aus dem Kritikgespräch. Hier nur noch einige Ergänzungen:

① Keine Zeitbeschränkung

Informieren Sie Ihren Mitarbeiter bereits bei der Terminvereinbarung darüber, daß es von Ihrer Seite keine Zeitbeschränkung gibt. Für die Mitarbeiter Zeit zu haben ist ein Zeichen von Wertschätzung!

»Herr Basch, ich würde gerne mit Ihnen in der 13. KW unser jährliches ›BuF-Gespräch‹ führen. Würde Ihnen das passen? Gut. Wie sieht es bei Ihnen am Donnerstag aus? Prima. Dann schlage ich vor, daß wir so gegen 15 Uhr beginnen. Wie lange es dauert, werden wir sehen. Von meiner Seite aus gibt es keine Zeitbeschränkung. Wir hätten dann mal Zeit, uns über alles ausführlich zu unterhalten.«

Aber bitte Vorsicht! Mit einem etwas anderen Zungenschlag könnte beim Mitarbeiter ankommen:

»Für das Gespräch brauchen wir Zeit, Herr Basch. Sie werden schon sehen – und Ihr blaues Wunder erleben!«

Betonung und Tonfall können Inhalte völlig verändern. Probieren Sie es mal aus mit dem Satz: »Ich sagte nicht, er stahl Geld.« Je nachdem, welches Wort Sie betonen, bekommt der Satz jeweils einen völlig anderen Sinn. Erstaunlich!

② Unterlagen offen auf den Tisch

Alle benötigten Unterlagen, einschließlich des Gesprächsbogens, sollten bei Gesprächsbeginn auf den Tisch gelegt werden. Eine vertrauensvolle Atmosphäre läßt sich nur schwer herstellen, wenn Sie während des Gesprächs geheimniskrämerisch in irgendwelche Schubladen blicken. Damit senden Sie in der Wahrnehmung des Mitarbeiters die Botschaft:

> *»Ich habe etwas zu verbergen, was dich betrifft und was du nicht wissen sollst . . . Ätsch!«*

Ein wirkungsvoller Klimakiller.

③ Positiver Beginn

Steigen Sie positiv in das Gespräch ein. Das fördert das Gesprächsklima, senkt den Adrenalinspiegel Ihres Gesprächspartners und erhöht die Aufnahmebereitschaft.

> *»Ja, Frau Liesenbelt, da haben sich ja im letzten Jahr einige sehr erfreuliche Entwicklungen bei Ihnen abgezeichnet. Was mir besonders gefällt, ist, wie sattelfest Sie in der Reklamationsbearbeitung geworden sind. Ich denke da an Knaas & Behrend. Wie Sie die beiden Reklamationen in kürzester Zeit in den Griff gekriegt haben, das war prima. Und daß Sie aus der zweiten Reklamation noch einen Zusatzauftrag gemacht haben. Das fand ich toll!«*

Wenn Sie als »Atmosphärekiller« agieren und die Stimmung zu Beginn in den Keller rauschen lassen, müssen Sie ganz schön radeln, um da wieder rauszukommen

> *»Also, wie Sie wissen, Herr Sonnwender, müssen wir heute unser Jahresgespräch führen. Um es ganz offen zu sagen: Von Ihren Leistungen war ich dieses Jahr ziemlich enttäuscht.«*

Man spürt förmlich den Schlag in die Magengrube von Herrn Sonnwender und kann sich gut vorstellen, wie jetzt das Adrenalin durch seine Adern rauscht.

④ Fragen stellen

Kaum ein Gespräch ist so dazu geeignet, über Fragen geführt zu werden wie dieses. Das gilt insbesondere, wenn es um die Schwachstellen des Mitarbeiters geht. Stellen Sie weite, offene und wertschätzende Fragen. Sie wissen ja: Wenn Ihr Mitarbeiter Ihnen sagt, wie er sich in ähnlichen Situationen zukünftig verhalten wird, hat das für ihn eine deutlich stärkere Bindung (»Moralischer Vertrag«), als wenn Sie ihm eine halbe Stunde in den Ohren liegen.

»Also, wie oft muß ich es Ihnen noch sagen, Herr Plonzke? Ich hab's Ihnen doch schon hundertmal gesagt! Sie dürfen unter gar keinen Umständen ...«

Kein guter Film ...
Vermeiden Sie Behauptungen wie:

»Erzählen Sie doch keine Märchen! Sie haben den Auftrag am Freitag doch nur deshalb liegenlassen, weil Sie nach Hause gehen wollten!«

Fragen Sie statt dessen nach den Gründen:

»Was waren denn die Gründe, Frau Ilderim, daß Sie den Auftrag am Freitag nicht mehr bearbeitet haben?«

Bitten Sie den Mitarbeiter um eine Stellungnahme. Fragen Sie ihn nach seiner Sichtweise.

»Wie haben Sie denn diesen Vorfall erlebt, Frau Kantuschek?«

Lassen Sie den Mitarbeiter die Ursachen seiner Schwachstellen selber finden. Seien Sie fragender »Geburtshelfer«:

»Woran könnte das Ihrer Meinung nach liegen?«
»Was könnten dafür die Gründe sein?«
»Wie sehen Sie diesen Punkt, Herr Brasch?«

Und fragen Sie nach Verbesserungsmöglichkeiten:

»Was ließe sich Ihrer Meinung nach daran ändern?«

⑤ Akzeptable Aussagen akzeptieren

Wenn Ihr Mitarbeiter Argumente zu seiner Entlastung vorbringt, die Sie überzeugen, dann sagen Sie ihm das. Manche Chefs halten so etwas für ein Zeichen von Schwäche. Eher dürfte das Gegenteil der Fall sein. Aber bitte bestätigen Sie Ihren Mitarbeiter nicht zu oft, denn sonst wird es Ihnen tatsächlich als Schwäche ausgelegt.
Bestätigen Sie Ihre Mitarbeiterin

> *»Da haben Sie recht, Frau Schildgen, diesen Gesichtspunkt habe ich bisher nicht bedacht.«*

anstatt ihr zu sagen:

> *»Das ist doch eine Unterstellung. Das können Sie doch überhaupt nicht beweisen! Eines steht jedenfalls fest: Sie waren daran schuld, daß ...«*

Letzteres ist wohl eher ein »Urteil« über die Mitarbeiterin mit strafverschärfendem Unterton.

⑥ Eigene Erwartungen nennen

Sind Sie mit den Vorschlägen, die Sie vom Mitarbeiter erfragt haben, einverstanden, sollten Sie diese als zukünftige Vorgehensweise fest vereinbaren. Sind Sie nicht damit einverstanden, äußern Sie Ihre Erwartungen:

> *»Wenn Sie mit der Eingabe in Verzug kommen, Frau Kendelbacher, dann sagen Sie es mir bitte noch am selben Tag. Sonst kann es sein, daß ich gegenüber dem Kunden unbeabsichtigt falsche Aussagen mache und wir in ähnliche Schwierigkeiten kommen wie damals bei Koch & Söhne. Können wir es so machen?«*

Und machen Sie selber Vorschläge:

> *»In solchen Fällen würde ich vorschlagen, dem Interessenten ein Modell anzubieten. Dadurch kann er sich das Ganze bes-*

ser vorstellen, und es erhöht vielleicht seine Abschlußbereitschaft. Was halten Sie davon, Frau Tielbeck?«

⑦ Übereinstimmendes betonen

Heben Sie Übereinstimmendes hervor. Aber bitte wertschätzend!

»In dem Punkt, Frau Abermann, haben Sie mich überzeugt. Das sehe ich jetzt ähnlich wie Sie.«

Und nicht:

»Ich glaube, da habe ich einen Fehler gemacht.«
»Da stimme ich Ihnen zum erstenmal 105prozentig zu, Herr Dollberg!«

⑧ Abweichungen herausarbeiten

Diskutieren Sie unterschiedliche Standpunkte, und arbeiten Sie die Abweichungen klar und deutlich heraus:

»Gut, Herr Bellheim, das ist Ihr Standpunkt, den ich aus Ihrer Sicht bis zu einem gewissen Grad sogar nachvollziehen kann. Ich sehe die Sache aus einem anderen Blickwinkel, und zwar so ...«

⑨ Unterstützung zusichern

Sichern Sie Ihrem Mitarbeiter Unterstützung zu, und lassen Sie sie ihm dann auch zukommen. Unterstützung ist ein Zeichen von Wertschätzung. Aber Vorsicht! Bitte darauf achten, daß die Unterstützung nicht als Nachhilfe für Minderbegabte erlebt wird.

»Ich weiß, die Umstellung auf EDV ist gerade in Ihrem Bereich ein sehr komplexer und schwieriger Vorgang. Wenn Sie mal hängen – und das kommt meist schneller, als man denkt –, dann rufen Sie Herrn Mohr an. Er ist auf dem

Gebiet Spezialist und kann Ihnen dann sicher weiterhelfen. Hier ist seine Telefonnummer.«

Und nicht:

»Wenn Sie mal wieder überfordert sind, dann rufen Sie Herrn Mohr an! Aber bitte nicht jeden Tag zehnmal!«

Bieten Sie auch Unterstützung in Form von Weiterbildungsmaßnahmen an.

»Vielleicht könnten hier auch ein, zwei gezielte Weiterbildungsmaßnahmen helfen. Schauen Sie sich doch mal in unserem Fortbildungskatalog nach geeigneten Seminaren um, Herr Bieleck. Wenn Sie was Passendes gefunden haben, dann reden wir darüber.«

Und nicht:

»Also, jetzt langt's! Das kann man ja nicht mehr länger mit ansehen. Jetzt gehen Sie auf dieses Seminar. Merken Sie sich vor: 15. und 16. April! Dann müssen Sie eben Nachhilfe auf Geschäftskosten kriegen!«

Brrr...! Eine hübsche Kombination aus Arroganz, Macht, Großkotzigkeit und Gönnertum. Kein besonders motivierender Film.

⑩ Zusammenfassung der Ergebnisse

Fassen Sie gegen Ende des Gesprächs alle Ergebnisse noch einmal kurz zusammen:

- die gemeinsam herausgearbeiteten Ansatzpunkte für die individuellen Leistungsverbesserungen bzw. Verhaltensänderungen,
- die gemeinsam vereinbarten Ziele und Aufgabenschwerpunkte für die kommende Periode,
- die ins Auge gefaßten Entwicklungsmaßnahmen,
- die verabschiedeten Aktionen sowie
- eventuell offengebliebene Punkte.

⑪ Positiver Abschluß

Ein positiver Beginn ist für das Gespräch wichtig, ein positives Ende entscheidend! Dies wird vom Mitarbeiter als besonderer Transport von Wertschätzung erlebt und kann zu den schon beschworenen »leuchtenden Augen« noch einiges beitragen.
Bringen Sie zum Ausdruck, daß Sie gerne mit dem Mitarbeiter zusammenarbeiten, daß Sie mit seinen Leistungen generell zufrieden sind und daß Sie keinen Zweifel daran haben, daß er die besprochenen Punkte erfolgreich in die Tat umsetzen wird. Glauben Sie an ihn – und er wird an sich selbst glauben!

Verschiedene Möglichkeiten, das Gespräch zu führen

Ein zentraler Knackpunkt bei diesem Gespräch ist die Frage: Hat das Ergebnis direkte Auswirkungen auf die nächste Gehaltsrunde?
Ja? Dann geht es weniger um Sichtweisen, persönliche Hilfestellung und Förderung des Mitarbeiters als hauptsächlich um Geld. Damit kann ein vom Vorgesetzten gutgemeintes Mitarbeitergespräch zu einem Kampf um den schnöden Mammon degenerieren.
Einen besonders kritischen Touch bekommt das Ganze dann, wenn es in dem Gesprächsbogen eine rechnerisch ermittelte »Maßzahl« gibt, die als Indikator für die nächste Gehaltserhöhung dient. Aus Mitarbeitersicht läßt sich das auf einen einfachen Nenner bringen: Je höher die Zahl, desto höher das nächste Jahreseinkommen. Damit kann diese Zahl für den Mitarbeiter zum Kernstück des Gesprächs werden.

»Wenn es mir in diesem Gespräch gelingt, die Zahl nach oben zu drücken, zahlt sich das hinterher in klingender Münze aus. Also werde ich kämpfen und mir nichts gefallen lassen.

Je weiter ich die Zahl nach oben drücken kann, um so mehr Geld gibt's anschließend.
Wie mein Chef mich sieht, interessiert mich nur sekundär. Was wirklich zählt, sind nicht Sichtweisen, sondern die besseren und geschliffeneren Argumente. Das heißt: Gründlichste Vorbereitung!«

Ein Kampf mit Hauen und Stechen? Vielleicht. Aber kaum ein mitarbeiterorientiertes und aufbauendes Personalgespräch. Man bleibt im zähen Morast der Vergangenheit kleben; für beflügelnde Zukunftsperspektiven gibt es nur wenig Raum. Ein system-immanenter Interessenkonflikt entsteht.
In Unternehmen mit moderner Personalarbeit ist diese Variante jedoch kaum noch anzutreffen.
Denn die Koppelung von Gespräch und künftiger Gehaltserhöhung bedeutet:

- weniger Offenheit,
- niedrigere Bereitschaft zur Einsicht,
- hoher Vergangenheitsbezug,
- eingeschränkte Möglichkeit für gezielte Förderungsmaßnahmen,
- mögliche Beziehungsverschlechterung zwischen Chef und Mitarbeiter.

Die Entkoppelung beider Aspekte funktioniert dann, wenn ein unabhängiges Gehaltserhöhungssystem existiert und die Gespräche in der richtigen Reihenfolge geführt werden: Das Gehaltsgespräch zum Jahresende, das »BuF-Gespräch« im ersten oder zweiten Quartal. Umgekehrt dürften einige Konflikte vorprogrammiert sein.

Einige Gesprächsvarianten

Das »BuF-Gespräch« läßt sich auf unterschiedliche Arten führen.

① Der Gesprächsbogen als roter Faden

Das Gespräch wird anhand des vom Vorgesetzten ausgefüllten Bogens geführt, der offen und für beide einsehbar auf dem Tisch liegt. Die meisten Bögen sind so konzipiert, daß die Ergebnisse in Form eines sogenannten Polaritätsprofils mit einer mehr oder minder ausgeprägten Zickzacklinie dargestellt werden.

Wenn der Mitarbeiter die Ergebnisse zu Gesicht bekommt, wird er als erstes mit den Augen an der Linie entlangfahren und immer dort, wo sie Negatives über ihn aussagt, kurz hängenbleiben. Je mehr Negatives für ihn auf der Linie transportiert wird, um so tiefer kann sich der Frustrationsstachel ins Gemüt bohren. Was sein Chef dazu sagt, kann ganz oder teilweise weggefiltert werden. Da ist sie wieder: Die selektive Wahrnehmung.

Versucht der Vorgesetzte, das Problem durch Abdecken der noch nicht besprochenen Kriterien zu lösen, entsteht beim Mitarbeiter eine stark negativ geprägte Spannung, die ihn auch nicht aufmerksamer werden läßt. Demonstration von Macht pur. Die nonverbale Botschaft des Vorgesetzten lautet dann:

> *»Ich habe die Macht, die Dinge so aufzudecken, wie ich es für richtig halte. Und bei so unmündigen Mitarbeitern wie dir tue ich das auch.«*

Ein solches Vorgehen ist wohl nicht gerade das Gelbe vom Ei.

Also nicht verdeckt. Wenn der Mitarbeiter sich mit »seiner Linie« vertraut gemacht hat, wird der Vorgesetzte mit ihm die einzelnen Bewertungskriterien besprechen.

Der Vorteil dieser Vorgehensweise für den Vorgesetzten: Es gibt eine Gesprächsleitlinie, »an der er sich festhalten« kann. Das ist für »Führungsnewcomer« meist eine willkommene Hilfe.

Mögliche Nachteile:

- Das Gespräch kann gerade zu Anfang von noch nicht angesprochenen negativen Ausprägungen überlagert sein.

- Entweder wählt man ein »starres« Vorgehen von oben nach unten
- oder ein »flexibles«, was vom Mitarbeiter möglicherweise als willkürlich erlebt wird.
- Eventuell entsteht ein anfänglicher Frustrationseffekt mit
- möglicher Verschlechterung der Gesprächsatmosphäre.

Auch dieses Vorgehen ist offensichtlich nicht ganz das Gelbe vom Ei.

② Das Gespräch ohne Bogen

Diese Variante ist flexibler und besitzt ein höheres Motivationspotential. Die Nachteile der ersten Variante werden dabei ausgeblendet.
Auch bei diesem Vorgehen existiert ein ausgefüllter Gesprächsbogen. Allerdings wird er während des Gesprächs nicht eingesetzt. Damit ist der Vorgesetzte in der Gesprächsführung frei. Er kann das Gespräch so führen, wie er möchte. Die negative Spannung ist raus, und der so wichtige positive Beginn wird gewährleistet.
Der Bogen bleibt während des Gesprächs in der Schublade, der Vorgesetzte führt das Gespräch »frei Hand«. Ein kleiner handschriftlicher Spickzettel mit der Reihenfolge und einigen Beispielen stellt dabei sicher, daß nichts vergessen wird.
Gegen Ende des Gesprächs holt der Vorgesetzte den ausgefüllten Bogen aus der Schublade und gibt ihn dem Mitarbeiter.

> *»So, Herr Zilch, hier ist alles, was wir besprochen haben, noch mal in diesem Bogen festgehalten. Das ist Ihr Exemplar. Ich schlage vor, daß wir ihn noch einmal kurz miteinander durchgehen.«*

Die Vorteile dieser Variante:
- Der motivierende Einstieg ist gewährleistet.
- Die Gesprächsführung läßt sich auf die jeweilige Persönlichkeitsstruktur des Mitarbeiters zuschneiden.

- Hohe Flexibilität während des gesamten Gesprächs.
- Der Vorgesetzte kann Einfluß darauf nehmen, wie der Mitarbeiter sich und das Gespräch erleben soll.
- Es besteht keine künstlich erzeugte Spannung.
- Negative Überraschungseffekte werden vermieden.
- Diese Art der Gesprächsführung besitzt ein hohes Motivationspotential.

Mögliche Nachteile:
- Es besteht die Gefahr, daß der Vorgesetzte sich verzettelt.
- Der Mitarbeiter könnte dem Vorgesetzten die Gesprächsführung aus der Hand nehmen.
- Diese Variante erfordert Erfahrung und Routine. Sonst kann das Gespräch vom Mitarbeiter anders erlebt werden, als vom Vorgesetzten beabsichtigt.

③ Der »Bildervergleich«

Hier geht es um die Gegenüberstellung von Wahrnehmungen. Das Verfahren: Der Vorgesetzte erstellt in der Vorbereitungsphase ein Polaritätsprofil des Mitarbeiters, also das »Fremdbild« aus Sicht des Vorgesetzten. Unabhängig davon zeichnet der Mitarbeiter in der Vorbereitungsphase in einem zweiten Exemplar des Gesprächsbogens das sogenannte »Eigenbild«, also wie er sich selbst in den einzelnen Ausprägungen des Bogens sieht.
In dem »BuF-Gespräch« findet dann ein »Bildervergleich« statt, bei dem Vorgesetzter und Mitarbeiter »ihre Kurven« auf den Tisch legen, Eigen- und Fremdwahrnehmungen vergleichen und die Abweichungen diskutieren. Dabei kann es auf beiden Seiten zu ganz erstaunlichen »Aha-Erlebnissen« kommen.
Bei jedem Bewertungskriterium sind folgende drei Kombinationen zwischen Eigen- und Fremdbild möglich:

A. Das Fremdbild ist besser als das Eigenbild.
B. Eigen- und Fremdbild stimmen überein.
C. Das Eigenbild ist besser als das Fremdbild.

A. Das Fremdbild ist besser als das Eigenbild

Der Vorgesetzte erlebt den Mitarbeiter in der besprochenen Ausprägung besser, als dieser sich selbst sieht. Damit hat der Vorgesetzte eine gute Möglichkeit, seine »bessere« Sichtweise wertschätzend und motivierend zu transportieren.

»Wie kommen Sie zu diesem Wert, Herr Pechstein? Wieso sehen Sie sich in diesem Punkt so kritisch?«

». . .«

»Ah ja. Da weicht meine Sichtweise von Ihrer deutlich ab. Ich erlebe Sie in diesem Punkt positiver. Ich möchte das anhand von zwei, drei Beispielen aus jüngster Vergangenheit festmachen . . .«

Herr Pechstein lebt auf. Das freut ihn.

B. Eigen- und Fremdbild stimmen überein.

Fein.

C. Das Eigenbild ist besser als das Fremdbild

Der Vorgesetzte erläutert seine Sichtweise anhand von Beispielen und kann bei stärkeren Abweichungen einen sogenannten »Wunschkatalog« aufstellen:

»Sie sehen sich in dem Punkt Zuverlässigkeit als sehr gut, Herr Zillreith, während ich Sie da deutlich niedriger bewertet habe. Lassen Sie mich das anhand von zwei, drei Beispielen aus jüngster Vergangenheit aus meiner Sicht erläutern . . .«

Bitten Sie den Mitarbeiter anschließend um eine Stellungnahme:

»Wie sehen Sie das?«

Fängt Herr Zillreith an, sich zu rechtfertigen, Ausflüchte zu machen, andere zu beschuldigen oder sonstige Ausreden zu gebrauchen, dann stimmen Sie ihm zu:

»Das mag sich aus Ihrer Sicht so darstellen. Ich habe Ihnen Rückmeldung gegeben, wie ich die Dinge gesehen und erlebt

habe. Und in meiner Wahrnehmung waren da ein paar Punkte, die mir nicht gefallen haben. Es gehört zu meinen Aufgaben, Ihnen das zu sagen. Ich hab's halt so erlebt.«

Und dann bringen Sie Ihre Vorstellungen klar zum Ausdruck:

»Mein Wunsch ist es in diesem Punkt, Herr Zillreith, daß Sie zukünftig
1. ...
2. ...
3. ...
und dies konsequent einhalten. Ich werde, soweit es mir möglich ist, Sie dabei unterstützen. Ich kann mir gut vorstellen, daß sich unsere Werte dann beim nächsten ›BuF-Gespräch‹ in diesem Punkt angenähert haben. Einverstanden?«

Die Vorteile des Bildervergleichs

- Beide Gesprächspartner können sich auf der Grundlage des Gesprächsbogens qualifiziert vorbereiten. Der Mitarbeiter muß über sich selbst nachdenken und die Ergebnisse zu Papier bringen. Ein nicht ganz einfaches Unterfangen, das die Eigenwahrnehmung schärft.
- Der Vorgesetzte lernt Einstellungen und Sichtweisen des Mitarbeiters besser kennen und erfährt, wie sich dieser sieht und erlebt.
- Der Mitarbeiter erkennt, wo er sich aus Sicht des Vorgesetzten über- oder unterschätzt, lernt seine Stärken und Schwächen aus dem Blickwinkel des Chefs kennen und erfährt, wie er von ihm gesehen und erlebt wird.
- Der Mitarbeiter erhält konkrete Hilfsangebote und hat so die Möglichkeit, gezielt an sich zu arbeiten. Ein späteres Feedback des Vorgesetzten ermöglicht eine weitere Korrektur und dient der Ermunterung.

Die häufigsten Fehler im Gespräch

In »BuF-Gesprächen« ist eine Reihe von bewußten und unbewußten Fehlern möglich, die das Ergebnis verzerren und den Motivationscharakter dieses Führungsinstruments ins Gegenteil verkehren können. Hier eine Auswahl von Fehlern, die Sie nach Möglichkeit vermeiden sollten:

① Unsere individuelle Wahrnehmungsbrille

Wir sehen die Welt durch die individuell gefärbten Gläser unserer Wahrnehmungsbrille – und damit auch unsere Mitarbeiter. Welche Farbe die Gläser im Laufe unserer Biographie angenommen haben, ist uns meist nicht bewußt. Was uns durch unsere Brille scharf, eindeutig und klar zu sein scheint, mag sich durch die anders getönten Gläser der Mitarbeiterwahrnehmungsbrille anders darstellen.
Wir erleben Wahrnehmungen und nicht die sogenannte »Wirklichkeit«. Die Wirklichkeit ist für jeden anders. Man könnte die verschiedenen Sichtweisen auch mit richtigen Brillen vergleichen. Als Brillenträger sehen Sie durch Ihre Brille ausgezeichnet, aber durch die Brille eines anderen häufig nur verschwommen.

② Vorurteile

Stellen Sie sich vor, Sie hätten kürzlich die Firma gewechselt und wären heute mit Ihrem Kollegen, Herrn Fabiani, der auf Sie einen kompetenten und sympathischen Eindruck macht, zum Mittagessen in die Kantine gegangen. Und stellen Sie sich weiter vor, daß Herr Fabiani zwischen Rindsroulade und Vanillepudding folgendes zu Ihnen sagt:

> *»Wie lange ich schon dabei bin? Im Oktober werden es vier Jahre. Lange Zeit. Aber es macht Spaß, in dem Laden zu arbeiten. Und ich persönlich freue mich, daß Sie bei uns sind, Alice. Ich glaube, Sie passen prima zu uns.*
> *Unsere Chefin, Frau Kronthaler, ist schwer in Ordnung. Sie läßt uns Freiräume und ist für neue Ideen aufgeschlossen.*

Das motiviert. Werden Sie sehen. Mit den anderen Abteilungen läuft es im großen und ganzen nicht schlecht – mit der einen besser, mit der anderen etwas holpriger. Insgesamt recht gut.
Nur der Einkauf. Da sollten Sie aufpassen. Mit denen gibt's 'ne Menge Zoff. Herr Glatter, der Einkaufsleiter, ist ein Bürokrat hoch drei. Er hat den Charme eines rostigen Rasiermessers und die Flexibilität einer toten Weinbergschnecke. Das hat auf seine ganze Abteilung abgefärbt. Mittlerweile sind die alle so. Ihr liebstes Wort ist ›Dienstweg‹. Bei denen müssen Sie aufpassen. Aktennotizen schreiben und sich absichern ist deren liebste Beschäftigung.
Schnelle, flexible Lösungen sind von denen nicht zu erwarten. Machen Sie mit denen alles schriftlich, und schreiben Sie Aktennotizen zu Ihrer persönlichen Absicherung. Ich weiß, daß das schwach ist, aber die drehen Ihnen das Wort im Mund um! Ich weiß, wovon ich rede.«

Da Ihnen Herr Fabiani sympathisch ist, mögen Sie ihm für den Hinweis dankbar sein. Wäre er es nicht, würden Sie sich so Ihre Gedanken machen – über ihn, über den Einkauf und wie er zu seiner Meinung gekommen sein mag.
Egal, wie Sie die Sache sehen: Die Gläser Ihrer Wahrnehmungsbrille sind nach diesem Statement im Hinblick auf die Einkaufsabteilung nicht mehr licht und klar, sondern ein wenig beschlagen. Vielleicht werden Sie mit Herrn Glatter und seinen Mannen nicht mehr so unbefangen umgehen. Ihr Verhalten gegenüber dem Einkauf wird sich – bewußt oder unbewußt – verändern. Herr Fabiani hat Ihnen eine »Vorurteilsbrille« auf die Nase gesetzt.
Das Gemeine an Vorurteilen ist, daß sie eine ganz hinterhältige Eigenschaft besitzen: Sie suchen gierig nach Bestätigung. Alles, was unser Vorurteil zu bestätigen scheint, wird wie durch eine Lupe wahrgenommen und ausgeschlachtet.

»Siehst du, da haben wir's wieder! Ich hab's ja gleich gesagt: Er ist nicht in der Lage ...«

Und wir haben wieder mal recht. Wie schön. Recht haben und

damit unser Vorurteil bestätigen ist für uns etwas Wichtiges. Es zeugt von unserem Weitblick und unserer fundierten Urteilskraft.
Bei Beobachtungen, die nicht zu unseren Vorurteilen passen, neigen wir dazu, sie zu verdrängen oder nur sehr zögerlich wahrzunehmen:

»Ich weiß nicht, ob das was zu sagen hat. Das kann auch Zufall gewesen sein...«

Sich über Vorurteile klarzuwerden ist schwer! Sie über Bord zu werfen ist noch viel schwerer!
Und wie sagte ein Kabarettist so treffend:

»Konfrontieren Sie mich bloß nicht mit der Realität – lassen Sie mir um Himmels willen meine Vorurteile!«

③ Eigenes Menschenbild

Unbewußt messen wir den anderen an uns selbst: An unseren Leistungen, an unserem Weltbild, an unserer Herkunft, an den bestehenden Bildungsunterschieden, an unseren Erfolgen oder Mißerfolgen.
Damit können wir in die Falle tappen, das eigene Menschenbild, die eigene Persönlichkeit oder die Maßstäbe der eigenen sozialen Schicht als das alleinig vernünftige und brauchbare Bezugssystem für unsere »Beurteilung« anzusehen.

»Als ich so alt war wie er, habe ich schon die Auslandsabteilung geleitet! Und er...«

④ »Hof«-Effekt

Dieser Effekt erhielt seinen Namen von dem Phänomen, daß der Mond, wenn er durch Wolken verdeckt ist und nur durchschimmert, vom Betrachter als größer wahrgenommen wird (»Der Mond hat einen Hof«).
Äußerlich gut wahrnehmbare Merkmale wie beispielsweise elegante Kleidung oder Eigenschaften wie eine volltönende und vertrauenerweckende Stimme »überstrahlen« weniger gut wahrnehmbare Merkmale und Eigenschaften. Dazu gehören etwa Intelligenz oder analytisches Denkvermögen.

»Der macht immer einen so weltmännischen und eleganten Eindruck, der Herr von Zelten, der kann doch nicht blöd sein ...«

⑤ Projektion

Unterstellen wir einmal, daß es Seiten an Ihnen gibt, die Sie nicht mögen. Entweder nicht besonders – oder überhaupt nicht. Es kann vorkommen, daß Sie diese Eigenschaften in andere Personen »hineininterpretieren«, obwohl sie »objektiv« nicht vorhanden sind. Sie dichten anderen sozusagen etwas an.
Angenommen, Ihre Eltern hätten versucht, Ihnen Zuverlässigkeit einzutrichtern. Mit eher mäßigem Erfolg. Aber noch heute hören Sie Ihren Vater, als wäre es gestern gewesen:

»Zuverlässigkeit ist eines der wichtigsten Dinge im Leben. Merk dir das, Franz! Wenn du im Leben etwas erreichen willst, muß man sich auf dich verlassen können. Hundertprozentig!«

Wie klingen sie Ihnen noch im Ohr, die väterlichen Worte. Aber so richtig hat es bei Ihnen nie geklappt. Geht mal wieder in dieser Richtung was daneben, gurgeln Schuldgefühle hoch. Aber wehe, ein anderer ... Da könnten Sie glatt aus der Haut fahren.
Wenn Sie auf bestimmte Verhaltensweisen eines Mitarbeiters besonders emotional reagieren, sollten Sie mal darüber nachdenken, ob Sie diese Verhaltensweise oder diese Eigenschaft nicht selbst besitzen und bei sich »nicht ausstehen können«.

⑥ »Self-fulfilling prophecy«

Man könnte hier auch vom »Ich-hab's-ja-gleich-gesagt«-Phänomen sprechen. Die »Self-fulfilling prophecy« geht in Richtung Vorurteil, hat aber auch eindeutig positive Aspekte.
Es ist eine bekannte Tatsache, daß wir von unseren Mitarbeitern meist das zurückbekommen, was wir in ihnen sehen. Halten wir Frau Kenzenbühl für eine »Flasche«, wird sie sich in unserer Wahrnehmung mit ziemlicher Wahrscheinlichkeit zu einer solchen entwickeln. (»Vorurteile gieren nach Bestätigung!«)

»Waaass?? Sie wollen den Sekretariatsbereich für die Personalbeschaffung eigenständig bearbeiten???! Ich lach' mich halbtot! Aber zumindest ist es eine originelle Idee. Bringen Sie erst mal Ihre Orthographie in Ordnung. Oder wissen Sie nicht, was das ist...?«

Das Investment in diese Mitarbeiterin ist mit einem satten Minuszeichen versehen. Damit dürfte sich der »Return of investment« auf einem ähnlich erfolgsorientierten Niveau bewegen.
Oder so:

»Ich weiß, Frau Jochlik, daß Sie es können. Und ich möchte, daß Sie wissen, daß ich Ihnen die eigenverantwortliche Bearbeitung dieses Bereichs absolut zutraue.
Natürlich wird es Schwierigkeiten und Pannen geben. Wir werden uns auch einiges an Ärger einhandeln. Das ist völlig normal. Aber dann stehe ich hinter Ihnen, und wir werden versuchen, die Probleme gemeinsam zu bewältigen. Überlegen Sie sich übers Wochenende in aller Ruhe, ob Sie es möchten. Können tun Sie's. Ich kenne Sie lange genug, um das zu wissen.«

⑦ Vergangenheitsbrille

Arbeiten wir längere Zeit im gleichen Umfeld, stumpft unsere Wahrnehmung ab (Stichwort: »Betriebsblindheit«). Mit einem ähnlichen Phänomen werden wir bei Menschen konfrontiert, mit denen wir lange zusammenarbeiten. Wir haben uns ein »Urteil« gebildet und sehen sie im Licht der Vergangenheit.

»Mein Gott, sie ist jetzt acht Jahre in meiner Abteilung. Die große Überfliegerin war sie nie und wird sie auch nicht werden. Die Welt hat sie im letzten Jahr nun auch nicht gerade verändert...«

⑧ »Wie du mir, so ich den Meinen...«

Chefs haben meistens auch Chefs. Und es soll vorkommen, daß der Oberchef mit seinen Unterchefs auch »BuF-Gesprä-

che« führt. Die Art der Gesprächsführung (»Oberchef zu Unterchef«) kann unbewußt Auswirkungen darauf haben, wie der »Unterchef« das Gespräch mit seinen Mitarbeitern führt.
Vermittelt der »Ober-« dem »Unterchef« das Gefühl, daß man dieses Gespräch mal so eben »aus dem Hut zaubern« könne und die Bewertungen wohl nicht »tierisch ernst nehmen müsse«, kann dies auf den »Unterchef« und auf die Gesprächsführung mit seinen Mitarbeitern abfärben (Vorbildfunktion – hier mehr die negative Variante).

⑨ »Atmosphärekiller«

Bei diesem Gespräch spielt die Atmosphäre eine entscheidende Rolle. Bis oben hin zugeknöpft in frostiger Umgebung oder konstruktiv und offen in einem freundlich-angenehmen Gesprächsklima: Für die Atmosphäre ist ausschließlich der Vorgesetzte zuständig. Klimatische Defizite können sein Motivationspulver schnell naß werden lassen.
Der »Atmosphärekiller« hat einige spezifische Verhaltensweisen, die zum Ausdruck bringen, daß er »eigentlich Wichtigeres zu tun hat, als sich hier mit Ihnen zu einem freundlichen Plausch zusammenzusetzen«.
Er vermittelt das Gefühl, daß das Gespräch eine lästige Pflicht ist, die er möglichst schnell hinter sich bringen will.

»Sie wissen ja, Frau Bonet, wir müssen heute das Beurteilungsgespräch führen. Also, bringen wir es hinter uns ...«

Er kommt sofort und zackig zur Sache:

»Motivationsakku? Ach, lassen Sie mich doch mit Ihrem Scheiß-Motivationsakku zufrieden. Wenn Sie wüßten, was alles auf meinem Schreibtisch liegt. Und zusätzlich muß ich noch weitere acht von diesen sogenannten ›BuF-Gesprächen‹ führen. Ich weiß nicht, ob Sie das verstehen, aber ich habe verdammt wenig Zeit!«

⑩ Die »Wirklichkeitsverbieger«

Das ist die Gruppe von Vorgesetzten, die Ergebnisse und Bewertungen anders darstellt, als sie sie selbst erlebt – aus unterschiedlichen Motiven:

Angst vor Exponierung

Manche Vorgesetzte mögen dazu neigen, sich in der farblosen »Beurteilungsmitte« zu tummeln. Ihr Handeln scheint von der Maxime bestimmt zu sein:

> *»Ich werde den Teufel tun und mich aus dem Fenster lehnen! Immer schön bedeckt halten, da kann mir am wenigsten passieren!«*

Tendenz zur Beschönigung

> *»Pernitzker ist ein harter Knochen. Wenn ich den so beurteile, wie ich ihn wirklich sehe, handele ich mir einen Haufen Ärger mit ihm ein. Der hat letztes Jahr bei Schablonski einen Riesenaufstand deswegen gemacht. Also werde ich ihn etwas freundlicher darstellen, als er in Wirklichkeit ist. Er freut sich, und ich hab' meinen Frieden!«*

Oder:

> *»Wenn ich meine Leute so beurteile, wie ich sie wirklich sehe, dann sieht es mit der Motivation eher düster aus. Haben wir ja letztes Jahr gesehen. Prielmeier hat mir deswegen auch eine reingewürgt. Also gehen wir es diesmal etwas sanfter an. Obwohl ich das nicht richtig finde! Man muß den Leuten sagen, wie sie sind. Aber der Ober sticht nun mal den Unter!«*

Oder:

> *»Man muß die Kirche schon im Dorf lassen. Das Entscheidende bei diesen Gesprächen ist doch die Motivation. Und die kriege ich hin, wenn ich ihnen sage, wie gut sie sind. Negatives? Na ja, Negatives auch, natürlich, muß ja sein.*

Aber man muß doch menschlich führen! Wenn ich nett zu ihnen bin, sind sie es auch zu mir. Und schließlich haben wir dann alle mehr Spaß an der Arbeit. Ein Weg, bei dem jeder nur gewinnen kann. Ich sehe nichts Falsches daran!«

Gezielte Fehlbeurteilung

»Ich werde sie durchschnittlich beurteilen. Vielleicht eine Spur darüber. Aber ich werde ihr doch nicht auf die Nase binden, daß sie mit zu den besten Pferden in meinem Stall gehört. Die von der Personalabteilung sind sowieso immer auf der Suche nach Nachwuchskräften für ihren sogenannten ›Goldfischteich‹. Und wenn sie da mal drin ist, ist sie für mich verloren. Nein, nein, ich will sie solange wie möglich behalten! Deshalb: Etwas über dem Durchschnitt. Bestenfalls!«

Oder genau das Gegenteil:

»Was hab' ich mir da für eine Flasche eingehandelt. Wie werde ich den möglichst schnell wieder los? Und zwar bevor jemand merkt, was wirklich mit ihm los ist. Klar: Ich gebe ihm eine gute bis sehr gute Bewertung und hoffe, daß irgendeiner anbeißt. Wenn der dann merkt, was er sich an Land gezogen hat und mir blöd kommen will, kann ich immer sagen: ›Ich weiß gar nicht, was Sie wollen? Bei mir war er prima!‹ und unterschwellig was von Führungsqualitäten anklingen lassen ... Hähähä!«

Das Performancegespräch
Alter Wein in neuen Schläuchen oder Ein Meilenstein auf dem Weg zu einer souveränen Führungskultur?

Ein Führungsinstrument der Zukunft

»Guten Morgen, Frau Blankenstein. Ich würde gerne mit Ihnen über das Seminar sprechen, das ich letzte Woche besucht habe. Hätten Sie heute nachmittag Zeit, so gegen drei?«
»Ja, Herr Dr. Henschke, das geht.«
»Gut. Also bis dann. Auf Wiederhören.«
»Das riecht nach Arbeit«, denkt Frau Blankenstein, die Mitarbeiterin des Personalleiters Dr. Henschke, als sie den Hörer auflegt. »Und zwar nach interessanter ...«
»Ja, das hat mir gefallen, was ich da gehört habe. Das sogenannte ›Performancegespräch‹. Soll ein Führungsinstrument der Zukunft sein.«
In groben Zügen erläutert er ihr, um was es dabei geht, und gibt ihr den Seminarordner.
»Am besten, Sie lesen sich das Ganze mal in Ruhe durch. Wenn Sie sich eine Meinung gebildet haben, sollten wir darüber reden. Versuchen Sie auch mal über den Verband rauszufinden, ob schon jemand diese Wunderwaffe einsetzt. Und welche Erfahrungen er damit gemacht hat.«
In ihrem Büro blättert Frau Blankenstein die Unterlagen durch. Vom Verband bekommt sie tatsächlich einige Adressen. Der erste auf ihrer Liste ist ein Herr Kernrieder, Personalleiter eines größeren Unternehmens in ihrer Branche.
Während sie ihr Anliegen vorträgt, merkt sie, wie die Stimmung von Herrn Kernrieder in den Keller geht.
»Performancegespräch... Bleiben Sie mir bloß damit vom Leib. Haben wir eingeführt. War 'ne absolute Katastrophe.

Soviel Ärger haben wir uns schon lange nicht mehr eingehandelt. Das Klima hat sich rapide verschlechtert, und nach drei Monaten mußten wir die Sache abbrechen. Wenn ich Ihnen einen guten Rat geben darf: Lassen Sie die Finger davon! Sie kriegen nichts als Ärger! Nee, bei uns nie wieder!«
»Das klingt ja sehr ermutigend«, denkt Frau Blankenstein, als sie den Hörer auflegt. »Scheint ja wirklich 'ne Geheimwaffe zu sein. Vielleicht sollte sie für unser Unternehmen auch geheim bleiben.« Als nächstens probiert sie ihr Glück bei einem Herrn Achleitner.
Seine Auskünfte sind das genaue Gegenteil. Und so motivierend, daß Frau Blankenstein ihn um einen Gesprächstermin bittet.
»Gern! Wenn es Ihnen recht ist, nächsten Freitag um 14 Uhr bei uns?«
Es ist recht.
Herr Achleitner ist ein sympathischer Mittfünfziger, der auf eine mehr als 25jährige Erfahrung als Personalleiter zurückblicken kann.
»Schießen Sie los, Frau Blankenstein, was möchten Sie wissen?«
»Alles, was es mit diesem sogenannten Performancegespräch auf sich hat.«
»Gut. Möchten Sie einen Kaffee?«
»Ja, gerne.«
Er drückt eine Taste seines Sprechgeräts.
»Frau Aslan, bitte eine Kanne Kaffee.«
Und halb zu Frau Blankenstein gewandt: »Ich denke, wir brauchen eine große.«
»Tja, wo fange ich an? Wie, sagten Sie, hat Ihr telefonischer Erstberater es genannt?«
»Einen Rohrkrepierer mit Langzeitwirkung. Und wenn ich etwas über einen richtigen Flop wissen wollte, dann wäre ich bei ihm genau richtig.«
»Mhm.«
Herr Achleitner sieht seine Gesprächspartnerin nachdenklich an:

»Der Mann hat recht. Das Performancegespräch kann wirklich zu einem Rohrkrepierer mit beachtlicher Sprengkraft werden. Was die Sache so gefährlich macht, sind die psychologischen Fallstricke, die in dem Gespräch stecken. Wir haben es vor zweieinhalb Jahren bei uns eingeführt und sind dabei sehr behutsam vorgegangen. Trotzdem waren die Anfangswiderstände enorm, und wir mußten jede Menge Überzeugungsarbeit leisten. Aber eines ist sicher: Die größten Tretminen werden durch eine falsche Einführung und falsche Erwartungshaltung gelegt!«
Frau Aslan bringt den Kaffee.
»Aber bevor wir uns über solch explosive Dinge unterhalten, sollte ich Ihnen erst mal sagen, was in unserem Unternehmen unter einem Performancegespräch verstanden wird. Wenn Sie sich das bitte mal anschauen.»
Er reicht ihr ein Blatt und fährt fort.

Was Performancegespräche sind

»Performancegespräche sind periodisch geführte Gespräche zwischen Vorgesetztem und Mitarbeiter, bei denen alles zur Sprache kommen kann, was mit der Arbeit des Mitarbeiters im weiteren Sinn zu tun hat, also im wesentlichen die Punkte auf dem Blatt.«

Arbeitsinhalt

- Wie werden Quantität und Qualität der Aufgaben des Mitarbeiters von beiden gesehen?
- Sind die Arbeitspakete in der jetzigen Form alle noch aktuell?
- Gibt es irgendwo Unklarheiten? Wenn ja – welche?
- Besteht Über- oder Unterforderung?

- Gibt es Änderungsmöglichkeiten in
  - quantitativer,
  - qualitativer,
  - inhaltlicher,
  - zeitlicher oder
  - sonstiger Hinsicht?

Arbeitsbedingungen

Wie sehen Mitarbeiter und Vorgesetzter die Arbeitsbedingungen in bezug auf

- physische Arbeitsbelastung,
- psychische Arbeitsbelastung,
- ergonomische Verhältnisse,
- Qualität und Quantität der Arbeitsgeräte,
- Qualität des Arbeitsplatzes,
- Arbeitszeit?

Aufgabenerfüllung aus Sicht von Vorgesetzten und Mitarbeitern

- Wie gut erfüllt der Mitarbeiter seine Aufgaben?
- Wo gibt es Schwierigkeiten?
- Wo benötigt er Hilfestellung?
- Gemeinsame Festlegung eines Hilfestellungspakets mit schriftlicher Fixierung des Besprochenen.
- Einleitung der festgelegten Maßnahmen.
- Überprüfungstermine.

Zwischenmenschliche Beziehungen ...

- Wie wird das Verhältnis zwischen Vorgesetztem und Mitarbeiter von beiden erlebt?
- Was sind die positiven Seiten in der Beziehung?

- Was ist verbesserungsfähig?
- Wie können konkrete Verbesserungsmaßnahmen aussehen?
- Treffen gemeinsamer Vereinbarungen.

... und was Vorgesetztem oder Mitarbeiter noch wichtig ist

.

.

.

Herr Achleitner lehnt sich zurück und fährt fort: »Ziel des Gesprächs ist es, sich über die jeweilige Sichtweise des anderen auszutauschen, Schwachstellen bei der Arbeit, den Arbeitsbedingungen, dem Arbeitsumfeld und den zwischenmenschlichen Beziehungen zu erkennen und gemeinsam nach Verbesserungsmöglichkeiten zu suchen.
Natürlich wird das nicht immer gelingen. Aber wenn sich zwei mit gutem Willen zusammensetzen, kommt wesentlich mehr dabei heraus, als wenn die Dinge unter den Teppich gekehrt werden oder vor sich hin schmurgeln.
Damit das Gespräch in konstruktiven Bahnen läuft und nicht entgleist, muß es von Offenheit und Vertrauen getragen sein. Vorgesetzter und Mitarbeiter müssen sich als Partner erleben, deren Input gleichermaßen wichtig ist. Der Knackpunkt ist die persönliche Einstellung des Vorgesetzten. Denn in diesem Gespräch spielt die Frage der Macht, die Ausübung beziehungsweise Nichtausübung von Macht und was der Vorgesetzte für sich zulassen kann, eine entscheidende Rolle.
Ein weiterer wichtiger Gesichtspunkt ist in diesem Gespräch die umfassende Information des Mitarbeiters. Und zwar über den Tellerrand des Tagesgeschehens hinaus. Der Vorgesetzte informiert ihn über globale Zusammenhänge, betriebswirtschaftliche Aspekte, aktuelle Unternehmensziele und Zukunftsperspektiven. Damit will er Verständnis, Interesse und

Motivation des Mitarbeiters für die Unternehmensbelange fördern. Motivation hat ja bekanntlich viel mit Information zu tun, getreu der alten Führungsweisheit: ›Du kannst von den Menschen viel verlangen, du mußt ihnen nur sagen, warum!‹«

Herr Achleitner nippt an seinem Kaffee und beginnt mit einer Aufzählung.

»Damit ist das Performancegespräch – im Gegensatz zum Beurteilungsgespräch – ein Instrument, bei dem

- die gegenwärtige Arbeit des Mitarbeiters und das komplexe Beziehungsgeflecht, in das er eingebunden ist, im Vordergrund stehen;
- keine Vergangenheitsbewältigung betrieben wird (kein: »Das hast du getan!«), sondern der Blick lösungsorientiert nach vorne gerichtet ist (»Was können wir gemeinsam tun?«);
- es keine Leistungsbeurteilung, kein Prioritätsprofil und keine Koppelung an Lohn oder Gehalt gibt;
- das Hauptgewicht auf der Prozeßbetrachtung und nicht auf Ergebnisanalysen liegt;
- kein starrer Gesprächsablauf vorgesehen ist und es keine ›Besprechungstabus‹ gibt (beide Seiten können jedes Thema einbringen, das ihnen in diesem Zusammenhang am Herzen liegt);
- Partnerschaft und Gleichgewichtigkeit im Vordergrund steht (beraten, entwickeln, helfen) statt Hierarchie (Beherrschung, Bestrafung, Belohnung).«

Frau Blankenstein runzelt die Stirn.

»Also, die Mitarbeitergespräche in unserer Firma werden bisher nach ganz anderen Gesichtspunkten geführt.«

Herr Achleitner nickt verständnisvoll.

»Vor der Umstellung sind wir auch anders vorgegangen. Aber das Performancegespräch ist nicht irgendein neues mechanisches Führungshilfsmittel, sondern eine Führungsphiloso-

phie, bei der, wie bereits erwähnt, die innere Einstellung des Vorgesetzten weitgehend über Erfolg oder Mißerfolg entscheidet. Das Performancegespräch ist ein Weg, der ›vom Beurteilen zum Begleiten‹ führt, ›vom Vorgesetzten zum Coach‹!
Bei richtiger Einführung hat das Performancegespräch entscheidende Vorteile.«

Herr Achleitner zählt an seinen Fingern ab:

- »Der Vorgesetzte erfährt, wie der Mitarbeiter sich selbst, seine Funktion, seine Arbeit, die Arbeitsbedingungen und die Zusammenarbeit mit dem Vorgesetzten erlebt.
- Der Mitarbeiter kann die eigene Arbeitssituation besser und präziser beurteilen als der Vorgesetzte und ihm so wichtige Informationen und mögliche Entscheidungshilfen geben.
- Beide Seiten können offen Wünsche, Erwartungen, Befürchtungen und ›Knackpunkte‹ ansprechen und gemeinsam nach Lösungen suchen.
- Durch den gegenseitigen Informationsaustausch erkennen Mitarbeiter und Vorgesetzter, wie sie und ihre Arbeit von Dritten gesehen werden. Auch Schwachpunkte, die außerhalb der eigenen Abteilung liegen, sind so leichter auszumachen.
- Lösungsvorschläge, die die eigene Kompetenz übersteigen, können ›nach oben‹ weitergeleitet werden.
- Teamgeist und Wir-Gefühl werden gestärkt.
- Weitere Förderungsmaßnahmen für den Mitarbeiter können gemeinsam besprochen und festgelegt werden.

Die grundlegende Voraussetzung für das Gespräch ist jedoch, daß beide es wollen. Und da liegt meist das Problem.«
»Sie sprechen damit die bereits erwähnten psychologischen Fallstricke an, oder?«
Herr Achleitner nickt.
»Aber vorab eine Frage: Was war eigentlich der Auslöser für die Einführung des Performancegesprächs?«

Was dahintersteckt...

»Der Auslöser für die Einführung des Performancegesprächs war die zunehmende Bedeutung von Qualität und Qualitätsdenken. Mit der Qualitätssicherung fing es an. Dann erkannte man, daß die Qualität der Arbeitsbeziehungen und die Arbeitszufriedenheit einen wichtigen Einfluß auf die Qualität der Produkte und Dienstleistungen haben. In diese Richtung geht auch TQM, das Total Quality Management, ein Begriff, der gegenwärtig durch viele Firmen geistert. Sie haben sicher schon davon gehört?«

»Ja, da habe ich gerade etwas auf meinen Schreibtisch bekommen.«

»TQM will die Qualität der Produkte, der Arbeit und des Umgangs miteinander, sowohl intern als auch extern, permanent verbessern. Ein Leitsatz von TQM verlangt, auch intern so miteinander umzugehen, als ob jeder jedermanns Kunde wäre. Klingt gut. Wie sich das in der Praxis umsetzen läßt, steht auf einem anderen Blatt. Das ist wohl nur ein Kapitel in der unendlichen Qualitätsgeschichte.

Die Geburtsstunde des Performancegesprächs könnte es gewesen sein, als man begann, die Arbeitsbeziehungen durch die Qualitätsbrille zu betrachten. Die Hypothese, die dahintersteckt, sieht auf den ersten Blick ebenso logisch wie überzeugend aus:

Wenn es dem Unternehmen gelingt, die Arbeitszufriedenheit der Mitarbeiter zu erhöhen – sozusagen den vielfarbigen Sand aus den Arbeitsgetrieben zu nehmen –, müßte sich das auf die Produktivität des Unternehmens positiv auswirken.

Drehen Sie das Blatt mal um. Da finden Sie die Vorteile des Performancegesprächs.«

Mögliche Vorteile für den Mitarbeiter können sein:

- höhere Identifikation mit der eigenen Arbeit,
- Steigerung der Arbeitsfreude,
- Vermittlung des Gefühls von persönlicher Bedeutung,
- Erhöhung des Selbstwertgefühls,
- höhere Arbeitsmotivation, auch durch den höheren Informationsgrad,
- Verbesserung des »Wir-Gefühls«,
- erhöhte Arbeitszufriedenheit.

Mögliche Auswirkungen für die Vorgesetzten:

- mehr Führung über Plus-Motivation,
- »Unzufriedenheitsmacher« können offen angesprochen werden, man sucht gemeinsam nach Lösungen,
- besserer und offenerer Umgang miteinander,
- keine schwelenden Konflikte,
- leichtere Regelungsmöglichkeiten im Konfliktfall,
- Verbesserungen des Abteilungsklimas.

Die erhofften Vorteile für das Unternehmen:

- Zunahme des individuellen Engagements,
- Festigung der emotionalen Bindung an das Unternehmen,
- Senkung der Fehlzeiten,
- Senkung der Fluktuation,
- Kostenreduzierung,
- Produktivitätssteigerung,
- interne und externe Imageverbesserung.

»Sieht ja wirklich aus wie eine Wunderwaffe.«
»Ja, aber nur auf den ersten Blick. Der Knackpunkt dabei ist der Begriff der ›Arbeitszufriedenheit‹, der die selektive Wahr-

nehmung des einzelnen nachhaltig aktivieren kann. Wird er ›von oben‹ falsch transportiert, werden leicht falsche Erwartungen geweckt:

›Oh, super! Die kümmern sich jetzt um unsere Arbeitszufriedenheit. Das finde ich toll. Und es gibt eine Menge Dinge, mit denen ich unzufrieden bin! Jetzt kann ich es ihnen endlich mal sagen!‹

Dadurch kann das Gespräch zu einem Explosionskörper mit erheblicher Breiten- und Langzeitwirkung werden.«
»Das erinnert mich sehr an das Telefonat mit unserem Verbandskollegen.« Frau Blankenstein erinnert sich mit einem gewissen Unbehagen.
»Um diese falschen Erwartungen zu vermeiden, muß ›von oben‹ unmißverständlich klargestellt werden, was unter Arbeitszufriedenheit zu verstehen ist und – noch wichtiger – was nicht! Sonst kann es zu einem beträchtlichen betriebsklimatischen Flurschaden kommen.
Arbeitszufriedenheit bedeutet aus unserer Sicht, die Bedingungen, unter denen der Mitarbeiter seine Arbeit auszuführen hat, so gut wie möglich zu gestalten.
Arbeitszufriedenheit bedeutet nicht, daß die vom Mitarbeiter weniger geschätzten Elemente seiner Arbeit zu minimieren oder gar zu eliminieren wären. Aufgaben werden nun mal unterschiedlich gemocht, die einen mehr, die anderen weniger.
Ein Beispiel aus jüngster Vergangenheit: Zu den Aufgaben von Herrn Bretthorst gehört es, die Tanks der Produktionsstraße B im 6-Wochen-Rhythmus innen zu reinigen. Eine Tätigkeit, die er nicht mag. Aber solange Roboter diesen Job nicht übernehmen, gehört das zu seinen Aufgaben. Macht ihn die Tätigkeit als solche unzufrieden, läßt sich daran nichts ändern. Entweder er macht es, oder er läßt es bleiben und nimmt damit mögliche Konsequenzen in Kauf.
Aber wir haben dafür zu sorgen, daß die Bedingungen, unter denen er diese ungeliebte Tätigkeit durchführt, optimiert werden. Das hat nach unserem Verständnis etwas mit der Erhöhung der Arbeitszufriedenheit zu tun.

Zusammenfassend kann man sagen, daß Performancegespräche dazu beitragen sollen, die Qualität der

- Arbeitsergebnisse, also die Qualität unserer Produkte,
- Arbeitsbedingungen, also die Bedingungen, unter denen diese Produkte hergestellt werden und
- Arbeitsbeziehungen, also die Art und Weise, wie wir alle miteinander umgehen,

ständig auf einem möglichst hohen Niveau zu halten.«
»Aber sieht die Realität in Ihrem Unternehmen nicht doch anders aus?« hakt Frau Blankenstein nach. Der skeptische Unterton ist nicht zu überhören.
»Natürlich können diese Ziele nicht gleichrangig sein. Die Qualität unserer Arbeitsergebnisse, also der Produkte und Dienstleistungen, wird immer einen höheren Stellenwert haben. Sonst könnte es sein, daß wir alle glücklich und zufrieden in den Konkurs schlittern. Aus unserer Sicht ist es sehr wichtig, daß der Vorrang der Produktqualität im Unternehmen unmißverständlich zum Ausdruck gebracht wird. Sonst kann bei den Mitarbeitern sehr schnell der Eindruck entstehen:

›Saftladen! Erst reden sie alle wie verrückt von Arbeitszufriedenheit – und dann kümmern sie sich einen Dreck darum!‹

Und Sie wissen ja: Die selektive Wahrnehmung ist ein Phänomen, das ständig immer und überall lauert.«
»Aber was kann man konkret tun, um die Arbeitszufriedenheit zu steigern?«
»Gute Frage!«
Herr Achleitner nickt anerkennend.
»Um sie zu erhöhen, kann man – zumindest theoretisch – an folgenden Schrauben drehen:

- Die Arbeit selber: Sie kann ein hohes Motivationspotential besitzen, aber längerfristige Über- oder Unterforderung macht unzufrieden. Das gilt in qualitativer und quantitativer Hinsicht.

- Das Verhältnis des Mitarbeiters zu seinem Vorgesetzten und, wie er meint, von ›weiter oben‹ gesehen zu werden.
- Das Arbeitsumfeld, also die Beziehungen zu den Kollegen – sowohl innerhalb der Abteilung als auch im Hinblick auf andere Abteilungen.
- Die physischen Arbeitsbedingungen wie Kälte, Wärme, Lärm, Schmutz, Beleuchtung, Enge, Geruch, Zug.
- Die sozialen Bedingungen und das betriebliche soziale Netz.
- Die finanziellen Bedingungen. Wenn die nicht stimmen, sieht der Mitarbeiter alles andere – egal, wie positiv es auch sein mag – durch eine stark negativ gefärbte Wahrnehmungsbrille. Sind die finanziellen Bedingungen aus seiner Sicht in Ordnung, wirkt sich das auf seine Arbeitszufriedenheit nur wenig aus.

Auch hier ist darauf zu achten, daß bei den Mitarbeitern keine überzogenen Erwartungen geweckt werden. Um Enttäuschungen und negative Kollegenpresse zu minimieren, sollte ›von oben‹ klar transportiert werden, daß es immer drei Kategorien von betrieblichen ›Unzufriedenheitsmachern‹ gibt:

① Problem lösbar!

Unzufriedenheitsmacher, die schnell und mit wenig Aufwand beseitigt werden können:

›Das ist eine gute Idee, Frau Ketzler, das sollten wir tun. Ich veranlasse das Notwendige.‹

② Problem lösbar?

Eine schnelle Lösung ist nicht möglich, nicht gewollt oder führt zu einem größeren Aufwand mit abteilungsübergreifenden Entscheidungen. Das Vorgehen ist von Fall zu Fall abzuklären.

›Wäre theoretisch denkbar, Herr Konzelmann, nur können wir das nicht alleine entscheiden.‹

oder
›Ich bin nicht dafür, Herr Konzelmann, weil ...‹

③ Problem (gegenwärtig?) nicht lösbar!
Diese Art von Unzufriedenheitsmacher ist (gegenwärtig?) nicht lösbar:

›Sie haben recht, Frau Kleinfeld, die Distributionswege könnten nachhaltig verkürzt werden. Aber Sie wissen ja, unsere Konzernmutter will es so. Und dagegen sind wir machtlos!‹«

Frau Blankenstein nickt zustimmen.

»Von solchen Unzufriedenheitsmachern gibt es in unserer Firma auch 'ne ganze Menge. Aber warum war der Kollege, mit dem ich als erstes gesprochen hatte, gerade über das Performancegespräch so sauer? Eigentlich sollte man die Unzufriedenheitsmacher damit beseitigen oder wenigstens besprechen können.«

Die psychologischen Fallstricke bei der Einführung des Performancegesprächs

»Ich denke, daß die psychologischen Fallstricke unserem Verbandskollegen einigen Kummer bereitet haben.
Das Problematische daran ist: Wenn die Einführung eines Instruments wie dem Performancegespräch aus Mitarbeitersicht ein Flop war, muß sehr viel Gras darüber wachsen, bis man einen zweiten Anlauf wagen kann. Mitarbeiter haben bei Flops diesen Kalibers meist das Gedächtnis von Elefanten.
Psychologische Fallstricke können dabei von den Mitarbeitern, den Vorgesetzten und der Geschäftsführung gespannt werden. Und jeder kann sich darin verheddern.«
Frau Blankenstein sieht Herrn Achleitner fragend an.
»Sie haben diese psychologischen Fallstricke ja bereits mehrmals erwähnt. Aber, ehrlich gesagt, kann ich mir darunter

nichts Konkretes vorstellen. Und was hat die Geschäftsführung damit zu tun?«
»Gehen wir der Reihe nach vor. Erst einmal zu den Mitarbeitern.«

Psychologische Fallstricke auf der Mitarbeiterseite

Fallstrick Nr. 1: »Falscher Hals«

»Hier handelt es sich um ein Phänomen der selektiven Wahrnehmung. Der Mitarbeiter bekommt die Botschaft in den falschen Hals. Geschieht das unabsichtlich, dann wurde die Botschaft ›von oben‹ nicht klar genug transportiert und hat die selektive Wahrnehmung angeknipst. Merkt der Mitarbeiter, daß seine Erwartungen nicht erfüllt werden (können), wird sich bei ihm erst Enttäuschung, dann Skepsis breitmachen. Das ist nicht gut fürs Betriebsklima.
Noch problematischer wird die Sache jedoch dann, wenn der Mitarbeiter die Botschaft in den falschen Hals kriegen will, wenn er einen gewissen Verheißungscharakter mit angenehm-süßen Erwartungen heraushören will, den er dann mit agitatorischer Absicht im Kollegenkreis verbreitet. Das bekannte Reizwort, an dem dieser Mitarbeiter alles aufhängt, heißt ›Arbeitszufriedenheit‹. Ein geradezu ideales Wort, um selektive Wahrnehmungsprozesse der unterschiedlichsten Couleur in Gang zu setzen. Verkürzt und vereinfacht lautet seine selbst zusammengeschusterte Botschaft:

›Habt ihr schon gehört? Die kümmern sich jetzt um unsere Arbeitszufriedenheit. Wir müssen ihnen nur noch sagen, was uns stört ... Heißa!‹

Er funktioniert die Idee, die er nicht verstehen will oder tatsächlich nicht verstanden hat, zu einer kommunikativen Einbahnstraße und Vorgesetztenbringschuld um:

›Na, dann soll er mal meine Arbeitszufriedenheit erhöhen. Wir werden ja sehen ...‹

Wenn dann etwas schiefgeht, betrachtet er dies als Wasser auf seine Mühlen und nutzt seine ›Erkenntnisse‹ zur innerbetrieblichen Negativ-Propaganda:

›*Mitarbeiterzufriedenheit? Daß ich nicht lache! Nichts hat sich geändert, nicht das geringste! Im Gegenteil. Lauter Lippenbekenntnisse. Und ihren Performance-Papiertiger können die sich an den Hut stecken. Reden tun sie so, aber handeln tun sie ganz anders. Daß das nur ein neuer Trick ist, um uns aufs Kreuz zu legen, war mir von Anfang an klar!*‹

Diese Botschaft trägt er engagiert, triumphierend und selbstgerecht durch alle Gänge. Er erzählt es jedem, der es hören will oder nicht. Das macht Stimmung!«

Fallstrick Nr. 2: »Feuer frei«

»Hier geht es um die gegenseitige Rückmeldung von Vorgesetztem und Mitarbeiter. Beide tauschen sich darüber aus, wie sie den anderen sehen, welche Stärken und welche Verbesserungsmöglichkeiten es aus ihrer Sicht gibt. Offene Zweiwegkommunikation statt hierarchischem Gefälle ist hier gefragt.
Die Aufforderung, dem Chef Rückmeldung über potentielle Verbesserungsmöglichkeiten zu geben, kann vom Mitarbeiter aber auch als günstige Gelegenheit verstanden werden, ihm ›mal ordentlich die Meinung zu sagen‹.
Statt Schwachstellen im zwischenmenschlichen Bereich konstruktiv anzusprechen und zu beseitigen, werden neue produziert. Das ist wohl kaum im Sinne des Erfinders.«

Fallstrick Nr. 3: »Die Unbeholfenheitsfalle«

»Die Unbeholfenheitsfalle wird vom Mitarbeiter unbeabsichtigt aufgestellt. Er hat verstanden, daß er seinem Vorgesetzten Rückmeldung geben soll. Aber wie?

›*Er ist doch schließlich der Chef. Da kann man doch nicht so einfach ...*‹

Rückmeldung will gelernt sein. Sie ist am Anfang nicht jedermanns Sache. Da kann es schon mal passieren, daß die Worte

nicht ganz so rauskommen, wie man es beabsichtigt hatte. Mit einem etwas anderen Sinn, vielleicht etwas schroffer, etwas gestelzter oder etwas überheblich. Dabei hatte man es doch gar nicht so gemeint.
Haut der Mitarbeiter semantisch mal daneben, hilft es, diese Entgleisungen zu überhören. Eisklirrende oder explosive Reaktionen verschrecken, statt zu öffnen.«

Fallstrick Nr. 4: »Öffnungsangst«

»Wer etwas verbessern will, muß die Schwachstellen kennen. Das setzt auf Mitarbeiterseite eine gewisse Offenheit voraus. Befürchtet der ›Untergebene‹ aber mögliche Repressalien, kann sein Verhalten von vorauseilendem Gehorsam (›Alles bestens, Chef‹) bis zur totalen Bedeckung (›Tut mir leid, dazu kann ich nichts sagen!‹) reichen. Seine möglichen Motive: Von dem Wunsch, sich heftig einzuschleimen, bis hin zur nackten Existenzangst.«
Frau Blankenstein schaut auf ihren Notizblock.
»Wenn man nun diese vier Fallstricke beseitigt, dürfte es ja keine Probleme mehr geben, oder?«
»Leider doch. Bei uns gab es Schwierigkeiten auf der Abteilungsleiterebene.«

Psychologische Fallstricke auf der Seite des Chefs

»Ein Performancegespräch ist eine Führungsphilosophie, die auf dem offenen und vertrauensvollen Austausch und dem gegenseitigen Respekt voreinander beruht. Gemeint ist hier der menschlich-persönliche Respekt, der nichts mit Macht zu tun hat. Sich über Macht Respekt verschaffen kann auch der Dümmste.
Aber als Mensch respektiert und geachtet zu werden ist etwas anderes. Da das Gespräch aber von der Offenheit lebt, muß, wenn es erfolgreich sein soll, die Machtkomponente vor der Tür bleiben. Denn ausgeübte Macht erschwert Offenheit.«

Fallstrick Nr. 1: »Das Führungsselbstbild des Chefs«

»Jeder Vorgesetzte hat ein ziemlich festumrissenes Selbstbild von sich und seinen Führungsqualitäten. Seine innere Stimme sagt ihm, was für eine Art von Chef er ist. Klar, deutlich und – leider – nicht beschönigend.

Entweder sagt ihm die innere Stimme, daß er stark ist, von Mitarbeitern und Vorgesetzten gleichermaßen akzeptiert und geschätzt, mit positiver Ausstrahlung, charismatischen Zügen und natürlicher Führungsautorität.

Wollten wir ein Bild aus der Verhaltensforschung des Tierreichs bemühen, würden wir von einem ›Alpha-Wolf‹ sprechen, der aufgrund seiner Autorität, seiner Stärke und seiner Erfahrung der unbestrittene Rudelführer ist.

Oder das Führungsselbstbild ist weniger strahlend, hat leichte Flecken, und die innere Stimme äußert sich so:

> *›Du hättest gerne etwas von Dr. Pentenrieder. Von seiner positiven Ausstrahlung, von seiner freundlich-lockeren Art, seiner Selbstsicherheit, seinem Charme – und wie er auch die schwierigsten Situationen souverän meistert.*
> *Hast du aber nicht. Und du weißt ganz genau, daß du kein Alpha-Wolf bist!‹*

Peng!

Als Trost: Dieser Typ kommt in der freien Unternehmenswildbahn zigmal häufiger vor, und es gibt ihn in allen Schattierungen. Echte ›Alpha-Wölfe‹ sind dagegen selten.

Was beide gemeinsam haben, ist Macht. Sie wurden ›von oben‹ damit ausgestattet, und die Insignien sind bekannt: Der Titel auf der Visitenkarte, das Namensschild auf dem Firmenparkplatz, der Chefschreibtisch, die bessere Büroausstattung, die Kompetenz, anordnen zu können, und, und, und ...

Die beiden Typen messen diesen Insignien eine völlig unterschiedliche Bedeutung bei: Während die Insignien der Macht für den einen nicht mehr als ein angenehmes Zubrot zu ihrer Position sind, können sie für den anderen eine stark selbstwerterhöhende Bedeutung besitzen. Der entscheidende Unterschied liegt darin, wie beide damit umgehen.

Der ›Alpha-Wolf‹ führt aufgrund seiner natürlichen Autorität und seiner persönlichen Ausstrahlung. Er hat nicht die Macht – er ist Macht. Etwas flapsig ausgedrückt: Er hat es nicht nötig, die Macht raushängen zu lassen, um seine Ziele durchzusetzen.
›Nicht-Alpha-Wölfe‹ sind dagegen auf diese Insignien der Macht angewiesen, da sie ihr Selbstwertgefühl speisen. Mit Hilfe dieser Insignien versuchen sie, das innerlich verspürte Führungsdefizit auszugleichen. ›Nicht-Alpha-Wölfe‹ umgeben sich mit einer Art Schutzwall der Macht, um ihre Führungsaufgabe zu meistern und im Führungsalltag zu bestehen.
Für sie sind der ›Herr Direktor‹ oder der ›Herr Doktor‹ oder das Namensschild auf dem Firmenparkplatz etwas ›Grundlegendes‹ (in des Wortes eigenster Bedeutung). Mit Hilfe dieser Attribute soll die Kluft zum ›Alpha-Wolf‹ wenigstens äußerlich überbrückt werden.
Würde man sie nach der persönlichen Bedeutung dieser sichtbaren Machtinsignien fragen, bekäme man sicher eher abwertende Antworten: ›Nebensächlich, untergeordnet, bedeutungslos‹ – vielleicht sogar verbunden mit einer wegwerfenden Handbewegung. Aber diese Einschätzung mag für den ›Alpha-Wolf‹ zutreffen.
Und genau das ist der kritische Punkt in Performancegesprächen, da die Spielregeln auch die Rückmeldung von unten nach oben vorsehen. Der Mitarbeiter soll die Schwachstellen, die der Chef aus seiner Sicht hat, ansprechen.
Dabei kann der Vorgesetzte leicht das Gefühl bekommen, nackt dazustehen, beraubt des ihn in all den Jahren schützend umgebenden Führungswalls. Die ihm so gut vertraute Situation ›von oben nach unten‹ ist plötzlich auf den Kopf gestellt. Das ist neu und kann für den ›Nicht-Alpha-Wolf‹ mit Angst verbunden sein.«
»Angst wovor?« unterbricht Frau Blankenstein.
»Vor Offenlegung. Davor, daß

- er von seinen Mitarbeitern als ›Nicht-Alpha-Wolf‹ geoutet wird,

- sich herausstellt, daß seine Schwachstellen aus Mitarbeitersicht doch erheblich größer sind, als er dachte,
- sich seine Mitarbeiter durch die erzwungene Offenheit gegen ihn solidarisieren,
- er isoliert und in die Enge getrieben wird,
- er an Image im Kollegenkreis verliert,
- sein Chef aufgrund des möglichen Drucks von unten etwas unternehmen würde oder müßte und
- er letztlich seinen Job verliert.

Druck von unten, wenn er erst mal zugelassen wird, kann sehr stark werden.
Besonders delikat wird das Ganze, wenn noch Druck von oben dazukommt. Dieser Druck entsteht, wenn die Geschäftsführung sich entschlossen hat, einen neuen partnerschaftlichen Stil im Unternehmen einzuführen, und von der Führungskraft erwartet, daß sie sich offen dazu bekennt und den neuen Stil mitträgt.

›Die neue Zeit erfordert neues Führungsverhalten, Herr Lehmann. Stark, partnerschaftlich, kooperativ und überzeugend. Ein Vorbild eben: Und wir sind sicher, daß Sie dieses Konzept der Partnerschaft und Offenheit auch in Ihrer Abteilung mittragen, oder?‹
›Ja, natürlich, Herr Direktor!‹
›Was anderes haben wir von Ihnen auch nicht erwartet. Sie gehören nicht in das Lager der Querulanten und Miesmacher. Auf Sie können wir uns verlassen!‹

Zugegeben: Sieht aus wie eine Farce. Aber ist es wirklich so unrealistisch?«

»Nein, bestimmt nicht.«

Frau Blankenstein schüttelt den Kopf.

»Wenn ich an unser Unternehmen denke, kommt mir das ziemlich bekannt vor. Aber entscheidend ist doch, wie Ihr Herr Lehmann damit klarkommt. Das hängt doch stark davon ab, was er für ein Typ ist.«

»Genau. Es kann sein, daß sich bei ihm zuerst nur ein Unbehagen, die kleine Schwester der Angst, einstellt. Und plötzlich sieht er sie ganz deutlich vor sich: Die Fratze der Angst! Und Herr Lehmann merkt, daß er sich in einem gefährlichen Dilemma befindet.
Die Geschäftsführung hat ihn vor einen Karren gespannt, den er nicht wollte. Und er weiß nicht, mit was der Karren beladen ist: Mit Motivationstreibstoff oder mit Aufschlagzündern?
Es hängt nun weitgehend vom Selbstbild des Vorgesetzten ab, wie er sich verhält, wenn er vom Mitarbeiter Negatives über sich und seinen Führungsstil erfährt. Ist er ein kritikfähiger ›Alpha-Wolf‹ und ernsthaft an der Sichtweise seiner Mitarbeiter interessiert, wird er seine Haltung verbal und nonverbal zum Ausdruck bringen. Er wird seinem Gegenüber das Gefühl vermitteln, daß er mit Hilfe der Mitarbeiterrückmeldung seinen ›blinden Wahrnehmungsfleck‹ verkleinern möchte, um so die Zusammenarbeit noch positiver zu gestalten.
Die Botschaft, die dieser Vorgesetztentyp sendet, könnte so aussehen:

›Sag mir, wo aus deiner Sicht meine Schwächen liegen, und laß uns gemeinsam Ansatzpunkte finden, um unsere Zusammenarbeit noch besser werden zu lassen. Ich bin an deiner Sichtweise wirklich interessiert, und du brauchst keine Angst vor irgendwelchen Repressalien zu haben. Ich schätze deine konstruktive Kritik, denn sie hilft mir, meine Abteilung noch besser zu führen.
Und im Vertrauen: Daß ich hier der ›Alpha-Wolf‹ bin und keine Machtprothesen brauche, um klarzustellen, daß ich der Chef bin, weiß ich. Und ich weiß auch, daß das von niemandem bezweifelt wird. Das mag vielleicht überheblich klingen, ist aber nicht so gemeint. Für mich ist es leicht, aus der Position von Souveränität und Stärke großzügig zu sein. Und ich bin's gerne!‹«

»Schön und gut. Aber Sie sagten doch, daß die Mehrheit nicht zu den ›Alpha-Wölfen‹ gehört. Wie sieht denn deren Verhalten aus?«

Herr Achleitner gießt Frau Blankenstein Kaffee nach.

»Ein ›Nicht-Alpha-Wolf‹ versucht, seine Führungsaufgaben mit Hilfe seines schützenden Führungswalls zu bewältigen. Bei Konfrontationen mit wenig Schmeichelhaftem konstruktiv zu bleiben und sich mit den Sichtweisen der Mitarbeiter unvoreingenommen auseinanderzusetzen ist nicht seine Welt.
Seine Zwischen-den-Zeilen-Botschaft könnte so lauten:

›Also gib mir Rückmeldung, wie du mich siehst. Spaß macht's mir keinen. Die Spielregeln schreiben das nun mal so vor. Aber sei vorsichtig! Wenn du mir zu nahe kommst und mein Selbstwertgefühl angreifst, kann ich unangenehm werden. Und du willst dir ja deine Karriere nicht verbauen, oder? Also, überlege dir in deinem eigenen Interesse, was du sagst.
Je besser du mich in diesem Gespräch aussehen läßt, um so weniger werde ich von meinem Sanktionspotential Gebrauch machen. Wenn du mir grob kommst, kann ich zum Wadenbeißer werden. Und die sind unberechenbar und nachtragend. Also, richte dich danach.‹

In diesem Zusammenhang sollte man wissen, daß es zwei Kategorien von ›Nicht-Alpha-Wölfen‹ gibt:
- den Chef, der seinen Führungswall als natürlichen Autoritätsersatz immer gebraucht hat und immer brauchen wird, und
- den Vorgesetzten, der diese Schutzmauer gegenwärtig noch braucht. Er kann in vier, fünf Jahren ein starker ›Alpha-Wolf‹ geworden sein, aber im Moment sind ihm die Führungsstiefel noch zu groß. Er ist ein Führungs-Newcomer, der in die Position noch hineinwachsen muß.

Unabhängig von der Kategorie grummelt im Inneren aller ›Nicht-Alpha-Wölfe‹ das Unbehagen über das Performancegespräch. Die Angst, Schwäche zu zeigen, macht es ihm fast unmöglich, sich offen gegen die Einführung dieses Gesprächstyps zu stellen. Würde der ›Nicht-Alpha-Wolf‹ seine Befürchtungen und Ängste im Zusammenhang mit der Einführung von Performancegesprächen offen in Führungskreisen äußern, könnten ihn seine Kollegen für einen ›Schwächling‹ halten.

Noch schwieriger wird es für ihn, Bedenken anzumelden, wenn die ›Alpha-Wölfe‹ offen ihre Zustimmung signalisieren. Erhebt der ›Nicht-Alpha-Wolf‹ dennoch seine Stimme, kann die Antwort ziemlich rüde ausfallen:

›Mein Gott, Sie mit Ihren ewigen Bedenken! Können Sie nicht mal ausnahmsweise etwas positiv sehen?‹

Also wird er im Rahmen kollektiver Absegnung das Lippenbekenntnis abgeben:

›Ja, doch, die Idee ist gut. Das sollten wir tun.‹

Insgeheim mag er sich denken: ›Junge, Junge, wenn das man gutgeht!‹ und nach Schlupflöchern Ausschau halten, wie er dieser Kollektivfalle ohne Gesichtsverlust entkommen kann. Ein möglicher Ausweg ist das sogenannte ›Rationalisieren‹. Aus dem eigenen Bauchgrimmen werden wohlformulierte und rationale Einwände entwickelt. Dabei werden die angeblichen Bedenken Dritter vorgeschoben.

›Also, ich bin damit ja voll einverstanden. Aber ob meine Leute das bei ihren Mitarbeitern so rüberbringen? Da habe ich erhebliche Zweifel!‹

Ein anderes Schlupfloch läßt sich im Kreise Gleichgesinnter finden. Schließen sich die ›Nicht-Alpha-Wölfe‹ zu einer verdeckten Solidaritätsphalanx zusammen, können sie das Performancegespräch aushebeln, ohne sich den Vorwurf der Kontraproduktivität oder gar der Sabotage gefallen lassen zu müssen.

Über Erfolg oder Mißerfolg entscheiden die ›Nicht-Alpha-Wölfe‹. Wenn sie in ihrer Gesamtheit oder in Gruppen die Einführung von Performancegesprächen blockieren, sieht es eher trübe aus.«

Frau Blankenstein ist von Herrn Achleitners Ausführungen sichtlich beeindruckt.

»Und wie kann man verhindern, daß sich die ›Nicht-Alpha-Wölfe‹ durchsetzen?«
»Man muß sich erst mal über ihre inneren Ängste klar werden, denn die verhindern eine positive Grundhaltung.«

Fallstrick Nr. 2: Die verdeckten Ängste des Vorgesetzten

»Wenn dem Vorgesetzten das Performancegespräch ›übergestülpt‹ wird, können ihm im stillen Kämmerlein die folgenden Fragen durch den Kopf gehen:

- Stehe ich innerlich hinter der Sache?
- Will ich offen sein – und kann ich es mir leisten?
- Ist mir ernsthaft an der Sichtweise meiner Mitarbeiter gelegen?
- Will ich Schwächen und Schwierigkeiten zugeben?
- Bin ich wirklich bereit zu versuchen, die vom Mitarbeiter angesprochenen Dinge zu ändern? Auch über Abteilungsgrenzen hinaus?
- Was werden die Mitarbeiter untereinander sagen, wenn ich einen Fehler zugebe?
- Wie werden das die Kollegen sehen?
- Wird man mir insgeheim Führungsschwäche vorwerfen?
- Was ist, wenn die Mitarbeiter erkennen, daß ich längst nicht so mächtig bin, wie ich mich darstelle?
- Können mir durch meine Offenheit irgendwelche Nachteile entstehen?
- Säge ich möglicherweise an meinem eigenen Stuhl?
- Will ich wirklich ›teilen und herrschen‹ – oder ziehe ich die Alleinherrrschaft vor?
- Was muß ich alles tun, um einen ›Als-ob-Eindruck‹ zu erwecken?
- Und was muß ich tun, um nicht als verdeckter Gegner entlarvt zu werden?«

»Also fürchtet sich der ›Nicht-Alpha-Wolf‹ vor den Anforderungen der Geschäftsführung und denen seiner ›Alpha-Wolf‹-

Kollegen und zusätzlich vor der Erwartungshaltung seiner eigenen Mitarbeiter? Das ist doch ein ganz schönes Angstpotential!«

Herr Achleitner nickt.

»Genau, Frau Blankenstein. Und selbst wenn er seine Bedenken über Bord wirft und seinen Führungsstil ändert, muß das noch nicht zum Erfolg führen.«

Fallstrick Nr. 3: Der Verhaltensschwenk

»Denn jeder Mitarbeiter hat von seinem Vorgesetzten ein ziemlich festumrissenes Bild. Das kennt er, und darauf hat er sich eingestellt.
Wurde nun ›von oben‹ der neue partnerschaftliche Führungsstil befohlen und der Vorgesetzte ändert daraufhin sein Verhalten (vorzugsweise nach entsprechender Schulung: ›Vom harten Knochen zum einfühlsamen Coach in drei Tagen‹), klingeln beim Mitarbeiter die Alarmglocken.

> *›Das ist ein neuer Trick von ihm. Ich weiß zwar nicht genau, was er damit bezweckt, aber daß er damit etwas im Schilde führt, ist sicher. Aufpassen, Eva, aufpassen! Sei freundlich nichtssagend, laß dich auf keine Diskussionen ein, und hüte dich vor seinen elegant ausgelegten Fußangeln!‹*

Was besonders schmerzlich ist: Selbst wenn der Vorgesetzte es wirklich ernst meint, wird er beim Mitarbeiter anfänglich nichts als Skepsis ernten.
Denn hat der Vorgesetzte in der Wahrnehmung des Mitarbeiters einen ›Tricky-Dick-Touch‹, dauert es meist lange, bis der verblaßt ist und von der ehrlichen Absicht des Vorgesetzten überstrahlt wird.«

»Klingt ja nicht gerade sehr ermutigend. Wie kann man denn in einer solchen Situation sein Image aufpolieren?«

Frau Blankenstein denkt unwillkürlich an ihren früheren Chef. Er war ihr nie ganz koscher vorgekommen.

»Dies ist ein grundsätzliches Problem. Da es um Vertrauen geht, das offensichtlich im Laufe der Zeit verlorengegangen ist, muß es wiedergewonnen werden. Das geht nicht über Nacht. Am besten ist es, wenn ein solcher Vorgesetzter diesen Punkt gegenüber seinen Mitarbeitern ganz offen anspricht. Wenn er ihnen sagt, daß ihm die Veränderung des Klimas in seiner Abteilung wirklich am Herzen liegt, daß er es diesmal wirklich ernst meint und Fehler, die er in der Vergangenheit gemacht hat, auch zugibt. Wenn er den Mitarbeiter dann noch um Hilfe und Unterstützung bittet, könnte das die Wende zum Positiven einläuten. Aber es liegt weitgehend an ihm, denn Offenheit und Vertrauen lassen sich nun mal nicht erzwingen!«

Fallstrick Nr. 4: Der Umgang mit Mitarbeiterreaktionen

»Gibt der Mitarbeiter seinem Vorgesetzten Rückmeldung, wie er ihn in bezug auf seine Schwachstellen sieht und erlebt, kann der Vorgesetzte – je nach Mentalität – auf ein breites Repertoire von Verhaltensweisen zurückgreifen.

Rückmeldungen spiegeln Sichtweisen wider. Dabei gibt es kein Richtig oder Falsch. Greift der Vorgesetzte in das konstruktive Verhaltensrepertoire, kann er mit Rückmeldungen folgendermaßen umgehen:

- Er sieht das vom Mitarbeiter Geäußerte als richtig und sinnvoll und versucht, sein Verhalten in diesem Punkt nachhaltig zu ändern, oder
- er hat sich noch keine Meinung darüber gebildet und muß das Ganze noch überdenken, oder
- er hält es für Quatsch und vergißt es.

Neigt er jedoch zu weniger souveränen Verhaltensweisen, kann er – je nach Lust, Laune und gegenwärtiger Gemütsverfassung –

- ›beinhart‹ zurückschlagen,
- sich in den Schmollwinkel zurückziehen und den Mitarbeiter spüren lassen, daß er mit dessen Rückmeldung nicht einverstanden ist (›Warte du nur, du wirst schon sehen, was du davon hast!‹),

- sich rechtfertigen,
- dem System die Schuld geben,
- sein Verhalten mit sogenannten ›Sachzwängen‹ begründen,
- die ›Schuld‹ auf andere schieben oder
- Macht ausspielen, statt Einsicht zu wecken: *›In Zukunft achten Sie bitte genauestens darauf, daß . . .‹*

Der messerscharfe Ton läßt keinen Zweifel: Macht pur! Rigides Anordnen statt offener Diskussion, Verschanzen hinter Stellenbeschreibungen statt Neues wagen, Hierarchie statt Partnerschaft, ›Ich‹ statt ›Du‹, Führungswall statt Alpha-Wolf, klirrender Eisregen statt frühlingshaftes Tauwetter!
Um solche Situationen zu vermeiden, sollten die ›Alpha-Wölfe‹ die ›Nicht-Alpha-Wölfe‹ moralisch unterstützen. Den ›Alpha-Wölfen‹ kommt – speziell auf den höheren Führungsebenen – eine Schlüsselstellung zu: Sie haben eine Art Katalysatorfunktion.
Ihre Aufgabe ist es, den ›Nicht-Alpha-Wölfen‹ unter vier Augen die unausgesprochenen Ängste vor diesen Gesprächen zu nehmen und ihnen das Gefühl moralischer Rückendekkung zu geben. Moralische Rückendeckung von oben ist für ›Nicht-Alpha-Wölfe‹ etwas Wichtiges und hilft ihnen, ihr Führungspotential weiterzuentwickeln. Die Botschaft, die die ›Alpha-Wölfe‹ damit senden, könnte lauten:

> *›Ich kann dich sehr gut verstehen. Mir ging es früher ähnlich. Wenn du möchstest, können wir ein solches Gespräch mit mir als Sparringspartner mal durchspielen. Und ich gebe dir dann Rückmeldung, was aus meiner Sicht gut war und wo du dich noch weiter verbessern kannst. Ich möchte dir das aber nicht aufdrängen. Nur wenn du es wirklich willst.‹*

Das kann Angst nehmen.«

»Wenn ich Sie richtig verstehe, ist das so etwas wie Coaching.«
»Genau, Frau Blankenstein.«

Fallstrick Nr. 5: »Ein Alibi fürs Scheitern liefern«

»Wenn das Performancegespräch nicht als konsequenter Top-down-Ansatz eingeführt wird, entstehen weitere Schlupflöcher. Versucht sich das Topmanagement zu drücken:

›Doch, doch, halten wir für eine ganz tolle Idee. Sollten wir unbedingt machen. Aber doch bitte nicht mit uns. Fangen wir doch auf der nächsten Ebene damit an . . .!‹,

wird den ›Nicht-Alpha-Wölfen‹ das grandiose Argument:

›Natürlich würde ich gerne das Gespräch führen. Gar keine Frage. Aber ich warte erst mal ab, bis mein Chef es mit mir geführt hat. Damit ich erst mal sehe, wie so was überhaupt geht. Und so lange werde ich die Gespräche mit meinen Mitarbeitern zurückstellen‹

frei Haus geliefert. Ein besseres Alibi . . .«
». . . ist kaum vorstellbar«, vervollständigt Frau Blankenstein den Satz und nickt.

Psychologische Fallstricke auf der Seite der Geschäftsführung

»Jetzt fehlt nur noch die Geschäftsführung.«
»Richtig. Aber indirekt haben wir schon über die psychologischen Fallstricke, die die Geschäftsführung spannen kann, gesprochen. Hier noch einmal eine kurze Zusammenfassung.«

Fallstrick Nr. 1: An die Macht der Anordnung glauben

»Wenn die Geschäftsführung Performancegespräche im Unternehmen einführen möchte, kann sie dies auf drei verschiedene Arten tun:

① Sie stellt dieses Instrument allen Führungskräften vor und fördert die offene Diskussion auf allen Ebenen.
② Sie erzeugt durch manipulative Mechanismen eine Pseudobegeisterung, um so potentiellen Kritikern von vornherein den Schneid abzukaufen.
③ Sie ordnet die Einführung an!

Wenn die psychologischen Stolperdrähnte maximiert werden sollen, empfehlen sich Variante 2 und 3. Soll es ein Instrument des Erfolgs werden, führt der Weg nur über Variante 1.

Fallstrick Nr. 2: Die ›Nicht-Alpha-Wölfe‹ vernachlässigen

Diese Gruppe entscheidet über Erfolg oder Mißerfolg. Zu versuchen, sie in etwas hineinzudrängen, kann fatale Folgen haben. Ebenso wäre es falsch, wenn man nur auf die ›Alpha-Wölfe‹ hört.

Fallstrick Nr. 3: Meinungsbildungsprozeß durch eigene Macht steuern

Die Versuchung kann groß sein, andere aufgrund der eigenen Überzeugung und der eigenen Machtposition ›mitzureißen‹ und ihre Bedenken herunterzuspielen. Es mag auf den ersten Blick so aussehen, als ob man sich durch eine Diskussion über die Bedenken gegenüber dem Performancegespräch vom Ziel entfernen würde. In Wirklichkeit kommt man dem Ziel aber näher, sofern das Vorhaben von der Gruppe nicht gecancelt wird. Sollte das der Fall sein, kann man davon ausgehen, daß man sich mit ziemlicher Wahrscheinlichkeit eine folgenschwere Bauchlandung erspart hat.

Fallstrick Nr. 4: Die Supportrolle der ›Alpha-Wölfe‹ unterschätzen

Im Vier-Augen-Gespräch besteht die Chance, daß der ›Nicht-Alpha-Wolf‹ sich öffnet und – vielleicht nur andeutungsweise – über seine Befürchtungen spricht. Hier kann ihm sein Chef moralischen Rückhalt geben. Das ist Personalentwicklung vor Ort.

Fallstrick Nr. 5: Den anderen den Vortritt lassen

In der Wahrnehmung der ›Nicht-Alpha-Wölfe‹ ist der Top-down-Ansatz ein erster Prüfstein. Wenn sich die Geschäftsführung drückt, warum sollte er dann mutiger sein? Schließlich hat die Macht der Anordnung ihre Grenzen. Loyalität läßt sich nur selten erzwingen.«

Wie sich Performancegespräche erfolgreich im Unternehmen einführen lassen

»Die erfolgreiche Einführung von Performancegesprächen läßt sich nicht übers Knie brechen. Wenn es Sie interessiert, erläutere ich Ihnen unseren Zehn-Stufen-Plan zur Einführung.«
»O ja, der interessiert mich sehr.« Frau Blankenstein blättert ihren Notizblock um.

Stufe 1: Die Idee

»Zuerst hat irgend jemand die Idee. So wie Ihr Chef. Und man informiert sich. So wie Sie. Anschließend werden Sie Ihrem Chef berichten. Kommen Sie zu dem Ergebnis, daß an der Sache was dran sein könnte, muß überlegt werden, ob und wie das Performancegespräch zu den anderen personalpolitischen Instrumenten, wie Beurteilungswesen und Personalentwicklung, paßt.
Dann kommt die Präsentation im obersten Führungskreis. Hier stellt Ihr Chef die Idee vor mit allem, was dahintersteckt. Er sollte die Sache aber nicht rosarot malen. Die Gefahr ist immer gegeben, wenn man sich mit so etwas identifiziert hat. Auch die Nachteile und Gefahren sollten aufgezeigt werden. Man will den Teilnehmern eine unvoreingenommene Meinungsbildung ermöglichen. Wird die Idee von dem Gremium für tauglich befunden, folgt die nächste Stufe.

Stufe 2: Das Grobkonzept

Hier wird skizziert, was das Performancegespräch ist, wie es in Ihre Führungskultur paßt und was das Unternehmen sich davon erwartet. Das Grobkonzept muß unbedingt ›weiße Flecken‹ enthalten, die später von den Arbeitsgruppen auszufüllen sind. Das erhöht die Identifikation.
Auf einem der nächsten Führungsmeetings wird das Konzept dann vorgestellt. Auch diesmal sollte man nicht zu sehr als

Verkäufer auftreten. Euphorie und Begeisterung können in einer so delikaten Angelegenheit mißtrauisch machen.
Um die Meinungsbildung anzuregen, sollte nach der Präsentation das Grobkonzept verteilt werden. Achten Sie darauf, daß auf dem Deckblatt das Wort ›Entwurf‹ steht. Besser noch ›Erster Entwurf‹. Damit wird klar, daß es sich nicht um etwas Fertiges handelt, das man nur abzulehnen braucht, sondern daß man seine Ideen mit einbringen kann, ja soll!

Stufe 3: Diskussion und Fördern der Bedenken

Lassen Sie das Konzept die nächsten Wochen diskutieren. In Kleingruppen oder abteilungsweise auf Führungsebene. Ganz wie Sie wollen. Dabei sollten immer folgende Fragenkomplexe diskutiert werden:

① Wo könnten für uns die Stärken und Vorteile dieses Konzepts liegen?
② Welche Schwachstellen und Nachteile könnte das Konzept für uns haben?
③ Wie paßt es überhaupt in unser Unternehmen und in unsere Unternehmenskultur?
④ Wollen wir es einführen? Warum? Und wenn ja – wie?

Bedenken zu fördern, statt sie gewaltsam unter den Teppich zu kehren, hilft. Sie manipulativ zu verniedlichen kann zwar den Start ermöglichen, aber das Ziel kann durch die bekannten negativen Auswirkungen aus den Augen geraten. Wie sagte unser telefonischer Verbandskollege so treffend: ›Ein Rohrkrepierer mit Langzeitwirkung!‹
Nach Abschluß der Meinungsbildung stellen die Gruppen ihre Ergebnisse auf einem der nächsten Führungsmeetings zur Diskussion. Achten Sie dabei darauf, daß manipulative Elemente ausgeschaltet werden. Auch wenn die Verlockung groß ist, sie über die Macht der eigenen Position einfließen zu lassen. Ziehen Sie hier einen externen Berater hinzu, der etwas von diesen Sachen versteht und über das nötige psychologische Fingerspitzengefühl und Know-how verfügt.

Wird grünes Licht gegeben, geht es zur nächsten Stufe. Spätestens ab jetzt sollte der Betriebsrat mit im Boot sitzen.

Stufe 4: Konzeptmodifikationen

Das Grobkonzept wird mit den Ergebnissen aus der Gruppenarbeit und der Plenumspräsentation zu einem detaillierten Konzept weiterentwickelt, bei dem die ›weißen Flecken‹ langsam verschwinden.
Im Rahmen eines mehrstufigen Abstimmungsprozesses, der sowohl schriftlich als auch durch Zusammenkünfte stattfinden kann, wird eine erste verabschiedungsreife Fassung erstellt, die der Unternehmensleitung zur Entscheidung vorzulegen ist.

Stufe 5: Firmenweite Präsentation des Konzepts

Wenn das Konzept akzeptiert wurde, sollte es möglichst in Form von Veranstaltungen firmenweit vorgestellt werden. Am besten läßt man die Präsentation von Führungskräften der obersten Ebene durchführen. Das unterstreicht in der Wahrnehmung der Mitarbeiter die Bedeutung, die man ›ganz oben‹ der Einführung dieses neuen Führungsinstruments beimißt.
In dieser Präsentation sollte vermittelt werden,

- was Performancegespräche sind,
- warum sie in die heutige Führungslandschaft passen,
- warum man sich entschlossen hat, sie einzuführen,
- was man sich davon erwartet,
- was die Gespräche für den einzelnen Mitarbeiter und das Unternehmen bedeuten,
- wie die Einführung aussehen wird.

Um bereits jetzt die selektive Wahrnehmung einzuschränken – ganz ausschalten läßt sie sich nie –, sollte man auch sagen, was Performancegespräche nicht sind.
Sie sind

- keine günstige Gelegenheit für den Mitarbeiter, mal so richtig auf seinen Vorgesetzten zu schießen,
- keine ›Gute-Fee-Wunschstunde‹, in der der Mitarbeiter all seine Wünsche beim Vorgesetzten abladen kann und dieser dann für deren Erfüllung zuständig ist,
- keine Garantieerklärung für permanente Mitarbeiterzufriedenheit.

Statt dessen ist das Performancegespräch ein Instrument, das dazu beitragen soll, die Qualität der
- Arbeitsergebnisse, also die Qualität der Produkte,
- Arbeitsbedingungen, also der Bedingungen, unter denen diese Produkte hergestellt werden und
- Arbeitsbeziehungen, also der Art und Weise, wie wir alle miteinander umgehen,

auf ein möglichst hohes Niveau zu heben und dort zu halten. Die Qualität der Produkte hat dabei immer den höchsten Stellenwert.

Stufe 6: Schulung auf Vorgesetzten- und Mitarbeiterebene

Im Rahmen eines Trainingsprogramms werden Vorgesetzte und Mitarbeiter mit Inhalt, Aufbau und Ablauf von Performancegesprächen und dem dazugehörigen kommunikativen Handwerkszeug vertraut gemacht.
Der Inhalt dieser Programme könnte folgendermaßen aussehen:
- Aufbau und Ablauf des Gesprächs,
- der Umgang mit psychologischen Fallstricken,
- Förderung von Partnerschaftsdenken und Gleichwertigkeit,
- Förderung der Bereitschaft, vom traditionellen Rollenverständnis und Ressortdenken abzugehen,
- die Grundzüge partnerschaftlicher Kommunikation kennenlernen und beherrschen
- kooperative Konfliktregelung.

Stufe 7: ›Vier-Augen-Support‹

Hier geht es, wie bereits angesprochen, um die moralische Unterstützung der ›Nicht-Alpha-Wolf‹-Vorgesetzten durch deren ›Alpha-Wolf‹-Chefs.
Wichtig ist die Botschaft des ›Alpha-Wolfs›:

›Ich weiß, daß du es kannst. Und egal, was dabei rauskommt, ich stehe hinter dir.‹

Das macht Mut und nimmt Angst.

Stufe 8: ›Pilotphase‹

In der Startphase kann es sinnvoll sein, einen Mitarbeiter aus der Personalabteilung als Moderator und Geburtshelfer hinzuzuziehen. Dadurch können Anfangsschwierigkeiten leichter behoben und das Konzept weiter verbessert werden.
Vorgesetzter und Mitarbeiter sollten mit der Teilnahme eines Moderators aber ausdrücklich einverstanden sein. Schließlich kann es hier um vertrauliche und persönliche Dinge gehen.

Stufe 9: Durchführung

Schon um ein Signal zu setzen, sollte die Unternehmensleitung möglichst bald nach dem offiziellen Startschuß die Performancegespräche mit ihren Mitarbeitern, den Personalverantwortlichen auf der nächsten Ebene, führen. Sonst könnten sich die ›Nicht-Alpha-Wölfe‹ hinter der bekannten Argumentation:

›Ich würde ja gerne, aber ich warte erst mal, bis ...‹

verschanzen.
Persönliche Glaubwürdigkeit spielt in diesem Zusammenhang eine besonders wichtige Rolle.
Nach Einführung dieses Instruments werden die Mitarbeiter ihre Vorgesetzten mit Argusaugen beobachten. Sie werden überprüfen, ob die Vorgesetzten den vollmundigen Worten,

derer so viele gewechselt wurden, auch Taten folgen lassen oder ob sie ›Wasser predigen, aber Wein trinken‹.
Wenn die Vorgesetzten sich nicht an die eigenen Vorgaben halten, wird ihre Glaubwürdigkeit schnell den Bach runtergehen. Offener oder verdeckter Widerstand auf allen Ebenen kann die Folge sein.
Besonders in Krisensituationen stehen Führungskräfte und ihr Verhalten unter besonders strenger Beobachtung ihrer Mitarbeiter. Verhaltensabweichungen vom zuvor Gepredigten werden mit Akkuratesse gesucht und mit selbstgerechter Empörung über die gut funktionierende Kollegenpresse verbreitet. Die eigenen Schwächen fallen so weniger auf.

Stufe 10: Evaluierung

Nach einer angemessenen Zeitspanne sollte eine Evaluierung vorgenommen werden, um herauszufinden: Was hat es bis jetzt gebracht? Was hat sich verändert? Was ist besser geworden? Was schlechter? Was bedeutet das für unser zukünftiges Vorgehen?
Aber über eines, Frau Blankenstein, müssen wir uns immer im klaren sein. Ein optimales Ergebnis wird es nie geben. Dafür gibt es immer wieder neue Ansatzpunkte für Verbesserungen und immer neue Kapitel in der unendlichen Qualitätsgeschichte, bei der das einzig Beständige der beständige Wandel ist.«

Checkliste
zur Durchführung
von
Performancegesprächen

Qualität und Quantität der Arbeit	
Wie wird die gegenwärtige Quantität und Qualität der jetzigen Aufgabenverteilung von Mitarbeitern und Vorgesetzten gesehen?	
Gibt es aus der jeweiligen Sicht Verbesserungsmöglichkeiten? Wenn ja, welche?	
Ist die aktuelle Aufgabenverteilung aus der jeweiligen Sicht in Ordnung und den gegenwärtigen Umständen angemessen? Werden Verbesserungsmöglichkeiten gesehen? Wenn ja, welche?	
Bestehen aus der einen oder anderen Sicht Unklarheiten? Wenn ja, welche? Und wie könnte man sie beheben?	

Qualität und Quantität der Arbeit	
Besteht aus der jeweiligen Sichtweise generell oder in Teilbereichen Über- oder Unterforderung?	
Wie werden die Arbeitsbedingungen von beiden erlebt in bezug auf • physische Arbeitsbelastung, • psychische Arbeitsbelastung, • ergonomische Verhältnisse, • Qualität und Quantität der Arbeitsgeräte, • Qualität des Arbeitsplatzes, • Arbeitszeit?	
Gibt es hierzu aus der jeweiligen Sicht Verbesserungsmöglichkeiten? Wenn ja, welche?	

Aufgabenerfüllung	
Wie gut wird die Arbeit – soweit sie Mitarbeiter und Vorgesetzte betrifft – aus der Sicht des anderen erledigt?	
Sind Schwierigkeiten oder Störquellen erkennbar? Wenn ja, welche?	
Wie wären die Schwierigkeiten und Störquellen behebbar?	

Aufgabenerfüllung	
Wird Hilfestellung benötigt? Wenn ja, wie könnte sie aussehen?	
Welche Maßnahmen werden gemeinsam festgelegt?	
Werden Überprüfungstermine benötigt? Wenn ja, wann?	

Zwischenmenschliche Beziehungen	
Wie werden die zwischen Vorgesetztem und Mitarbeiter bestehenden zwischenmenschlichen Beziehungen von beiden erlebt?	
Die Stärken des Mitarbeiters:	
Die Stärken des Vorgesetzten:	
Wo aus meiner Sicht noch Verbesserungsmöglichkeiten liegen ...	

Zwischenmenschliche Beziehungen	
. . . und wie diese konkret aussehen könnten:	
Und welche Verbesserungsmöglichkeiten aus meiner Sicht noch denkbar wären in • quantitativer, • inhaltlicher, • zeitlicher oder • sonstiger Hinsicht.	
Was mir sonst noch wichtig ist:	

Literatur

Rischar, Klaus: Arbeitsrecht. Worauf Arbeitgeber und Arbeitnehmer achten müssen, Wiesbaden 1993.
Rischar, Klaus: Schwierige Mitarbeitergespräche erfolgreich führen, Landsberg 1986.
Saul, Siegmar: Führen durch Kommunikation. Gespräche mit Mitarbeiterinnen und Mitarbeitern, Weinheim 1993.